职业教育院校机电类专业系列教材

机械制图与CAD技术习题集

主编　陈　丽　任国兴

参编　王　军　秦　雪　张　莹
顾传永　张　永　王昌胜
神凤伟　黄洪松　郭继明
赵艳华　贾　玉　张　伟
李丽红

机械工业出版社

本书是职业教育院校机电类专业系列教材，是根据教育部职业教育的总体要求，依据职业教育课程改革行动计划的有关精神，并结合职业教育的实际情况编写的。

本书是《机械制图与CAD技术》（ISBN-7-111-26016-5）配套习题集。全书主要内容包括平面图形的绘制、AutoCAD 2007的基本操作、运用三视图表达基本图形、零件的表达、零件的测绘和运用AutoCAD 2007绘制装配图六个项目，并配有机械制图自测试卷及答案。

本书可作为中等职业学校“工程制图”课程配套教材，也可供有关工程技术人员参考。

图书在版编目（CIP）数据

机械制图与CAD技术习题集/陈丽，任国兴主编. —北京：机械工业出版社，2010.2（2025.6重印）
职业教育院校机电类专业系列教材
ISBN 978-7-111-29590-7

Ⅰ. 机… Ⅱ. ①陈…②任… Ⅲ. ①机械制图-专业学校-习题②机械制图：计算机制图-专业学校-习题 Ⅳ. TH126-44

中国版本图书馆CIP数据核字（2010）第011748号

机械工业出版社（北京市百万庄大街22号 邮政编码100037）
策划编辑：汪光灿 责任编辑：张云鹏 版式设计：霍永明
封面设计：王伟光 责任校对：张玉琴 责任印制：张 博
固安县铭成印刷有限公司印刷
2025年6月第1版第7次印刷
260mm×184mm · 11印张 · 233千字
标准书号：ISBN 978-7-111-29590-7
定价：38.00元

电话服务	网络服务
客服电话：010-88361066	机 工 官 网：www.cmpbook.com
010-88379833	机 工 官 博：weibo.com/cmp1952
010-68326294	金 书 网：www.golden-book.com
封底无防伪标均为盗版	机工教育服务网：www.cmpedu.com

职业教育院校机电类专业系列教材编委会名单

前　言

本书是职业教育院校机电类专业规划教材，是根据教育部职业教育的总体要求，依据职业教育课程改革行动计划的有关精神，并结合职业教育的实际情况编写的。

本书是《机械制图与CAD技术》的配套习题集，习题总量适当，难度适中，切合培养目标，突出了识图技能和空间想象能力的培养。题目的安排注意难易结合，兼顾不同层次需求，遵循认知规律，循序渐进。本习题集将CAD技术有机地融入制图训练，在借助AutoCAD 2007软件的基础上，使学生不仅掌握制图的基本技能，而且学会了AutoCAD 2007的应用。

本书由徐州机电工程高等职业学校陈丽、任国兴主编，参编人员有徐州经济开发区工业学校王军、秦雪、张莹，邳州市职业教育中心顾传永、张永，铜山县机电工程学校王昌胜、神凤伟，徐州市机械工业学校黄洪松，徐州市第三职业高级中学郭继明，徐州市职业教育中心赵艳华，徐州经贸高等职业学校贾玉，铜山县职业教育中心张伟，徐州机电工程高等职业学校李丽红。

由于编者水平有限，书中难免存在错误和疏漏之处，敬请广大读者批评指正。

编　者

目　　录

裁 剪 线

项目一　平面图形的绘制

1-1　简单平面图形的绘制（一）

1. 在指定位置处画出并补全各种图线和图形

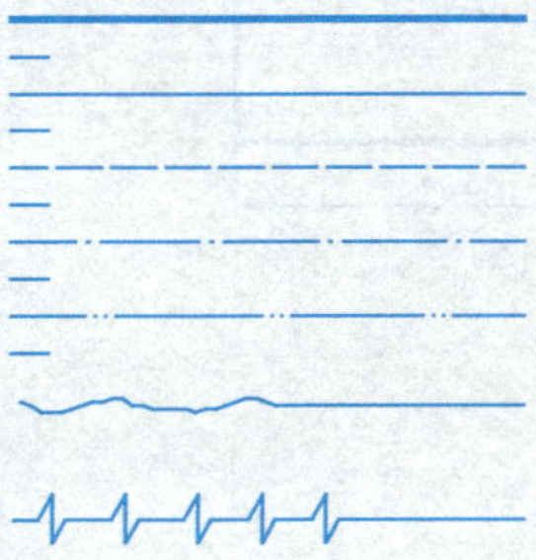

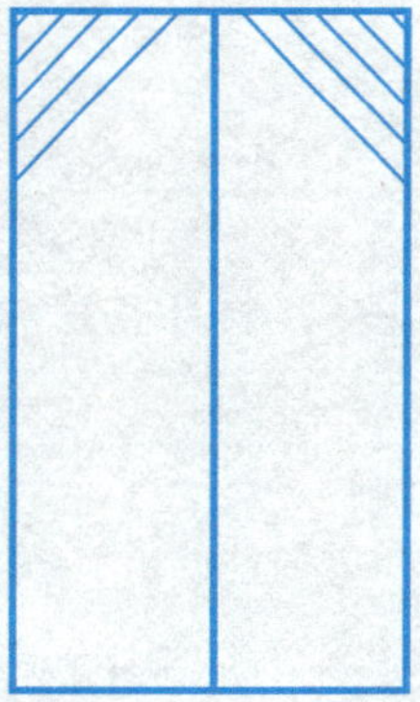

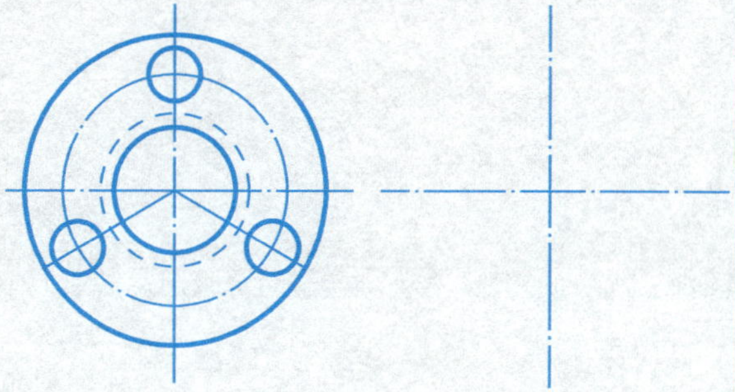

2. 在给定的尺寸线上画出箭头，填写尺寸数字或角度数字（数值 1∶1 从图中量取，取整数）

（1）

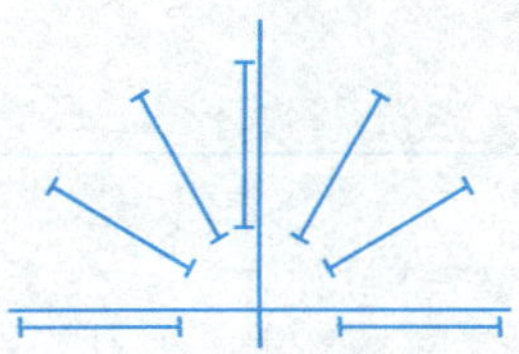

（2）

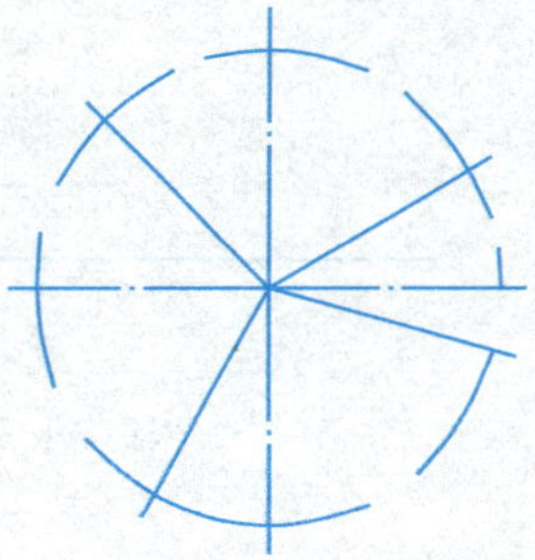

3. 在下列图形中标注箭头和尺寸数值（从图中直接量取尺寸，取整数）

（1）

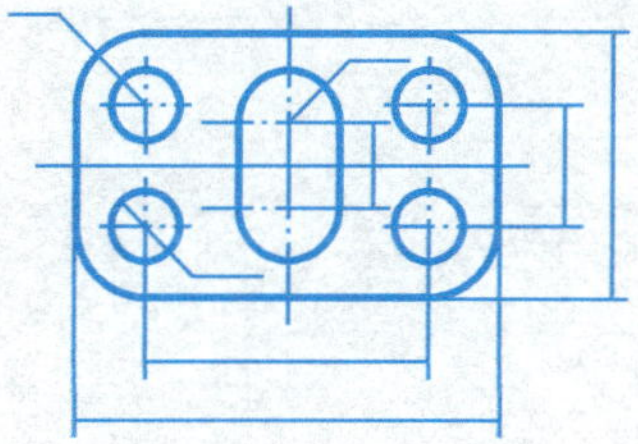

（2）

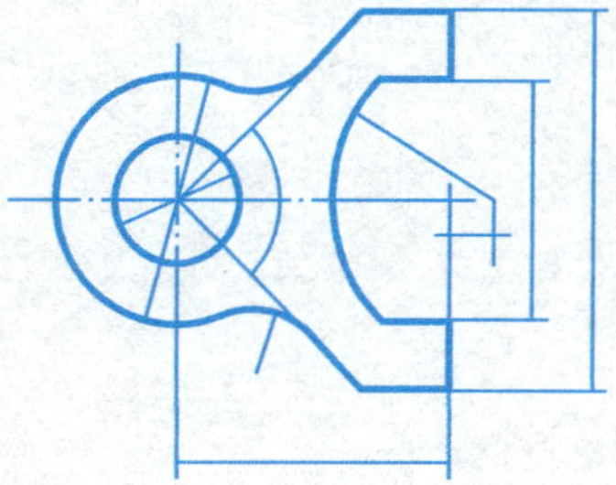

4. 参照所示图形，用 1:2 比例在指定位置处画全图形的轮廓，并标注尺寸

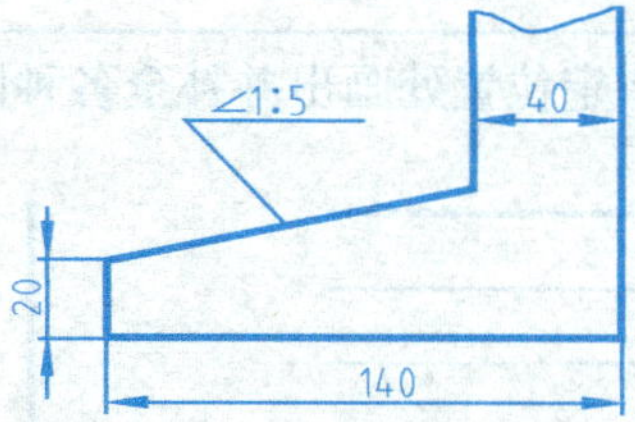

裁剪线

 班级 姓名 学号 审核

裁

剪

线

5. 参照右上角所示图形，用1:1在指定位置处画全图形的轮廓，并标注尺寸

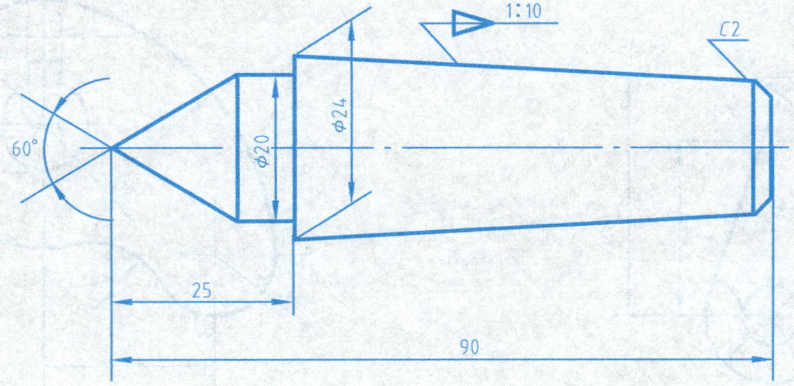

6. 已知椭圆长轴为60mm，短轴为40mm，用四心圆弧法按1:1的比例画出该椭圆

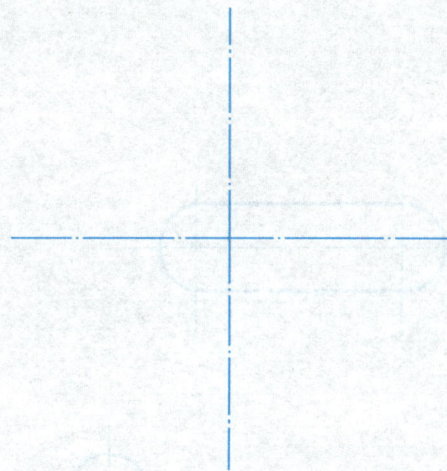

7. 按下列图形中的尺寸画全图形的轮廓，不标注尺寸

（1）

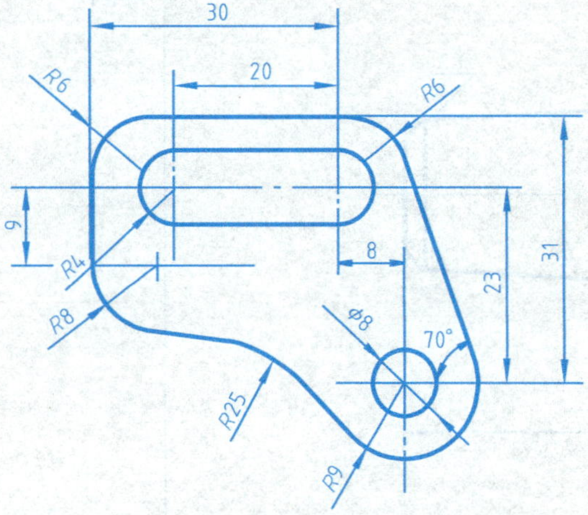

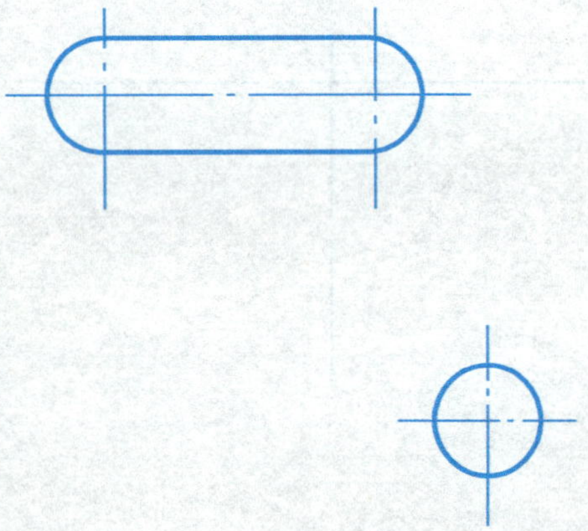

（2）

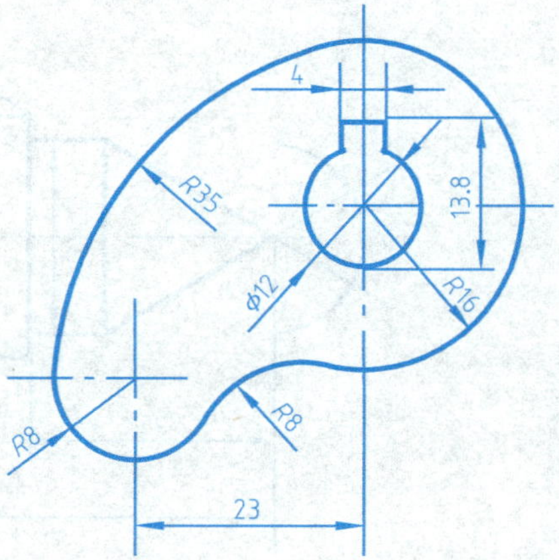

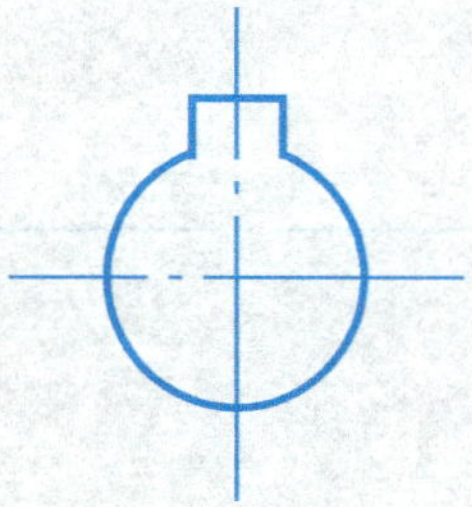

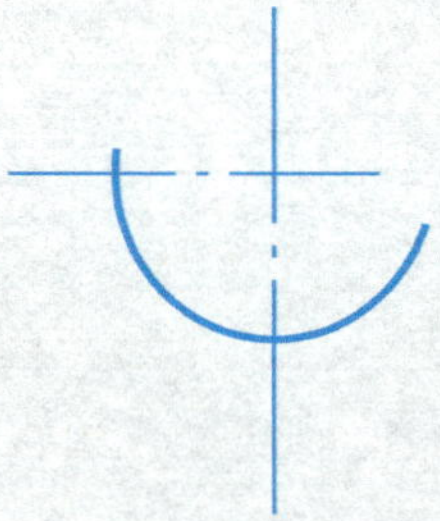

裁

剪

线

 班级 姓名 学号 审核

8. 按 1:1 的比例在指定位置，绘制下列平面图形

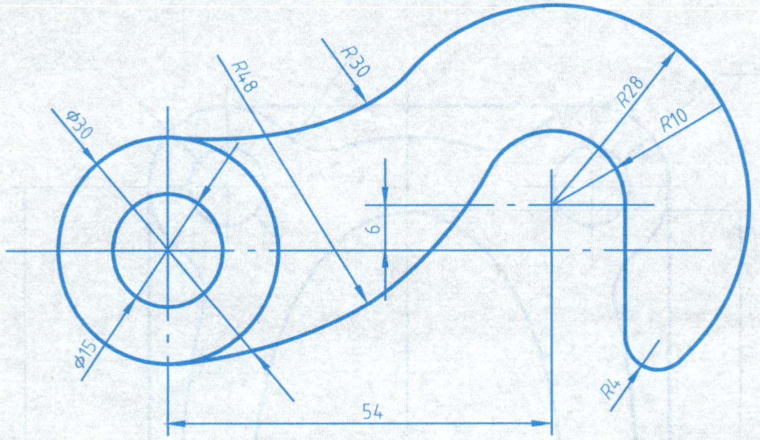

裁
剪
线

班级　　姓名　　学号　　审核

1-2 综合训练（一）

一、目的与要求

（1）目的　初步掌握国家标准《技术制图》的有关内容，掌握使用绘图仪器和工具的方法。

（2）要求　图形正确，布局适当，线型合格，字体工整，符合国标，图画整洁。

二、内容

1）抄画线型（不注尺寸）。

2）从零件轮廓中任选一个图形，抄画并标注尺寸。

三、图名、图纸幅面、比例

1）图名：综合练习。

2）图纸幅面：A3 图纸。

3）比例：1:1。

四、绘图步骤及注意事项

1）绘图前应对所画图形仔细分析研究以确定正确的作图步骤，特别要注意零件轮廓线上圆弧连接的各切点及圆心位置必须正确作出，在图面布置时还应考虑预留标注尺寸的位置。

2）线型：粗实线宽度为 0.7～0.9mm，虚线及细实线宽度为粗实线的 1/2，虚线长度约 4mm，间隙 1mm，点画线长约 15～20mm，间隙及点共约 3mm。

3）字体：图中的汉字均写成长仿宋体，标题栏内图名及图号为 10 号字，校名为 7 号字，姓名写在“制图”栏内，用 5 号字。

4）箭头：宽约 0.7～0.9mm，长为宽的 4 倍左右。

5）完成底稿后，经仔细校核后方可加深，用铅笔加深时，圆规的铅芯应比画直线的铅笔芯软一号。

1.

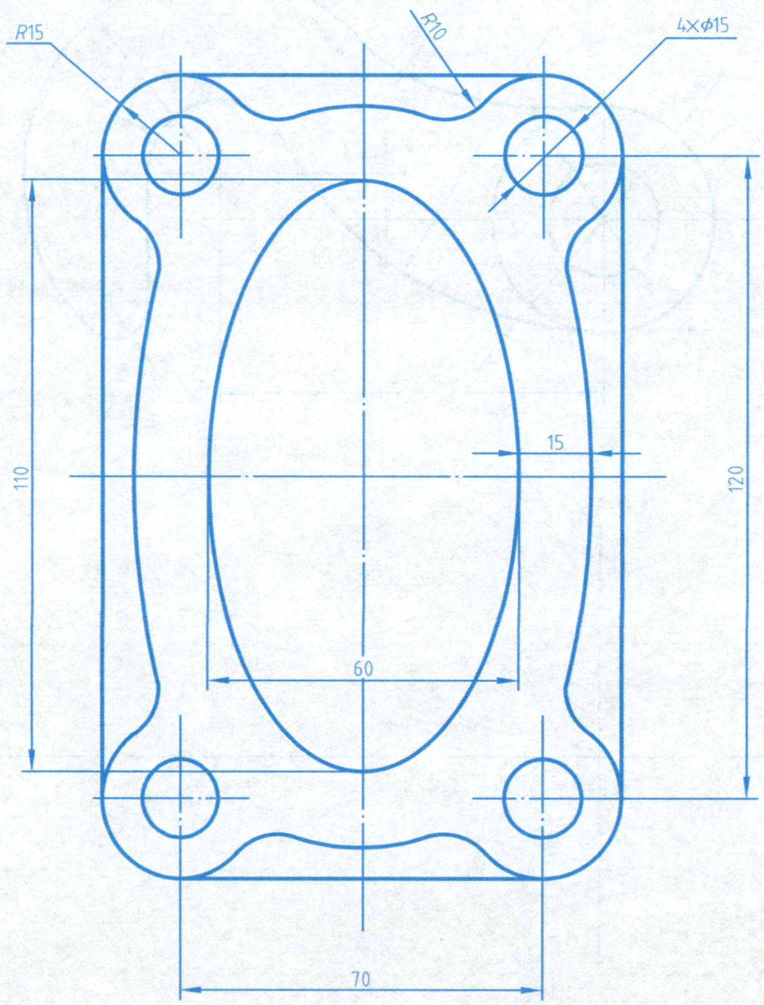

班级　　姓名　　学号　　审核

裁　剪　线

2.

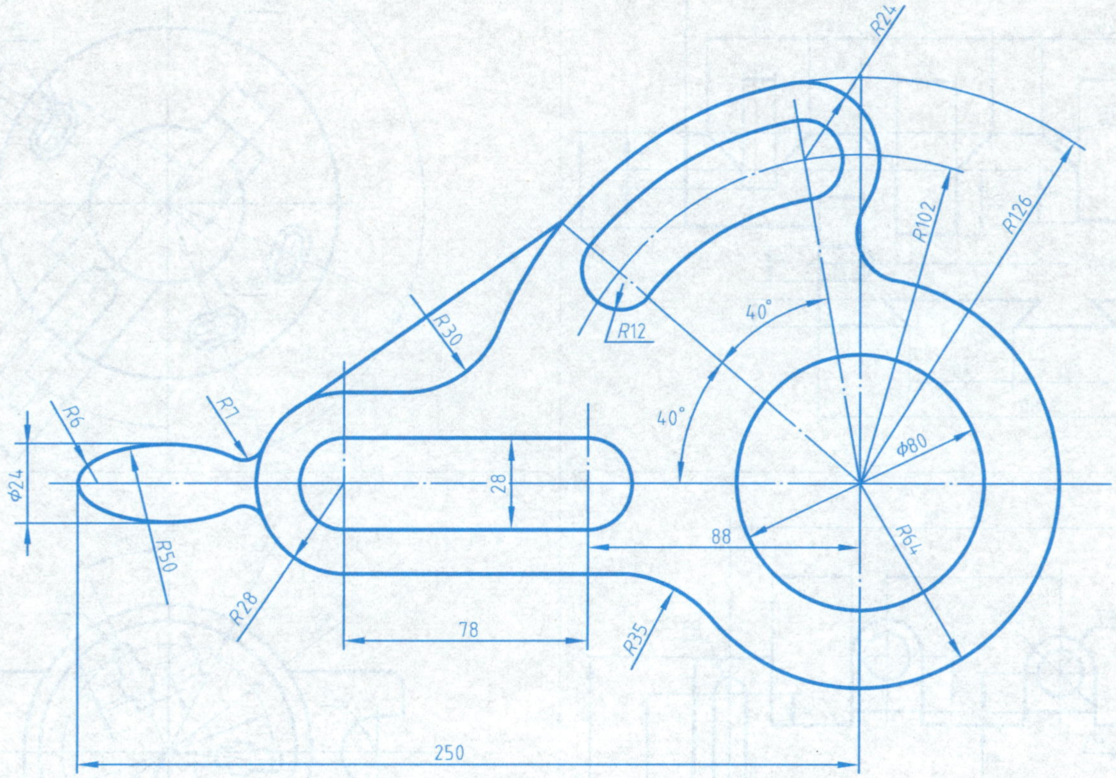
R24
R102
R126
R12
40°
40°
R30
R7
R6
Φ24
28
Φ80
88
R50
R28
78
R35
R64
250

裁剪线

1-3 按 1:1 比例绘制图形

1.

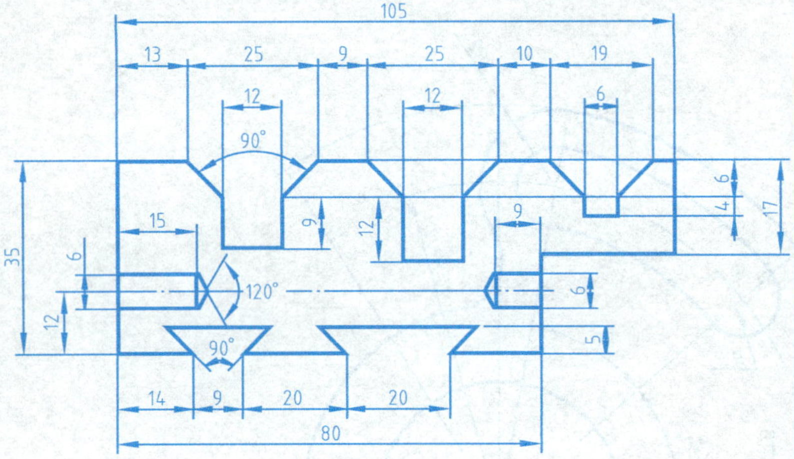

2.

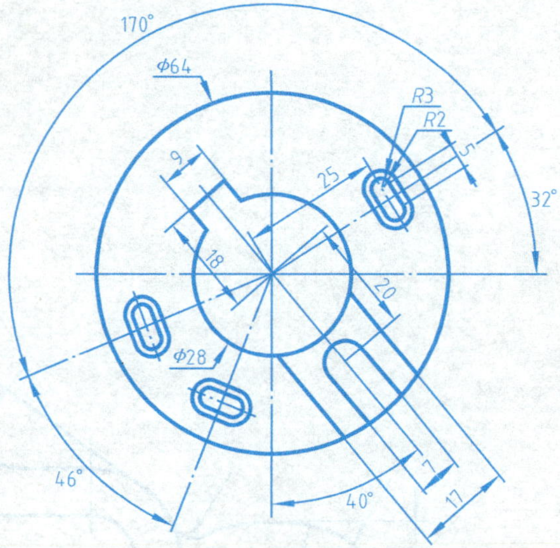

3.

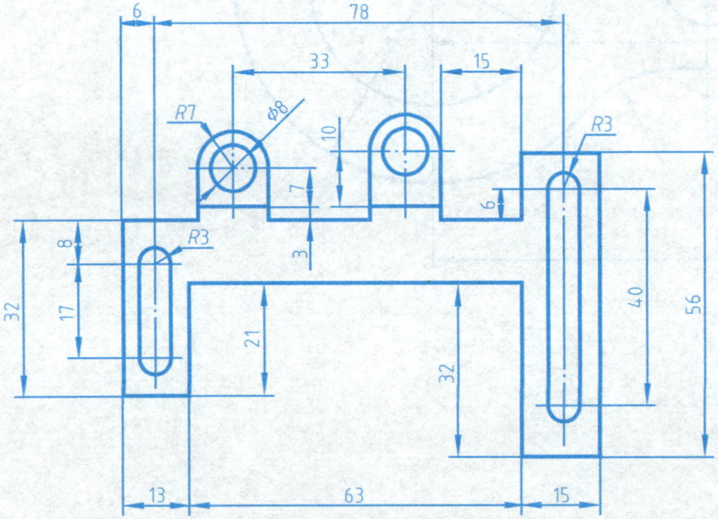

4.

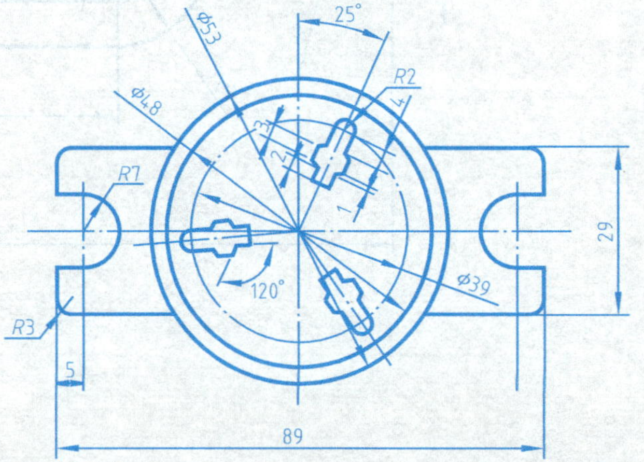

裁 剪 线

班级　　姓名　　学号　　审核

工程图中的字体要求采用长仿宋体并应做到字体端正笔画清楚排列整齐间隔均匀

数字和字母一般用斜体输出汉字输出一般采用正体小数点和标点符号占一个字位

字高有系列规定技术制图机械电子汽车航空船舶土木建筑矿山井坑港口纺织服装

A B C D E F G H I J K L M N O P Q R S T U V W X Y Z 0 1 2 3 4 5 6 7 8 9

a b c d e f g h i j k l m n o p q r s t u v w x y z α β γ δ θ Φ X ±

裁剪线

班级 姓名 学号 审核

1. 按点的直观图作各点的三面投影（坐标值从图中量取）

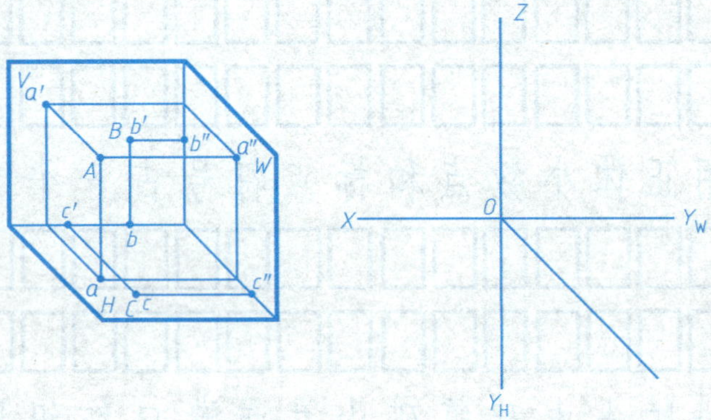

2. 已知 *A*(15，20，10)、*B*(20，15，0)、*C*(0，0，20)、*D*(0，0，0）四点，作出 *A*、*B*、*C*、*D* 四点的三面投影

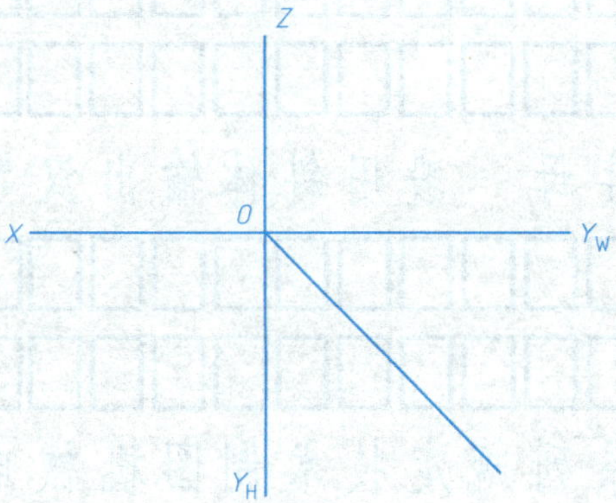

3. 已知 *A* 点距 *H* 面 20mm，距 *V* 面 15mm，距 *W* 面 25mm，*B* 点距 *H* 面 25mm，距 *V* 面 10mm，距 *W* 面 30mm，求 *A*、*B* 两点的三面投影

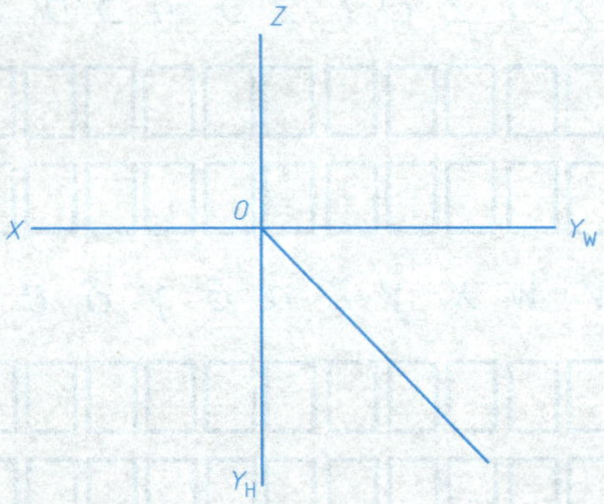

4. 已知 *A*、*B* 两点的一个投影和 *A* 点距 *W* 面 30mm，*B* 点 *Z* 坐标为 0，求作 *A*、*B* 两点的另两个投影

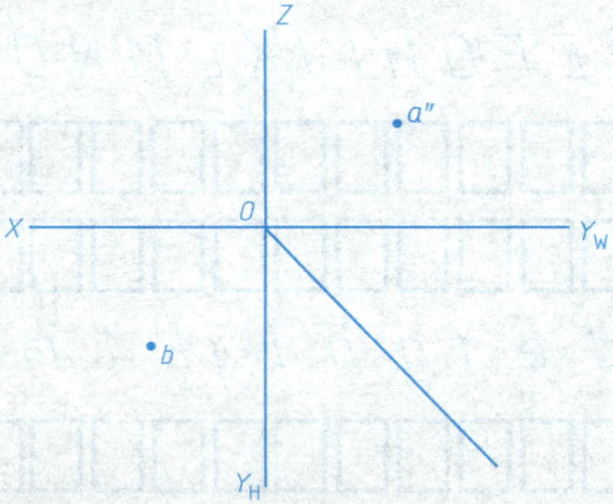

裁 剪 线

1-5　点、直线和平面的投影（二）

5. 已知 A 点的三面投影，且 B 点在 A 点之右 10mm，之后 10mm，之下 15mm，求 B 点的三面投影

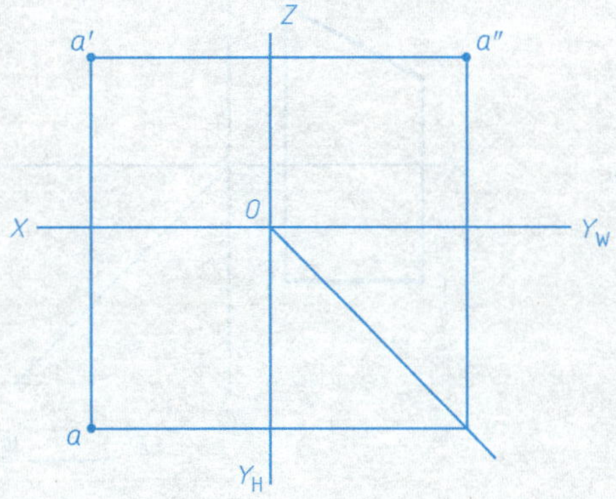

6. 试比较 A 与 B、C 与 D、E 与 F 的相对位置，并在投影图上对不可见的点按规定用括弧将字母括起来

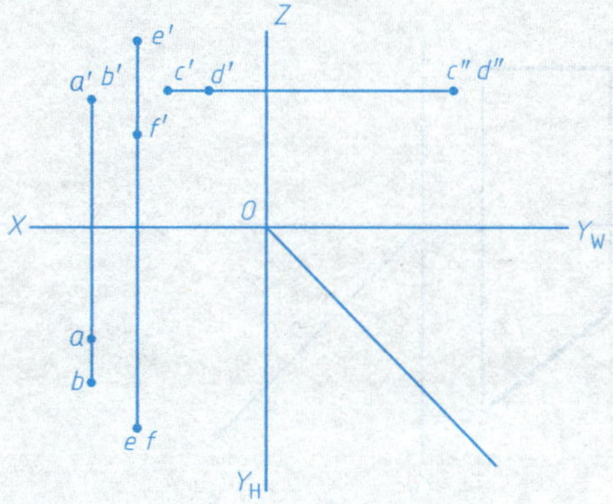

1）A 点在 B 点的____方____ mm。

2）C 点在 D 点的____方____ mm。

3）E 点在 F 点的____方____ mm。

7. 求线段 AB 对 H 面的倾角 α 和线段 CD 对 V 面的倾角 β

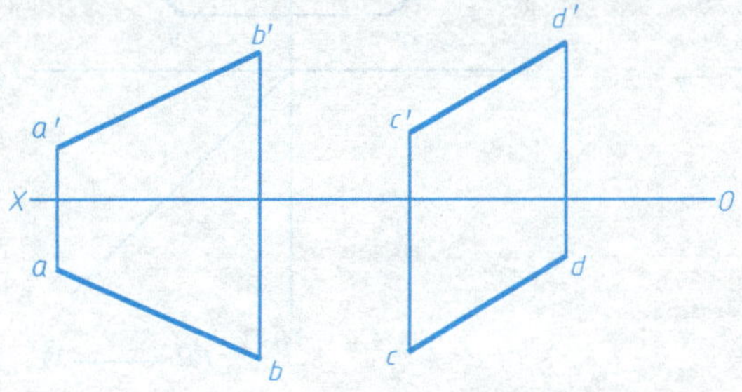

8. 已知水平线 AB 的 H 面投影，并知 AB 在 H 面上方 20mm，求作它的其余两个投影，并在该直线上取一点 K，使 AK = 20mm

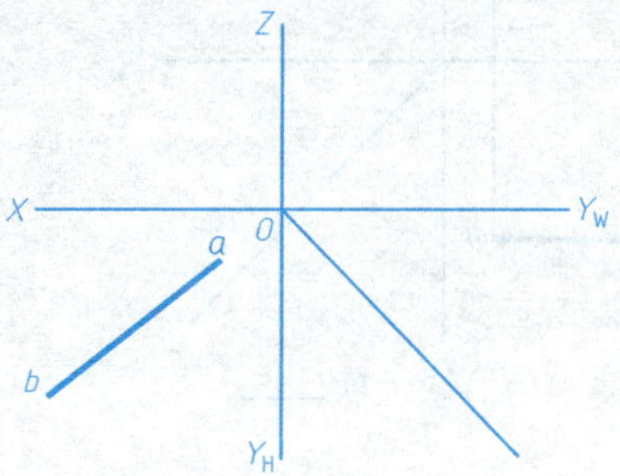

9. 画出下列直线的第三面投影，并判别其相对投影面的位置

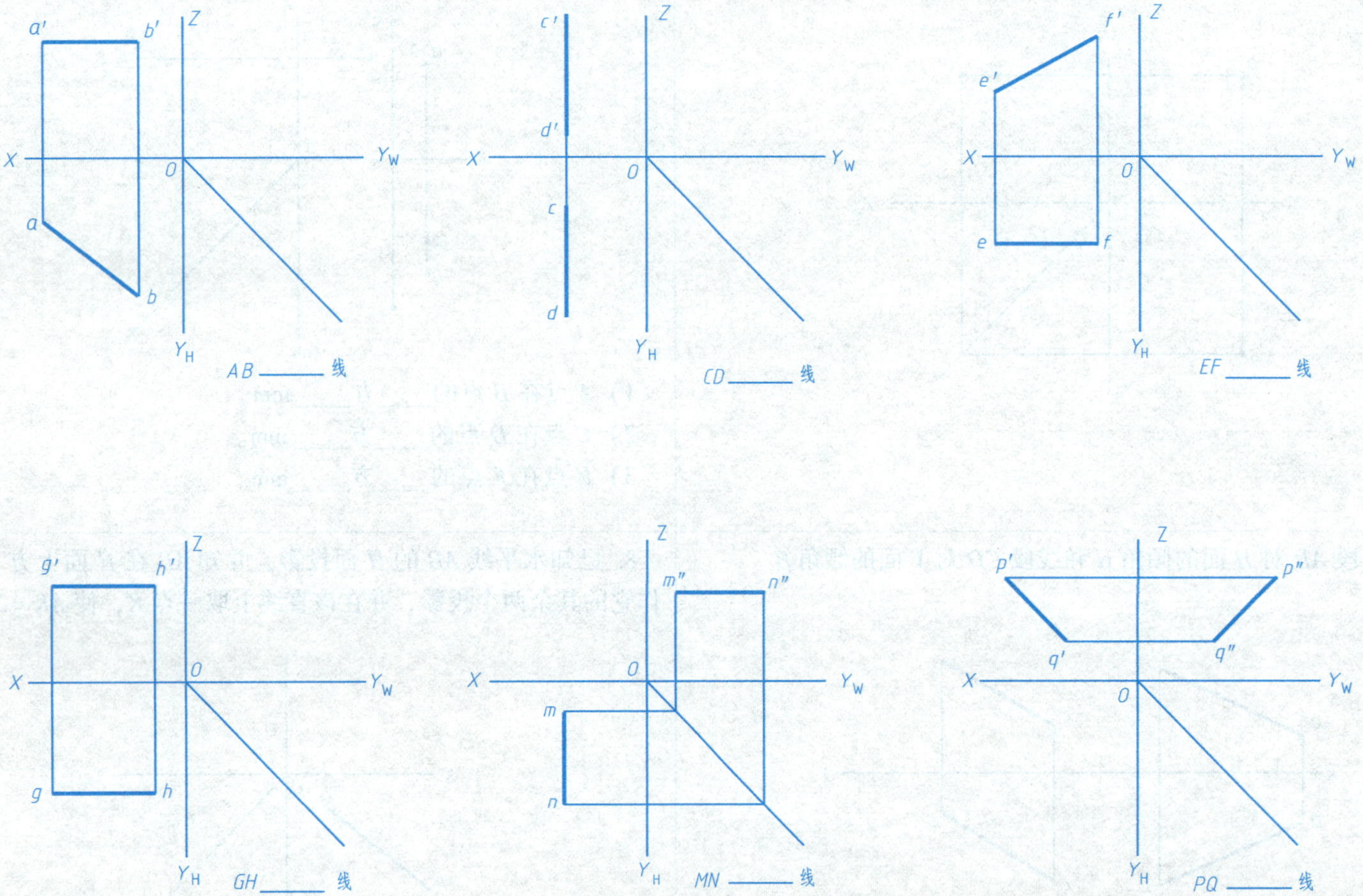

 班级 姓名 学号 审核

裁 剪 线

裁 剪 线

1-5 点、直线和平面的投影（四）

10. 已知线段 *EF* 的实长为 30mm，求作 *ef*

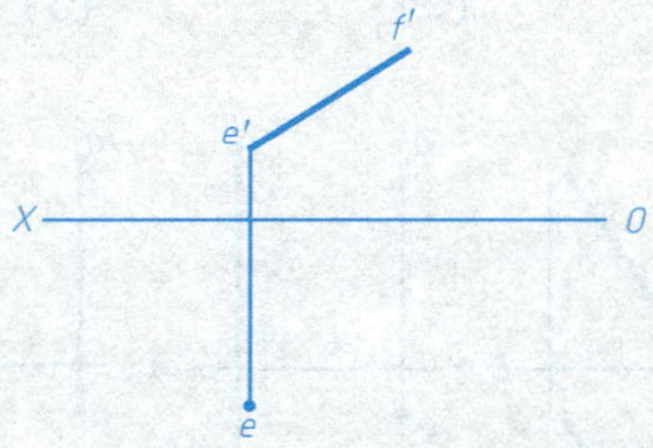

11. 已知线段 *KM* 的实长为 35mm，并知其投影 *k'm'* 及 *k*，试定出 *KM* 上的点 *N* 的投影，使 *KN* 的长度为 20mm

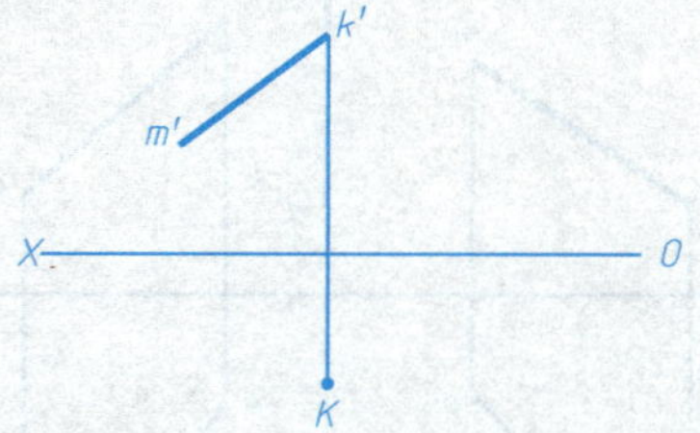

12. 判断并填写两直线的相对位置

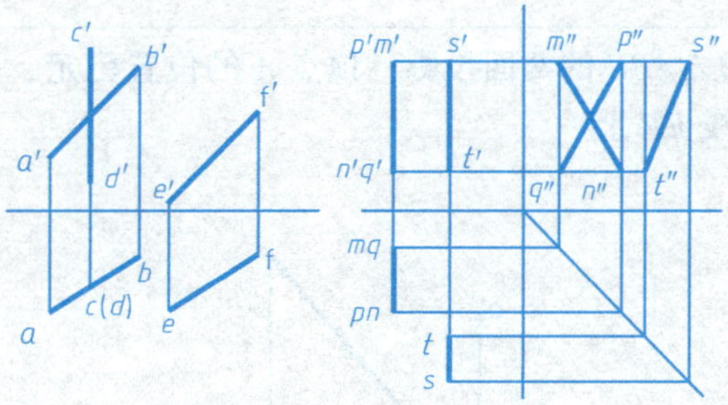

AB、*CD* 是______线　　*PQ*、*MN* 是______线

AB、*EF* 是______线　　*PQ*、*ST* 是______线

CD、*EF* 是______线　　*MN*、*ST* 是______线

13. 用符号标出线段 *AB* 与 *CD*、*EF* 与 *GH* 的重影点，并判别其可见性

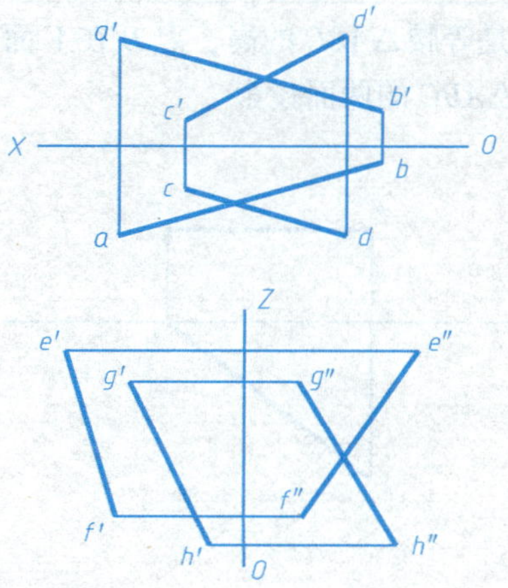

14. 试作一直线 *GH* 平行与直线 *AB*，且与直线 *CD*、*EF* 相交

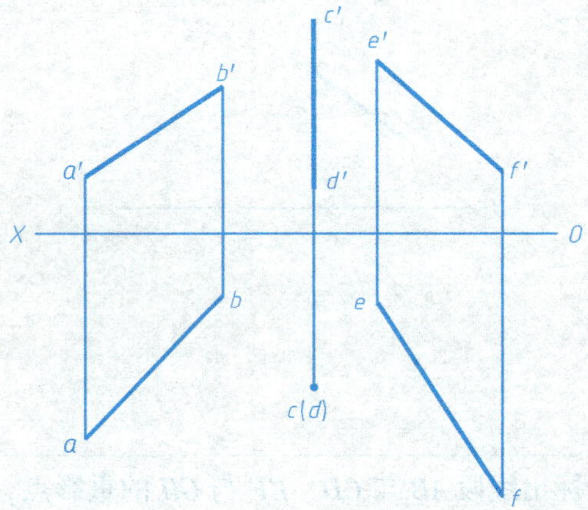

15. 分别在图中，由点 *A* 作直线 *AB* 与 *CD* 相交，交点 *B* 距离 *H* 面 20mm

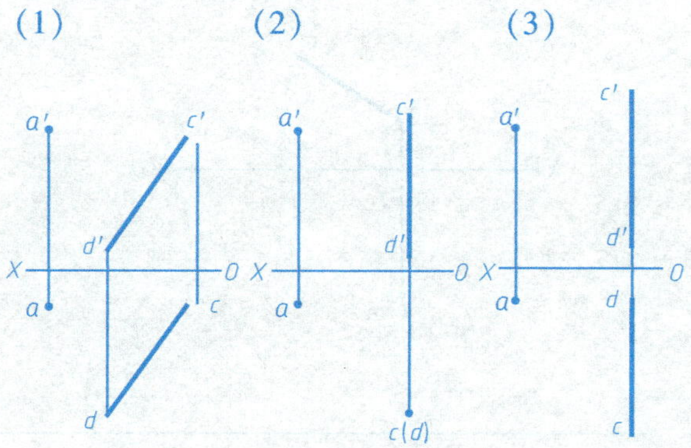

16. 水平线 *AK* 是等腰△*ABC* 的高，点 *B* 在 *V* 面前方 10mm，点 *C* 在 *H* 面上，求作△*ABC* 的两面投影

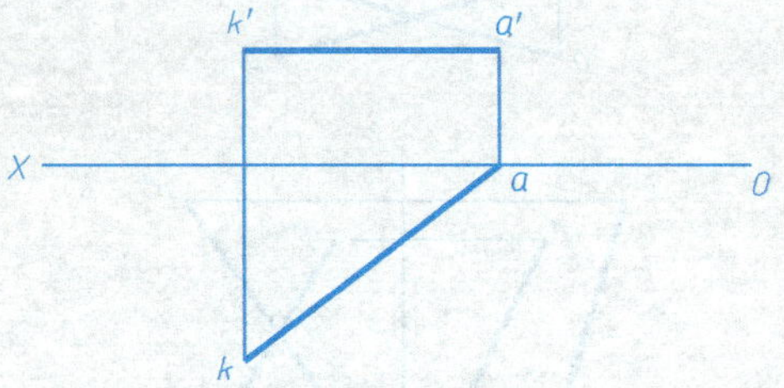

17. 作等边△*ABC* 的两面投影，顶点 *A* 的位置已定，并知顶点 *B* 和 *C* 在正平线 *EF* 上

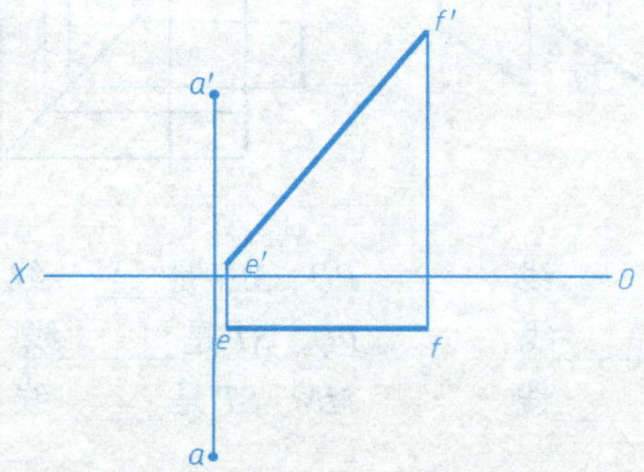

裁 剪 线

 班级 姓名 学号 审核

裁 剪 线

18. 已知平面的两个投影，求作第三投影

（1）

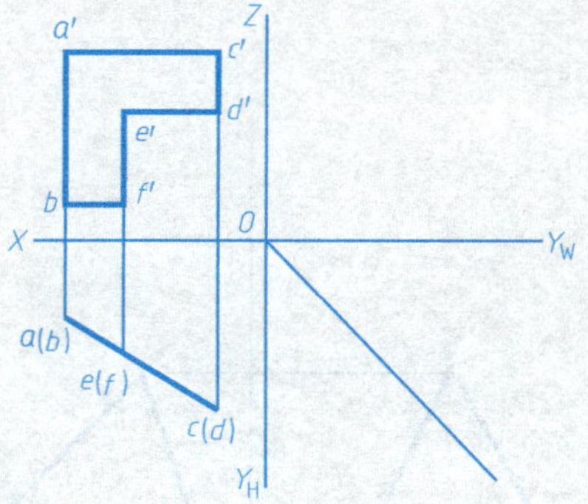

（2）

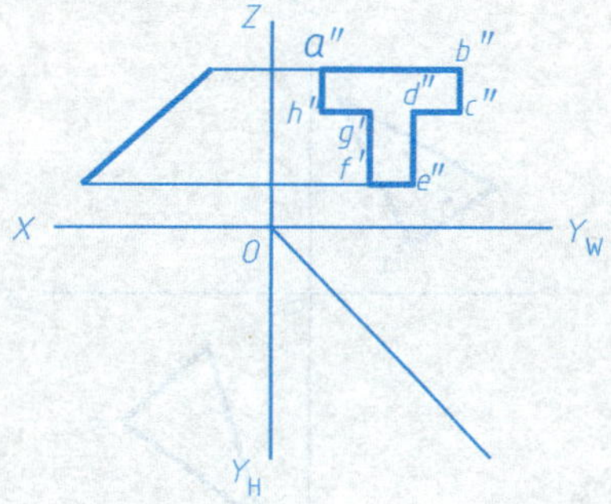

（3）

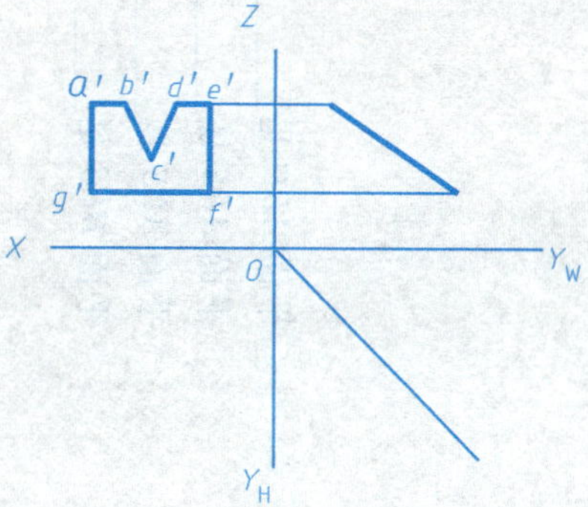

（4）

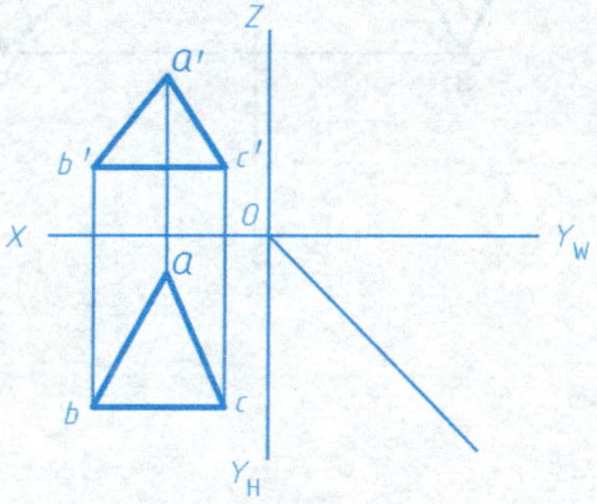

（5）

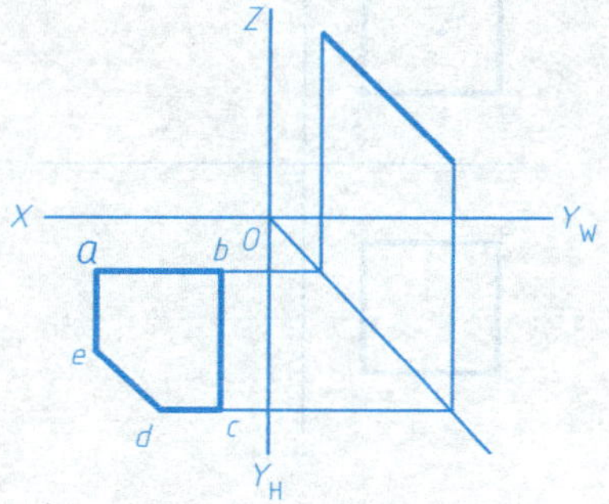

（6）

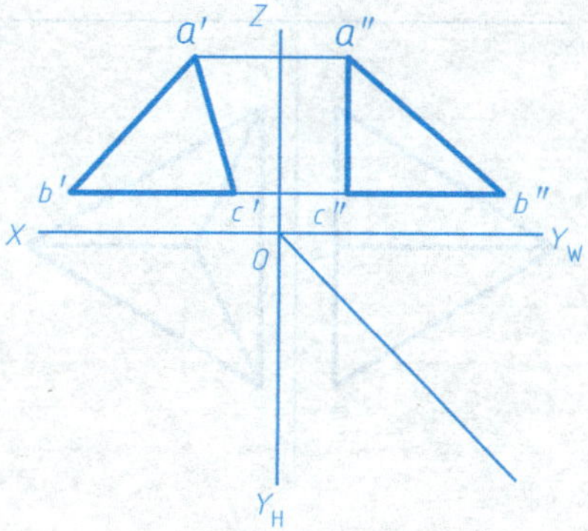

19. 完成三棱锥的侧面投影，并分析各个平面的空间位置

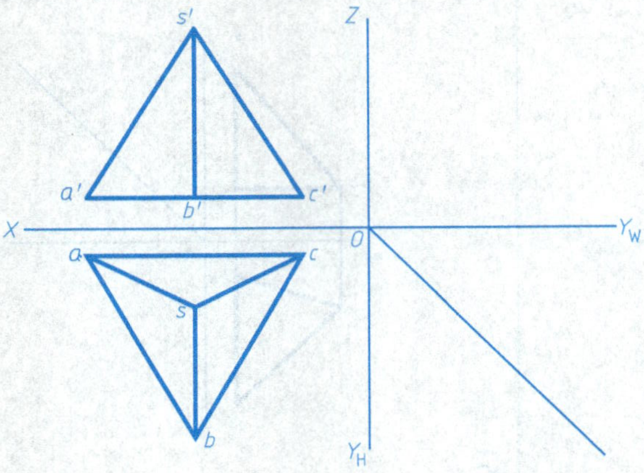

平面 *ABC* 是______面。
平面 *ABS* 是______面。
平面 *ACS* 是______面。
平面 *BCS* 是______面。

20. 已知平面上一点 *K* 的投影，作出此平面的第三投影和点 *K* 的另两个投影

（1）

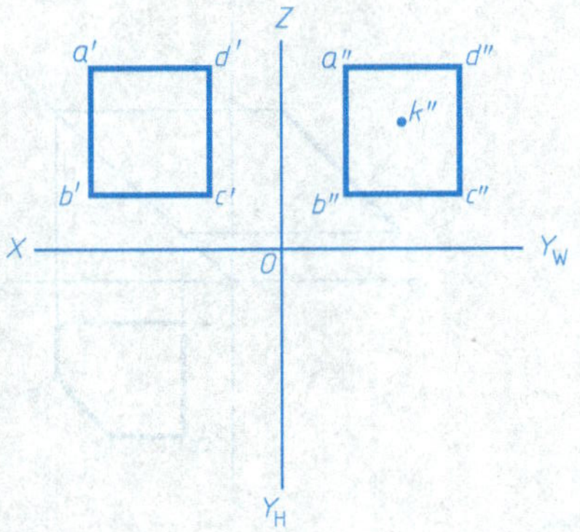

（2）

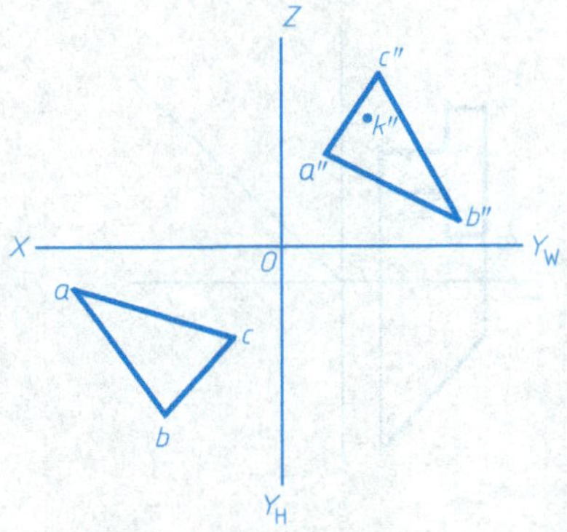

21. 作出平面 *ABCD* 上的△*EFG* 的正面投影

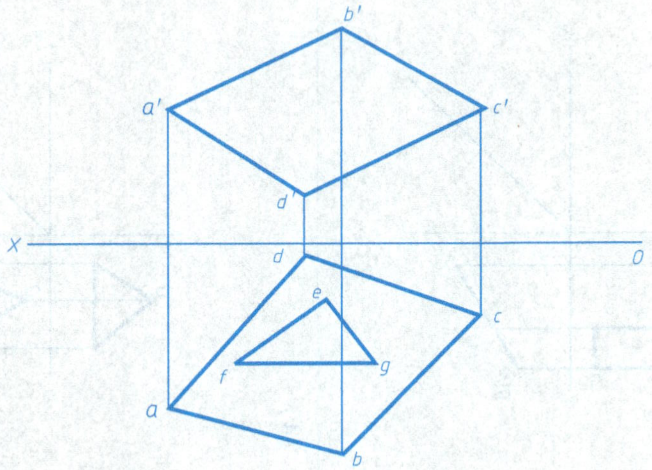

 班级 姓名 学号 审核

裁 剪 线

裁剪线

22. 在△ABC平面上，取一点K，使它距V面25mm，距H面30mm

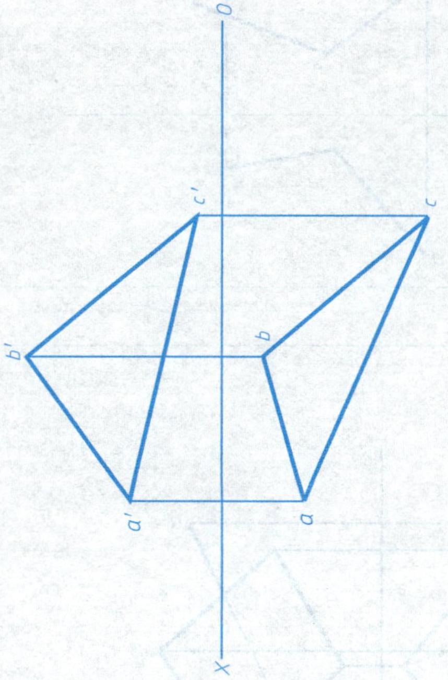

23. 已知直线AB平行于平面P（CD//EF），完成AB的投影

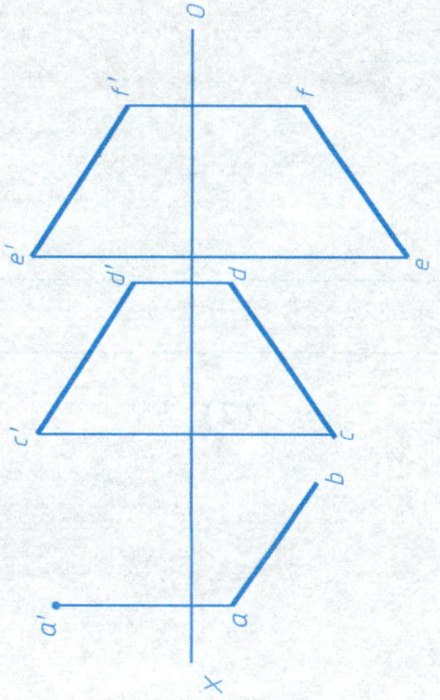

24. 已知直线MN和△ABC平行，求作此三角形的水平投影

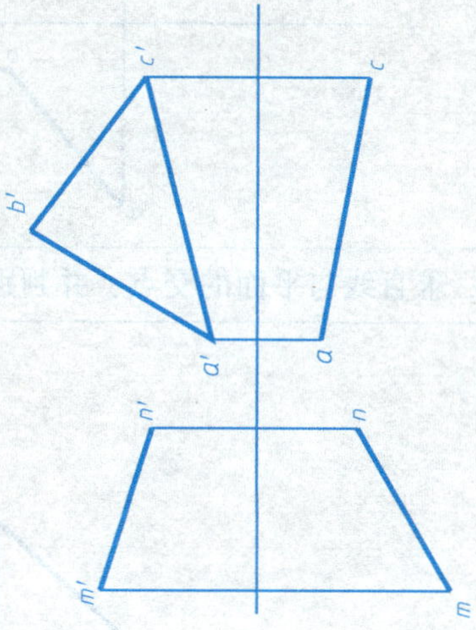

25. 已知平面 *ABCDE* 的一个投影，求作其另一个投影（用两种方法作）

（1）

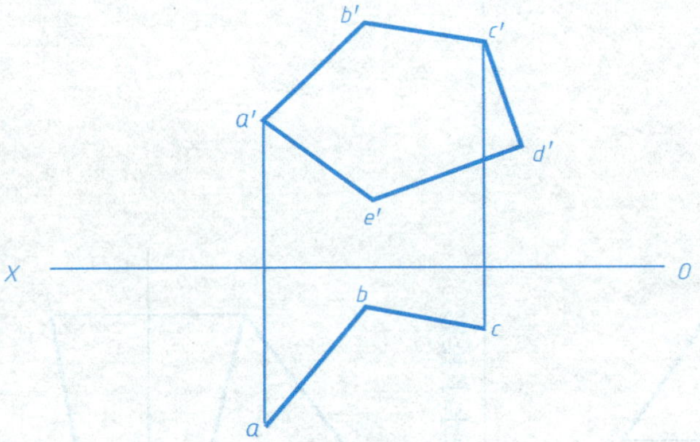

（2）

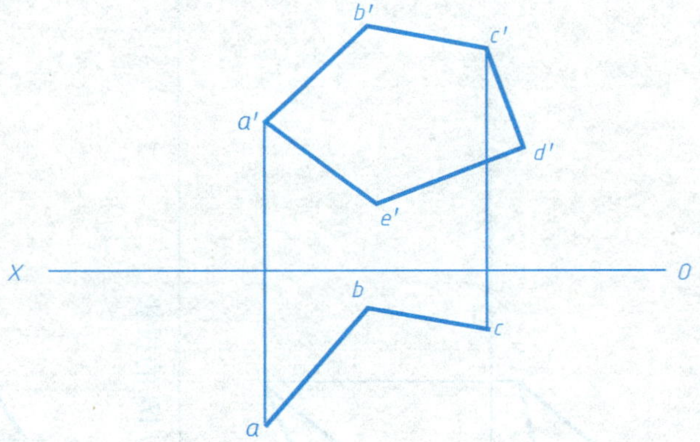

26. 求直线与平面的交点，并判别可见性

（1）

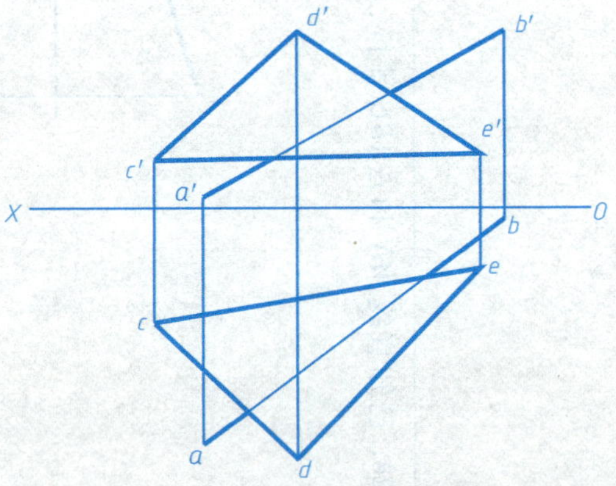

（2）

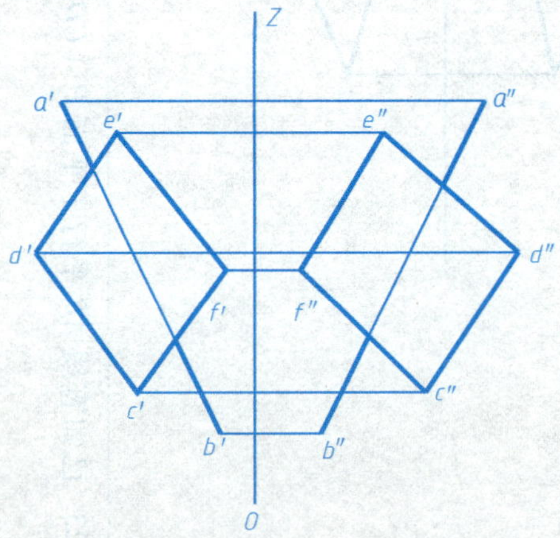

 班级 姓名 学号 审核

裁 剪 线

27. 求直线 *AB* 与平面的交点，并判别可见性

(1)

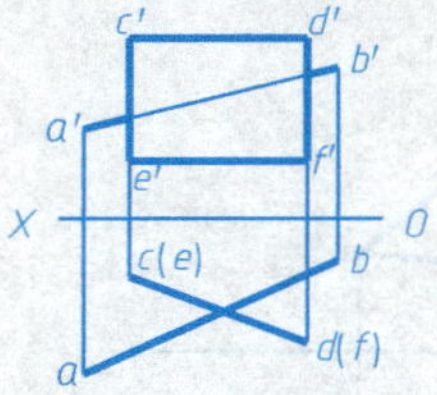

(2)

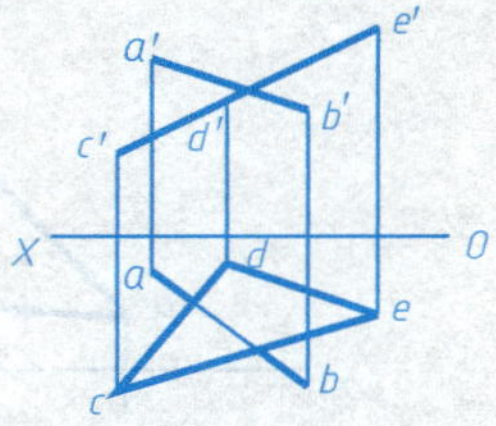

(3)

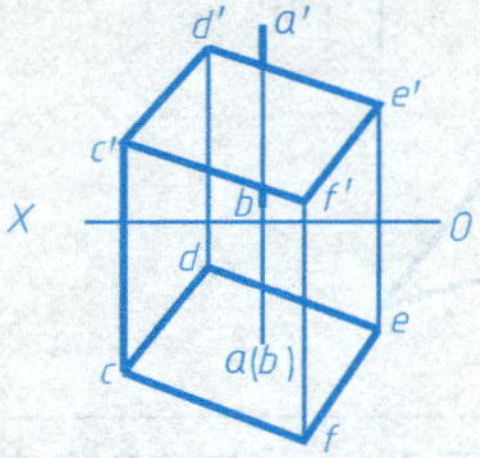

(4)

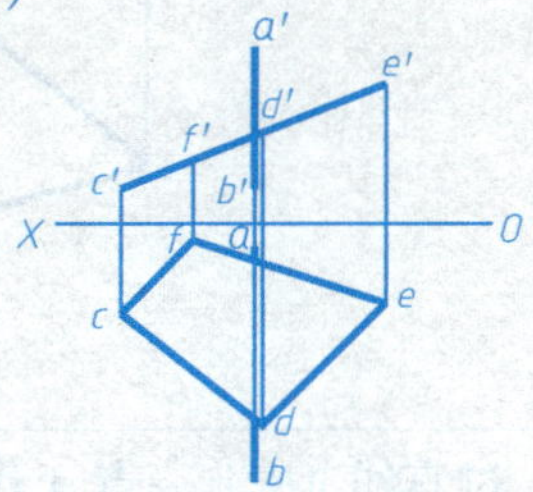

28. 求三角形 *ABC* 平面与平行四边形 *DEFG* 的交线，并判别可见性

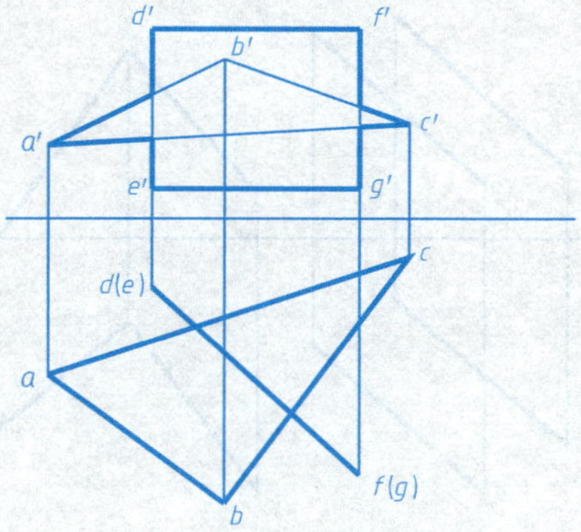

29. 过点 *A* 作直线与两已知直线 *BC* 及 EF 相交

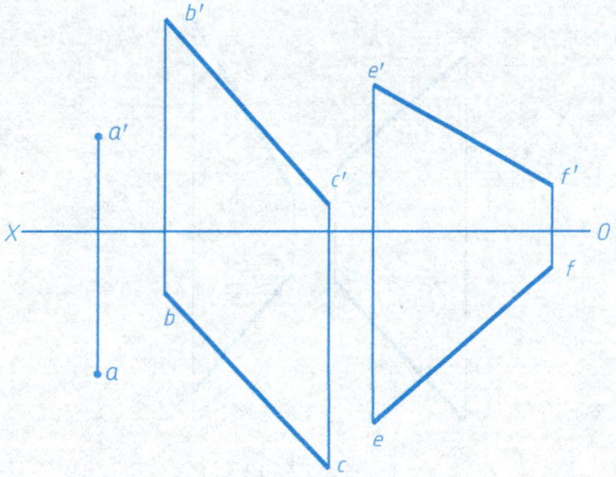

30. 求作两三角形的交线，并判别可见性

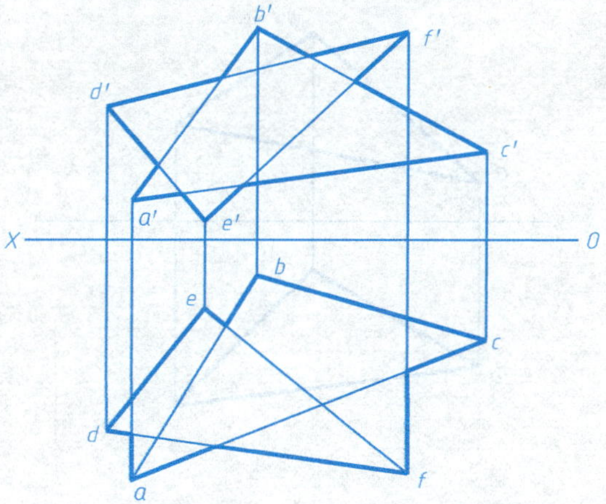

裁

剪

线

31. 求两平面的交线

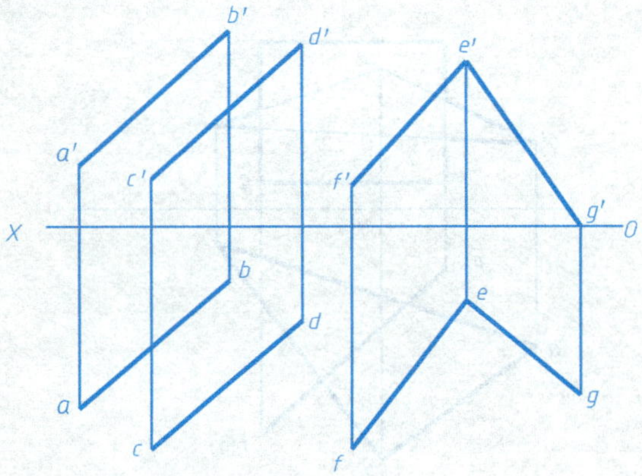

32. 求作点 *P* 到△*ABC* 的真实距离

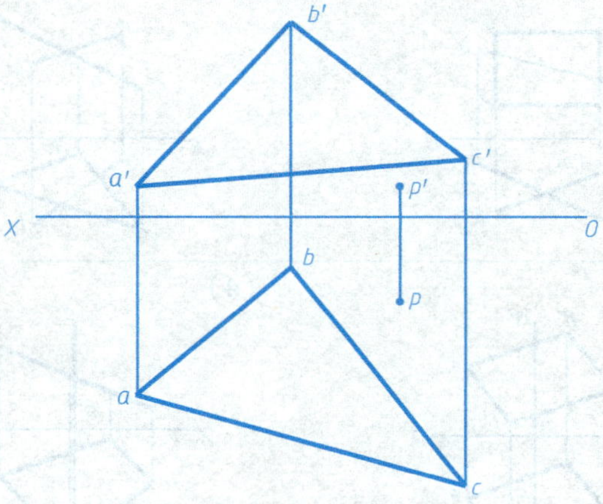

33. 求△*ABC* 与 *V* 面所成倾角的实际大小

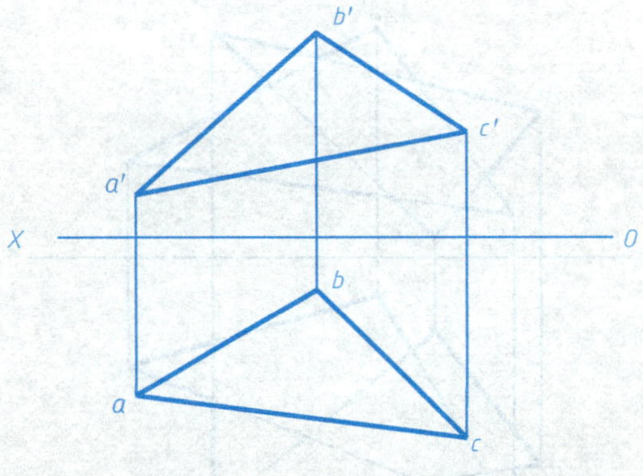

34. 过直线 *AB* 上一点 *A* 作一直线垂直于 *AB*，并与 *DE* 相交

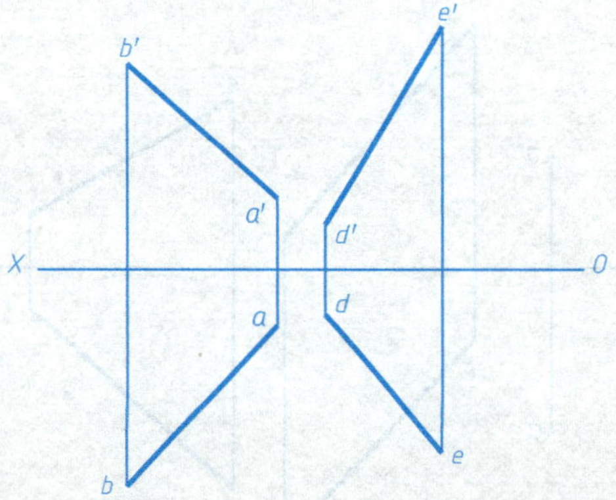

裁
剪
线

项目二　AutoCAD 2007 的基本操作

2-1　利用 AutoCAD 2007 抄绘图形（一）（尺寸取整）

1.

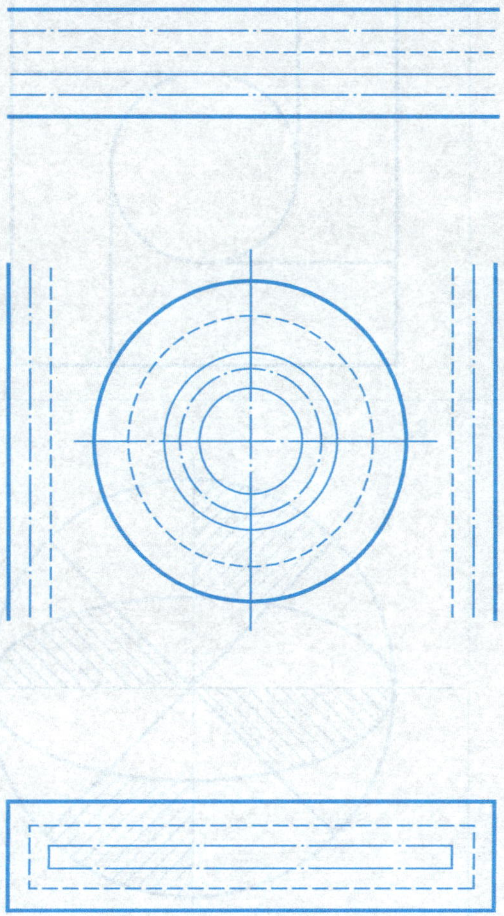

2.

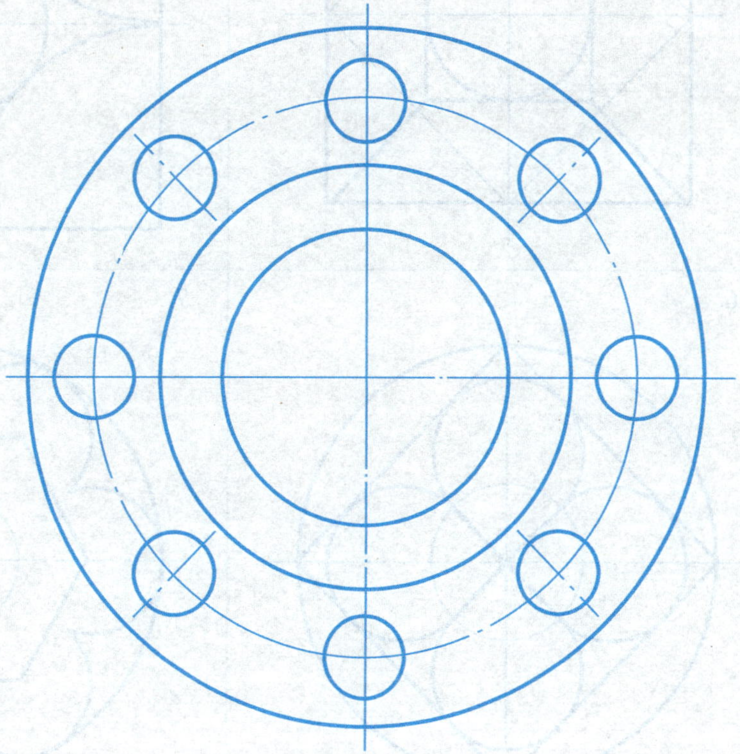

裁

剪

线

3.

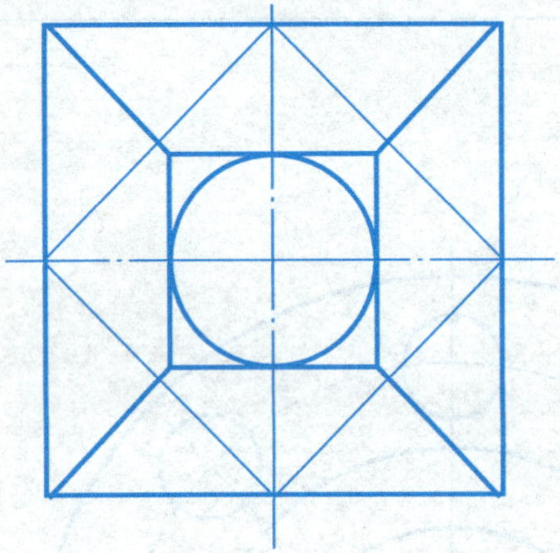

4.

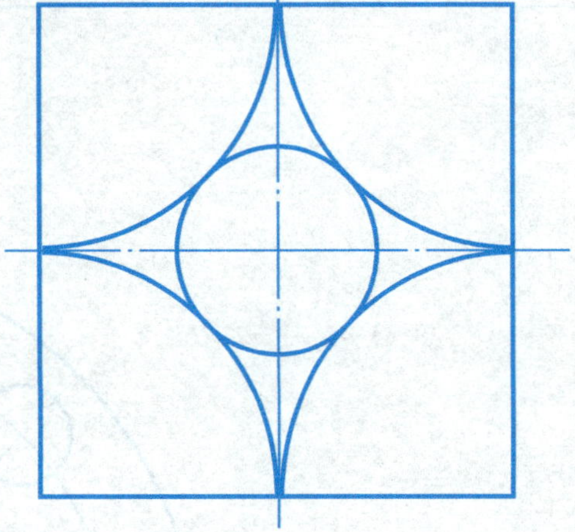

5.

6.

7.

8.

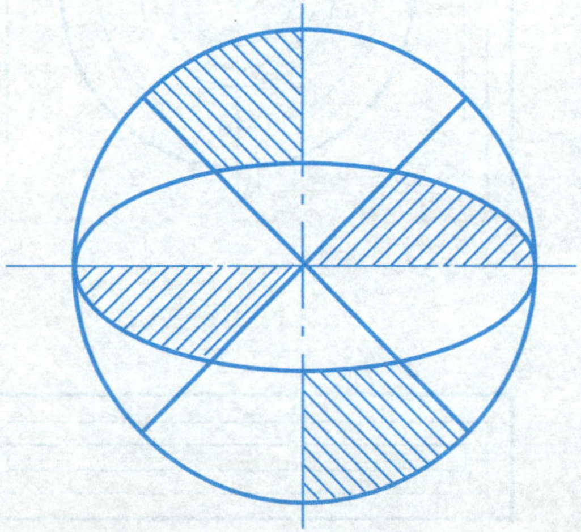

裁剪线

班级　　姓名　　学号　　审核

裁
剪
线

1.

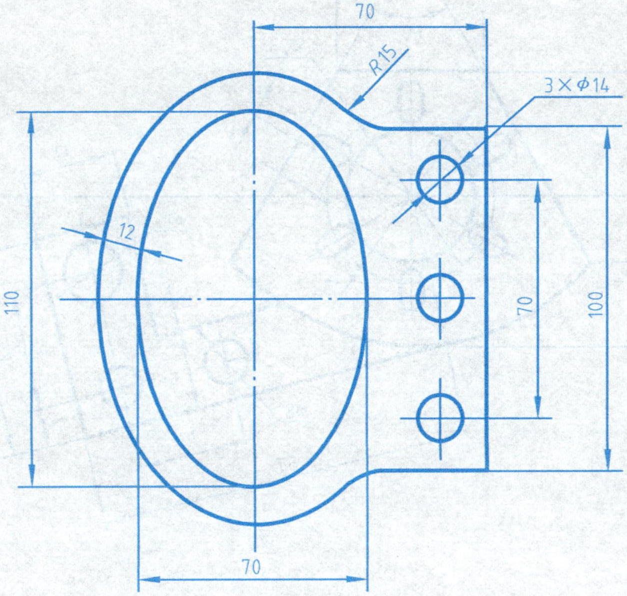
70
R15
3×ϕ14
12
110
70
100
70

2.

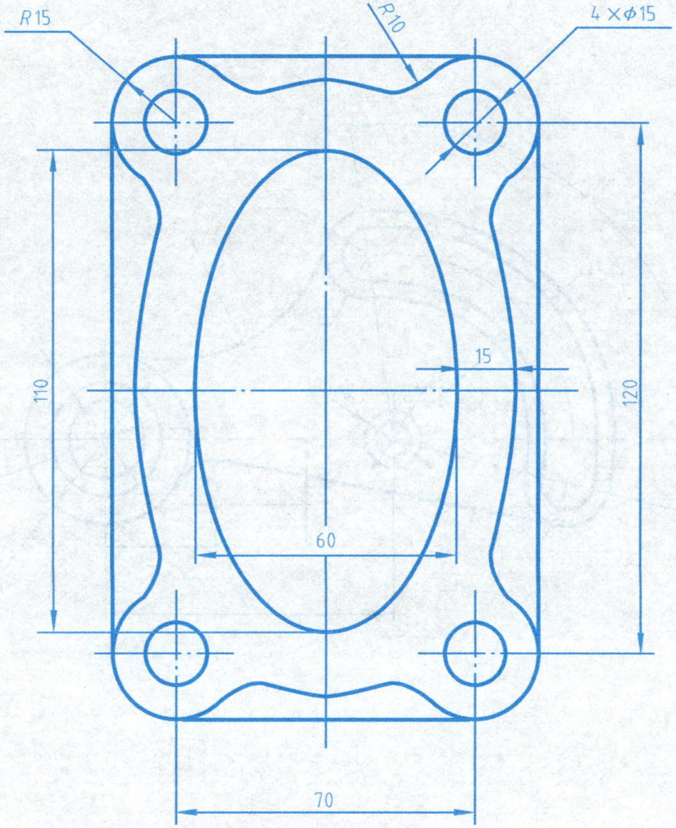
R15
R10
4×ϕ15
110
15
120
60
70

3.

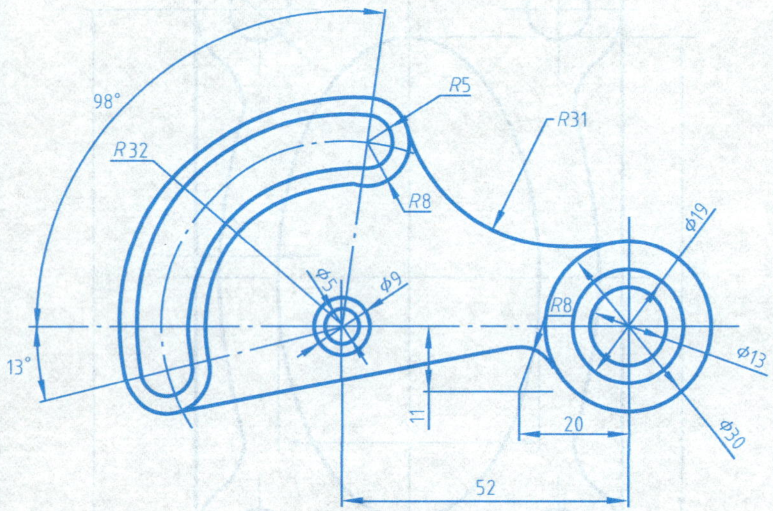

4.

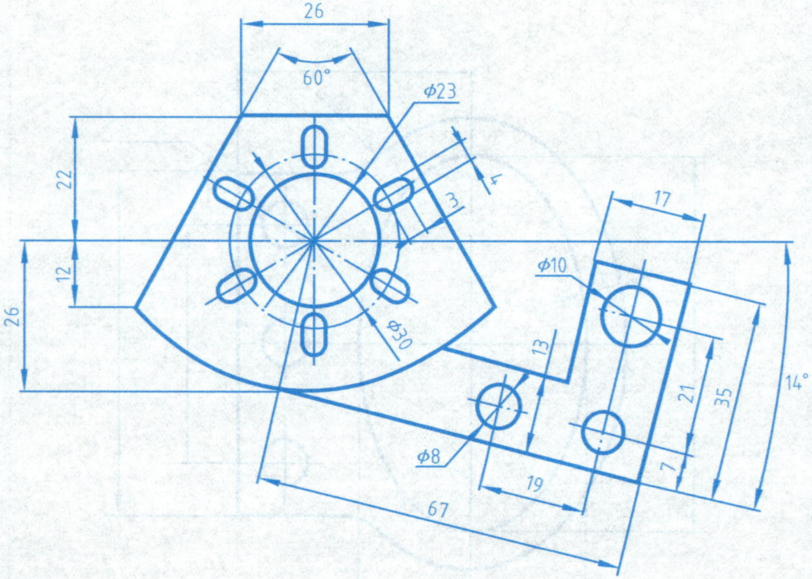

班级　姓名　学号　审核

裁剪线

裁
剪
线

1.

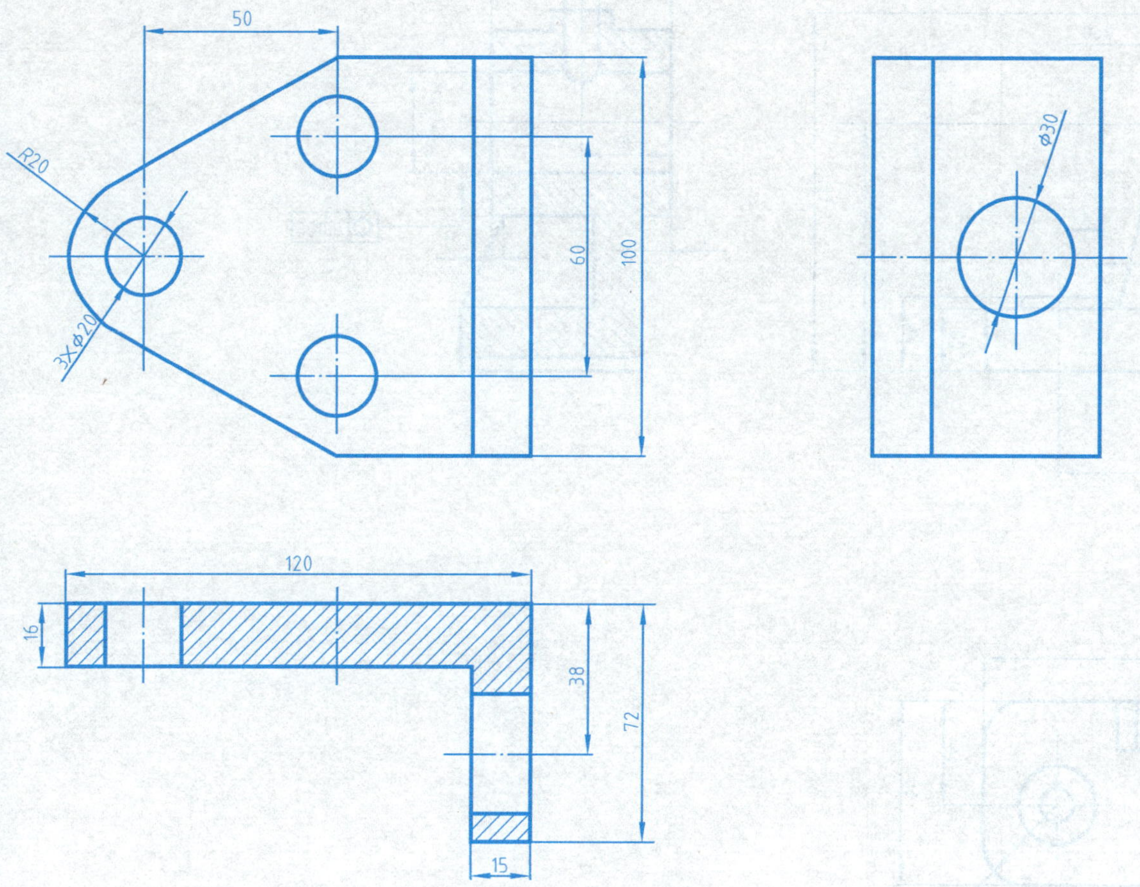

班级 姓名 学号 审核

2.

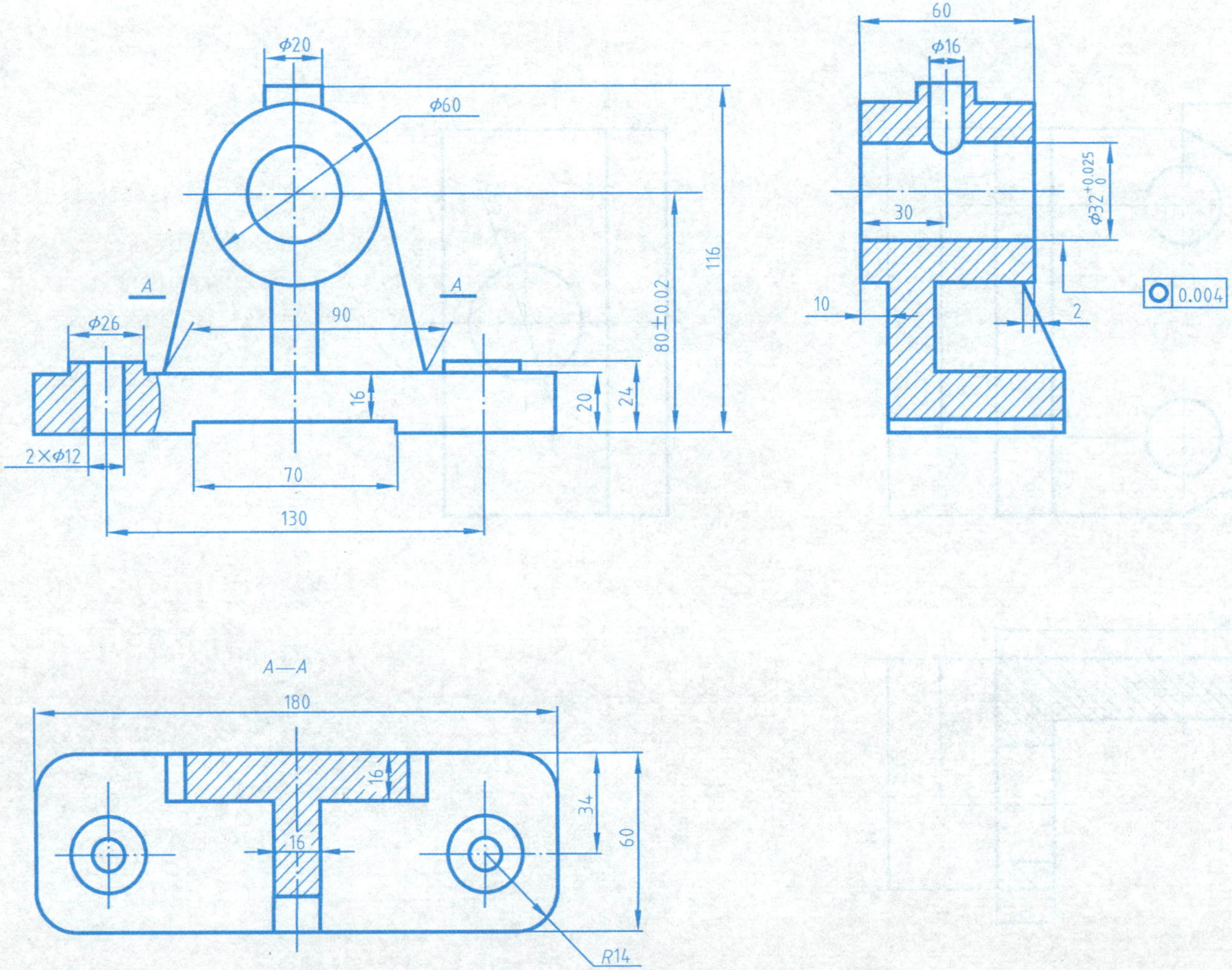
φ20
φ60
φ26
A
A
90
116
80±0.02
16
20
24
2×φ12
70
130
60
φ16
30
φ32 +0.025 0
10
2
0.004
A—A
180
16
16
34
60
R14

班级　　姓名　　学号　　审核

裁

剪

线

2-4　1:1 比例绘制平面图形

裁

剪

线

1.

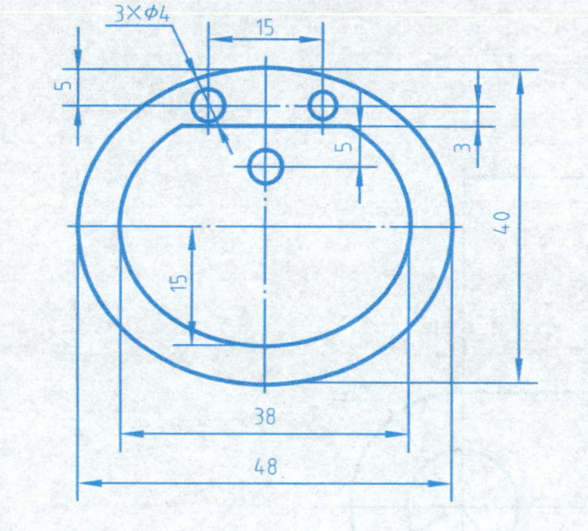

2.

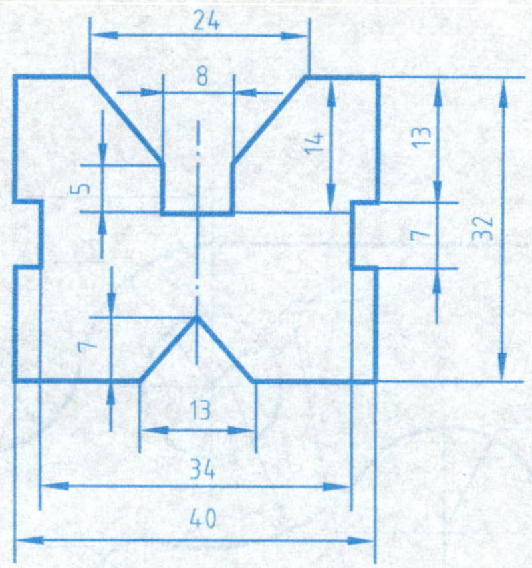

3.

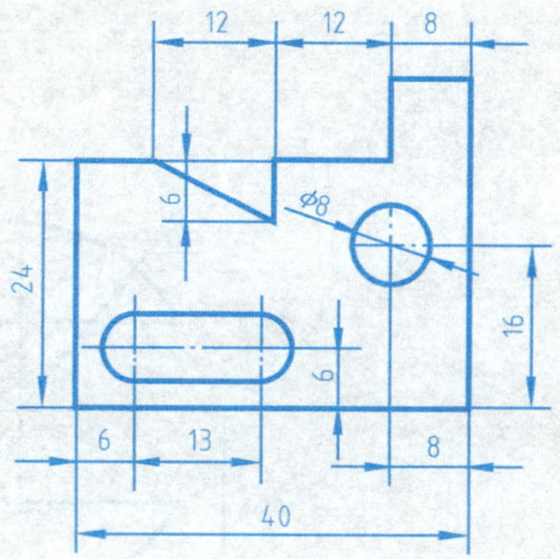

4.

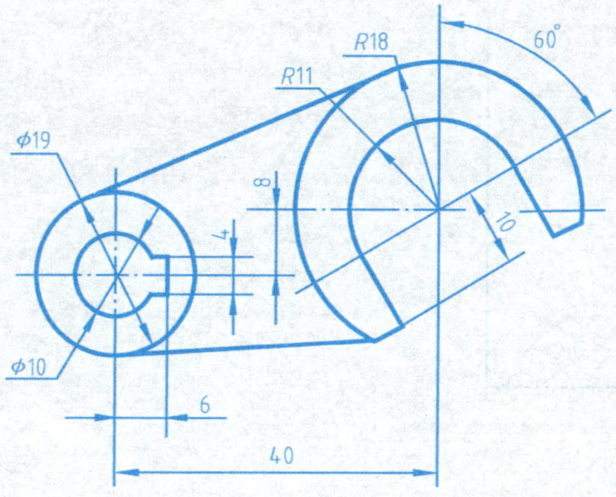

5.

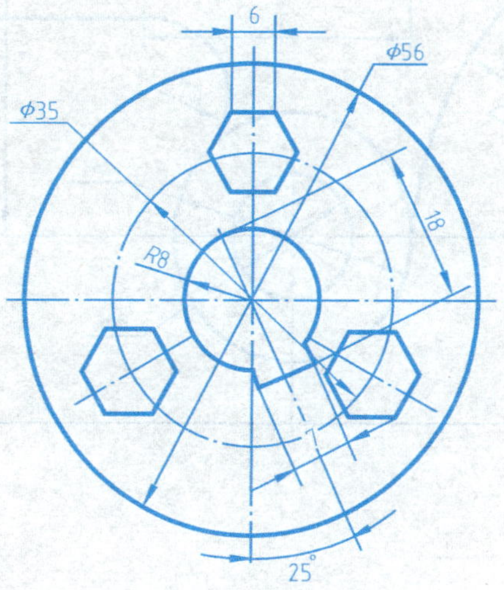

6.

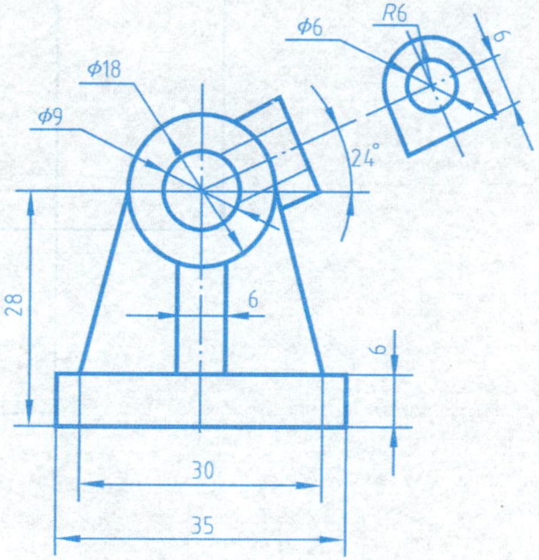

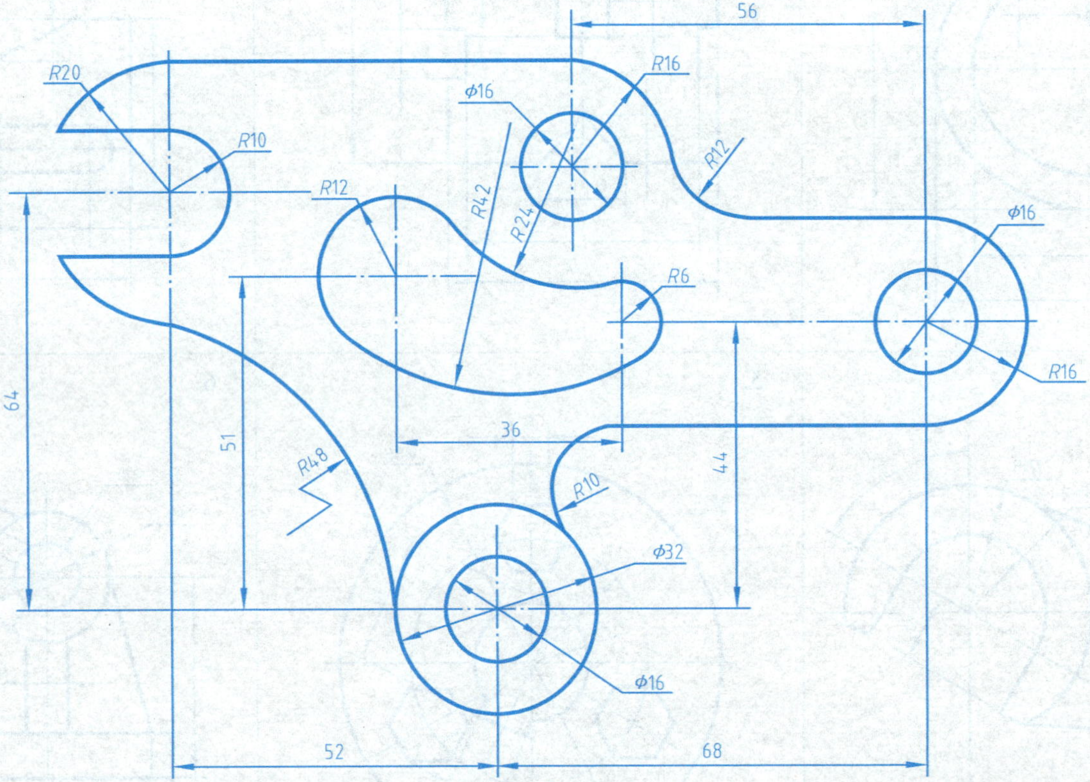

 班级 姓名 学号 审核

裁 剪 线

裁剪线

2-6　1:1 比例绘制已知视图，补画出第三视图

1.

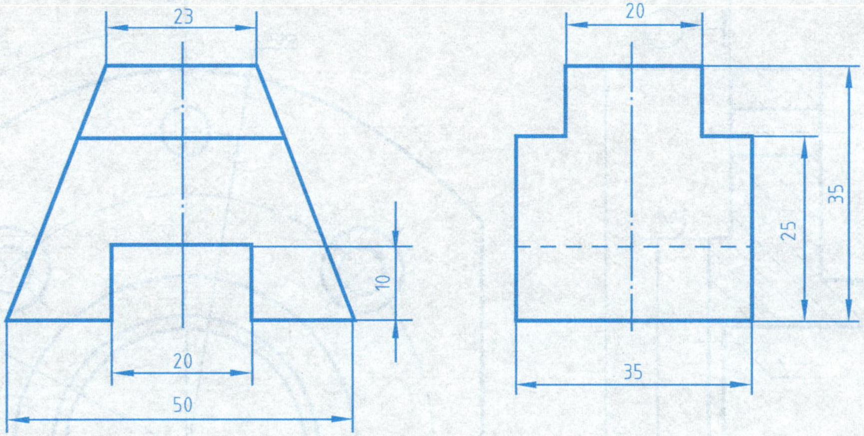

2.

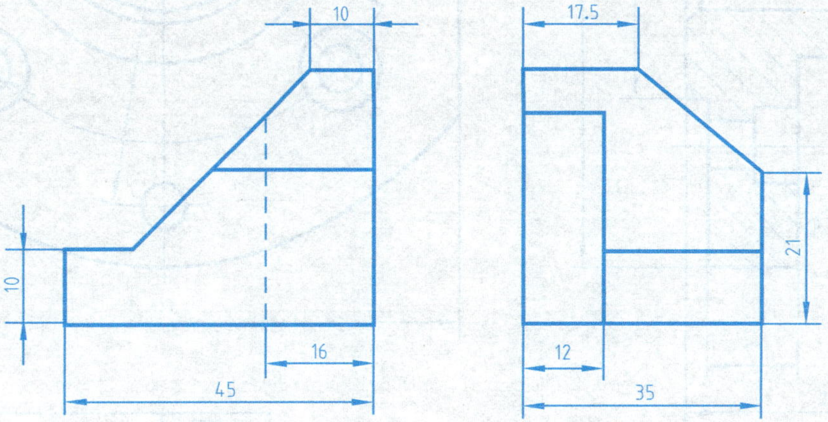

班级　　姓名　　学号　　审核

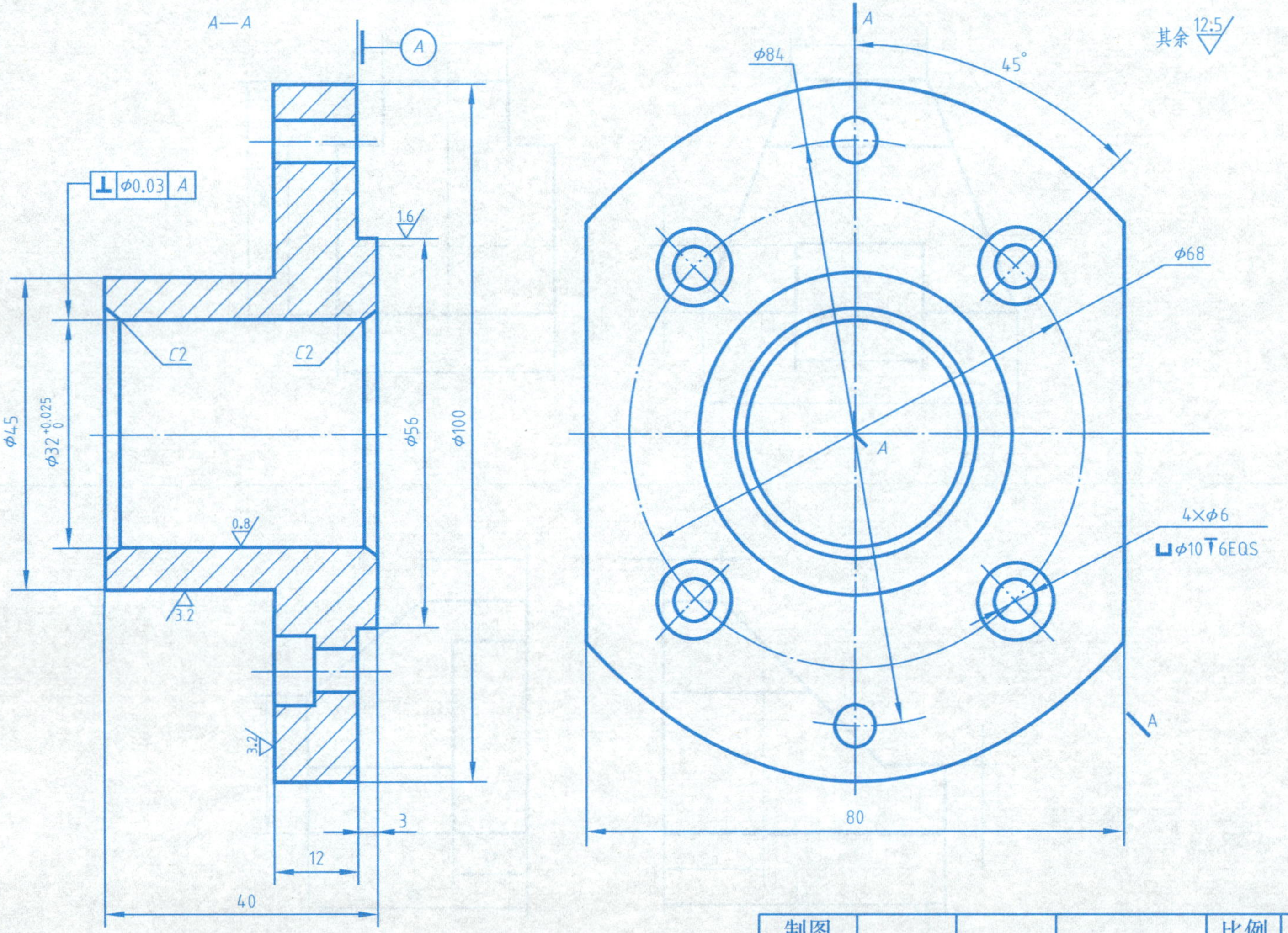
A—A
A
⊥ φ0.03 A
1.6
C2
C2
φ45
φ32 +0.025 0
φ56
φ100
0.8
3.2
3.2
3
12
40
A
φ84
45°
其余 12.5
φ68
A
4×φ6
⌴φ10 ↧6EQS
A
80

制图			端盖	比例	1:1
校核				数量	2
审批				材料	HT200

 班级 姓名 学号 审核

裁 剪 线

裁

剪

线

项目三　运用三视图表达基本图形

3-1　点的三投影

1. 作三棱柱的侧面投影，并补全表面上诸点的三面投影

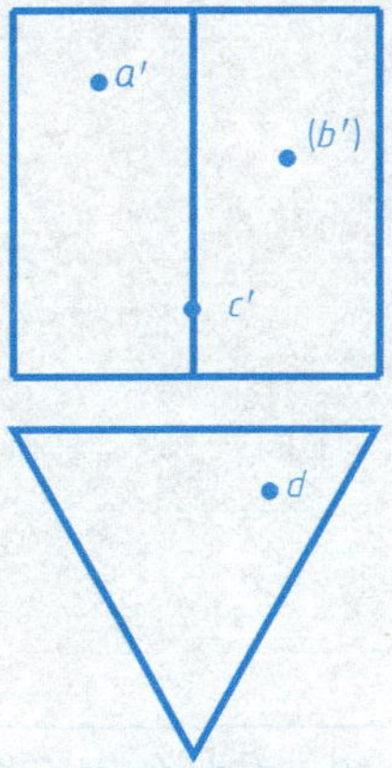

2. 作三棱锥的侧面投影，并补全表面上诸点的三面投影

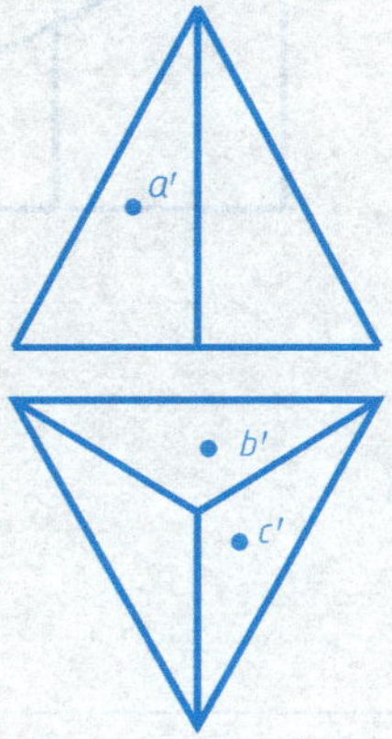

3. 作圆柱体的水平投影，并补全表面上诸点的三面投影

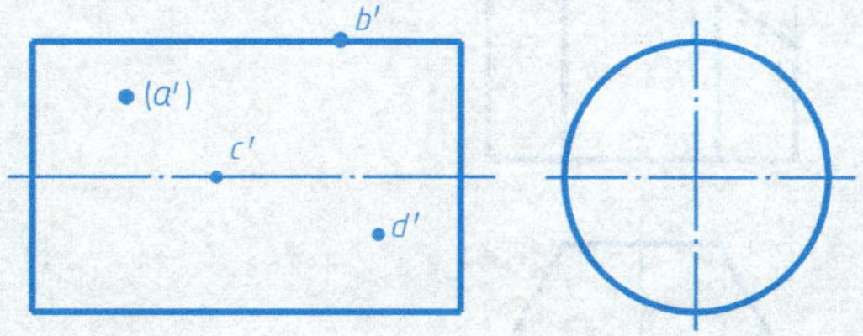

4. 作圆锥的侧面投影，并补全表面上诸点的三面投影

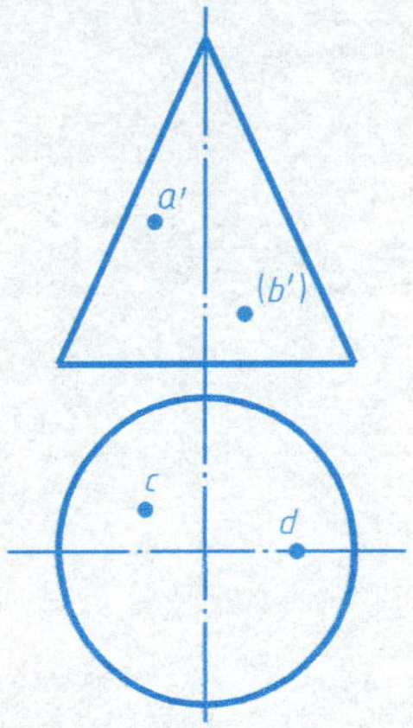

5. 作圆球的水平投影，并补全表面上诸点的三面投影

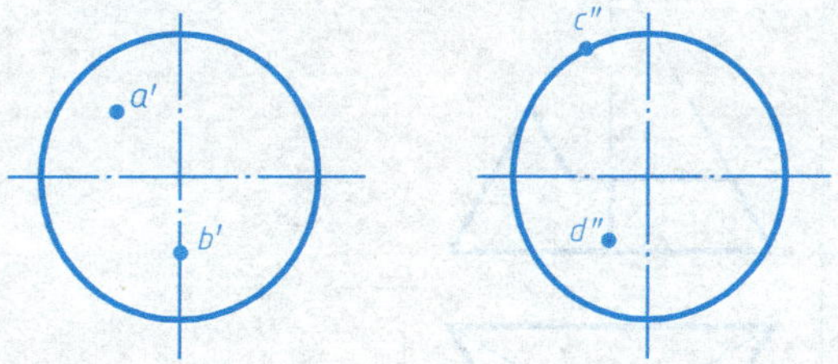

6. 作出圆环体表面上诸点的水平投影

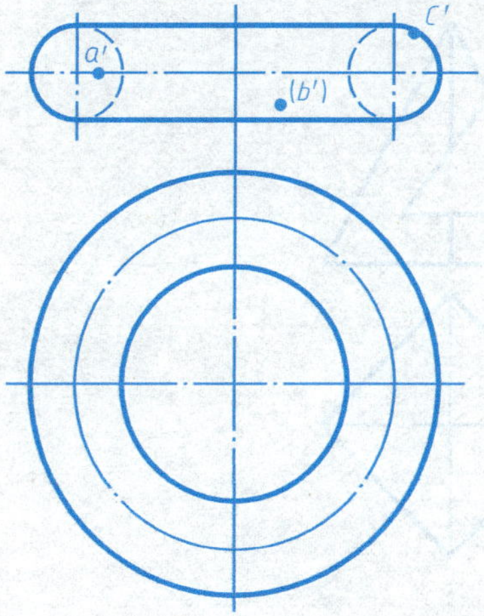

班级　　　　姓名　　　　学号　　　　审核

1. 作六棱柱被一正垂面截切后的侧面投影

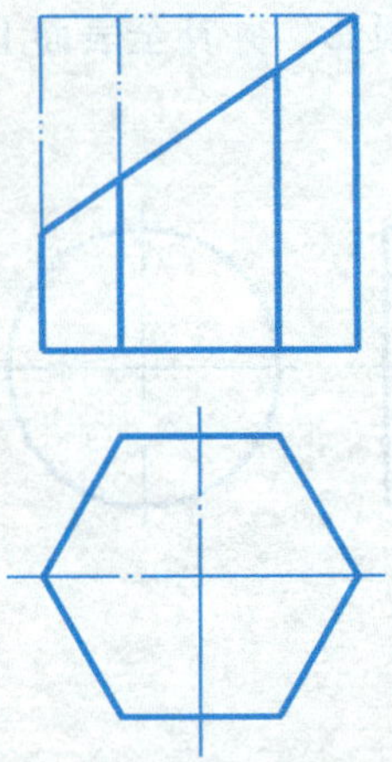

2. 作五棱柱被一侧垂面和一正平面截切后的正面投影

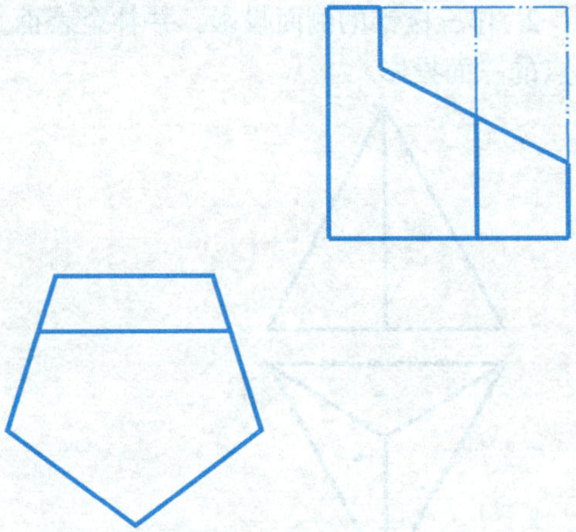

3. 作四棱锥被正垂面截切后的侧面投影，并补全水平投影

4. 补全四棱锥被一水平面和一正垂面截切后的水平投影，并作出其侧面投影

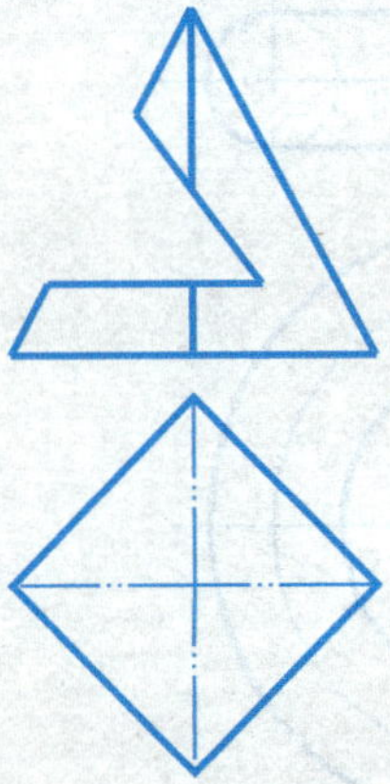

5. 补全三棱锥被一水平面和一正垂面截切后的水平投影，并作出其侧面投影

6. 作具有矩形穿孔的三棱柱的侧面投影

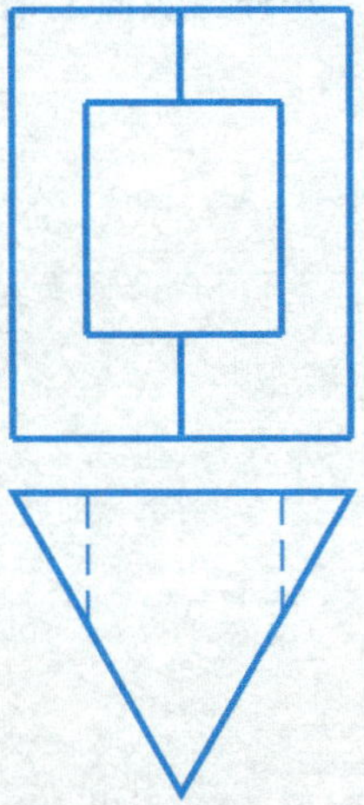

裁　剪　线

裁剪线

3-3 分析曲面立体的截交线，补全曲面立体的三面投影（一）

1.

2.

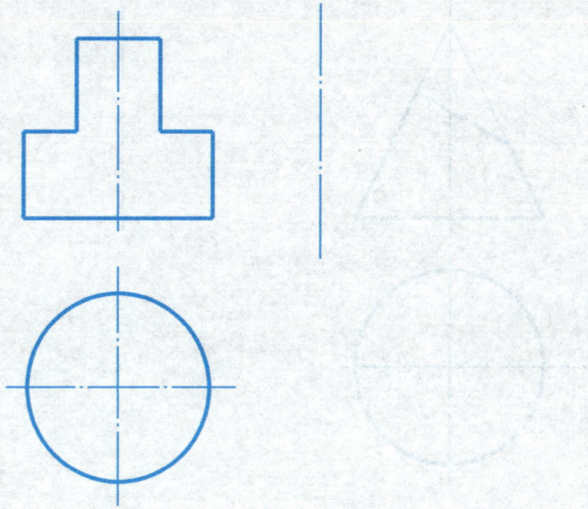

3.

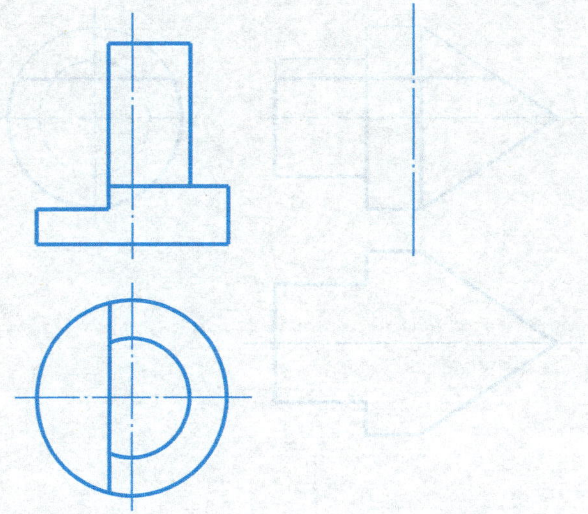

4.

3-3　分析曲面立体的截交线，补全曲面立体的三面投影（二）

5.

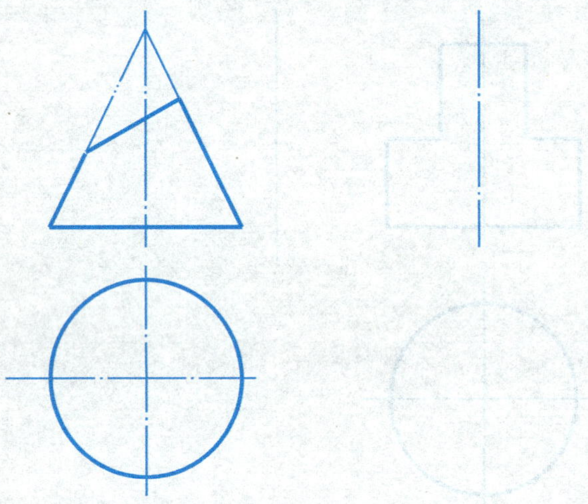

6.

7.

8.

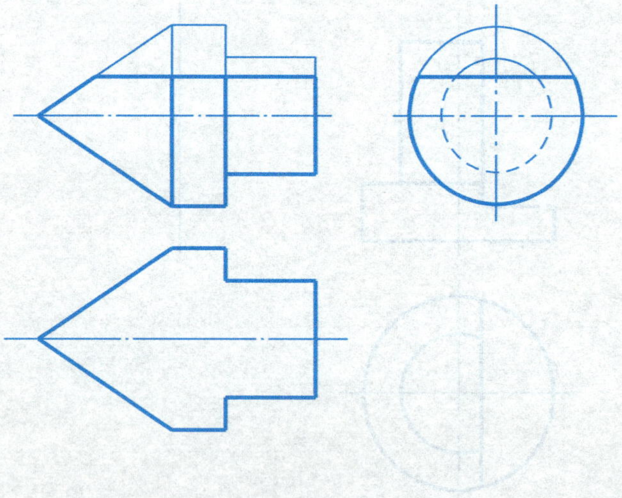

班级　　　　姓名　　　　学号　　　　审核

裁剪线

裁剪线

3-3 分析曲面立体的截交线，补全曲面立体的三面投影（三）

9.

10.

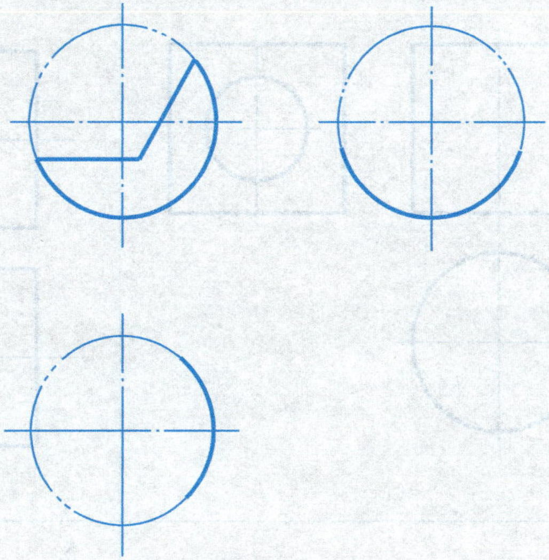

11. 作出回转体被截切后的正面投影

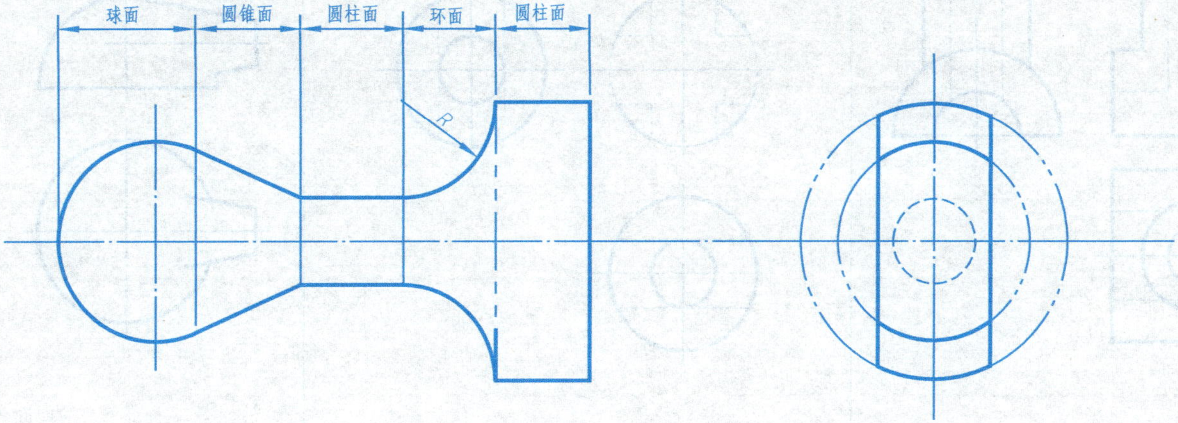

3-4　分析立体的相贯线，补全三面投影

1.

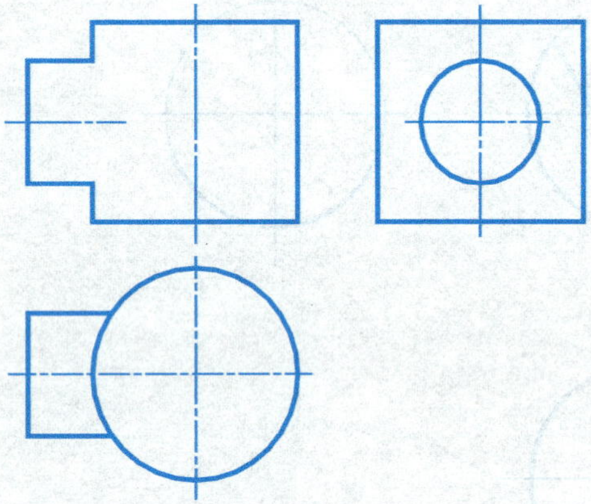

2.

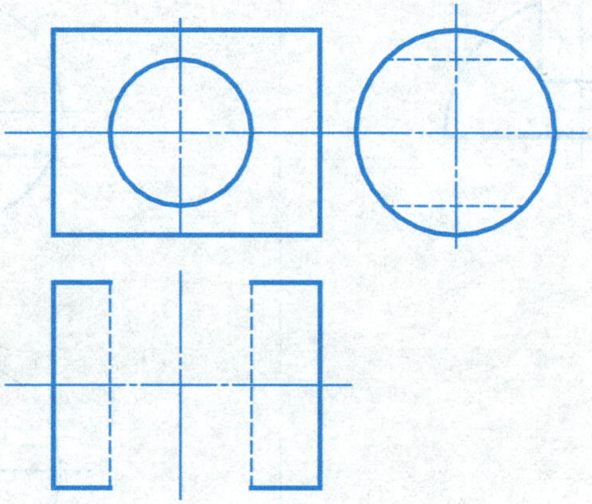

3.

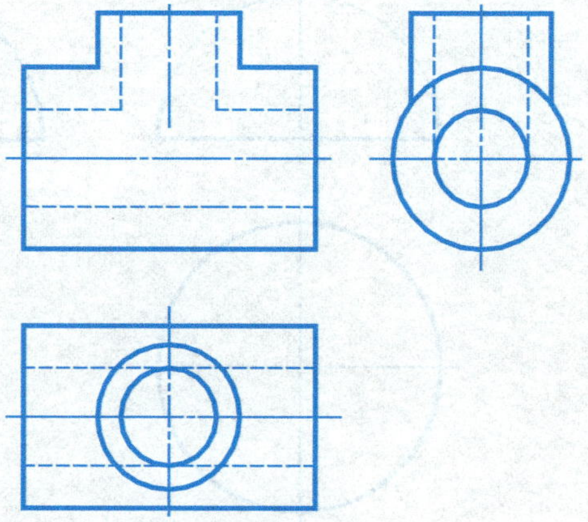

4.

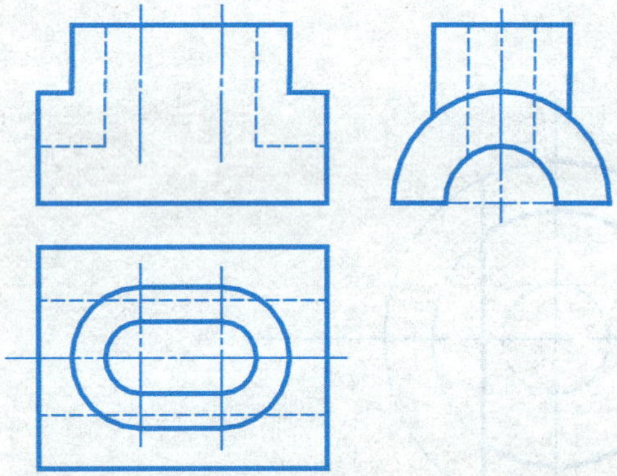

5.

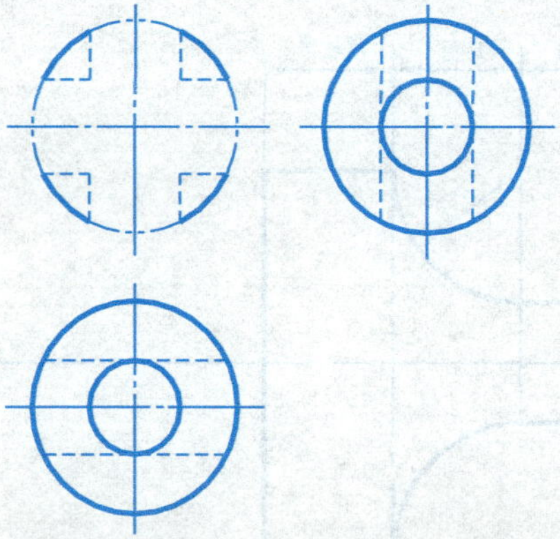

6.

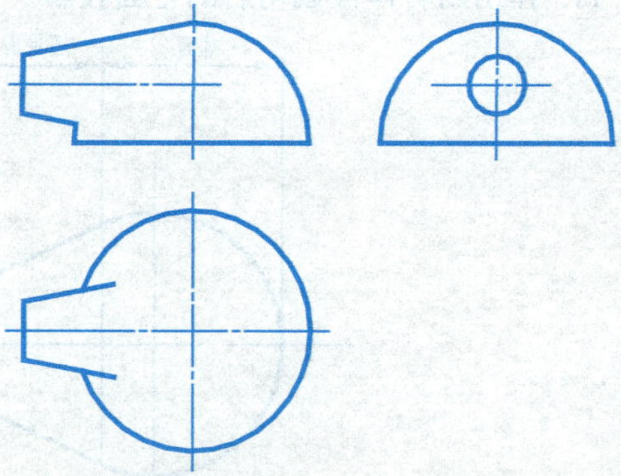

裁 剪 线

3-5 补画主视图中缺的线（一）

1.

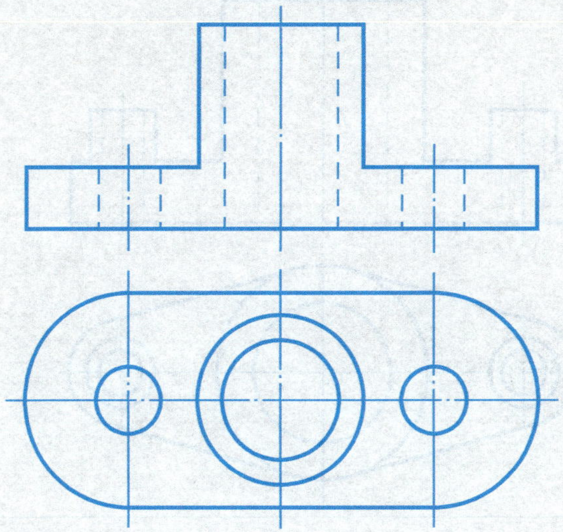

2.

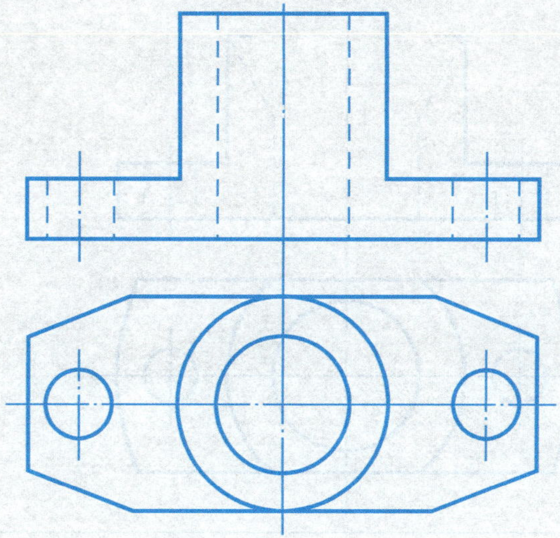

3.

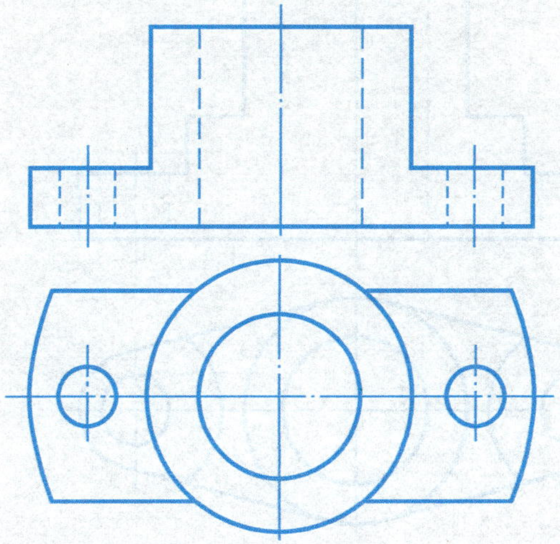

4.

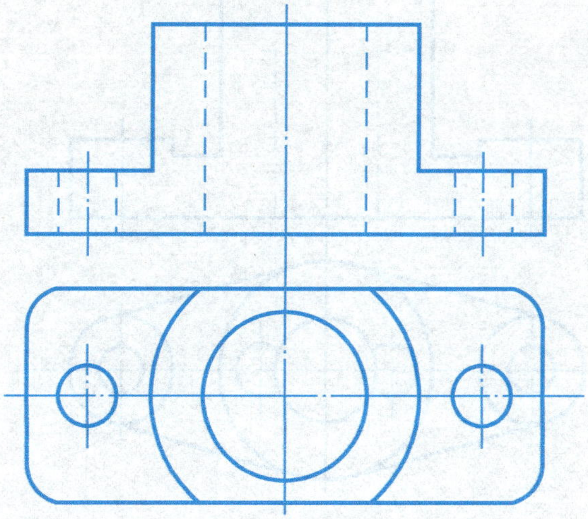

3-5 补画主视图中缺的线（二）

5.

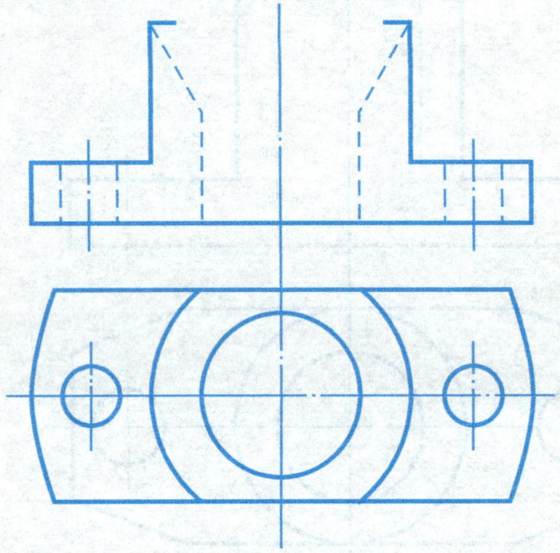

6.

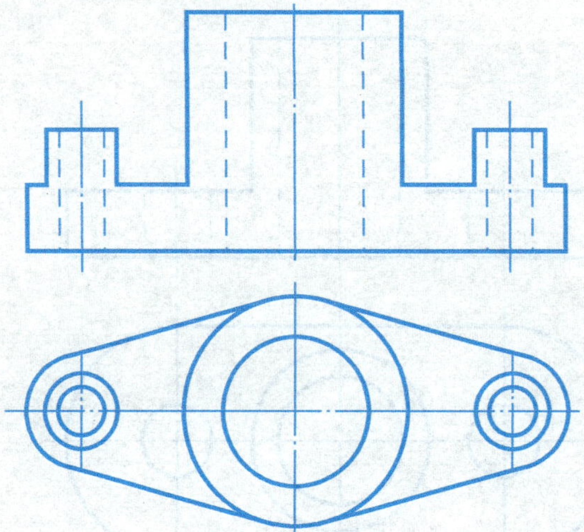

7.

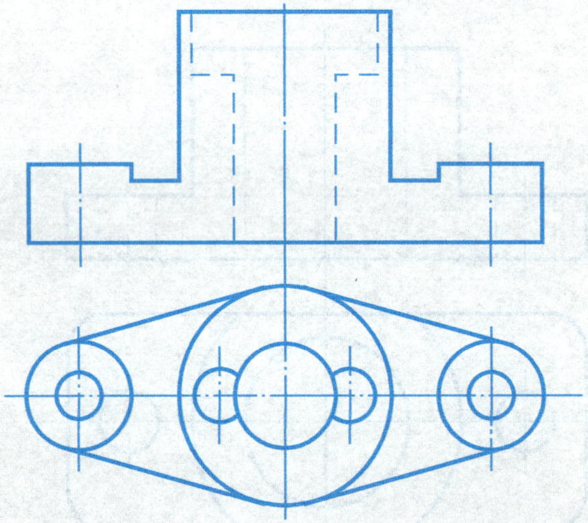

8.

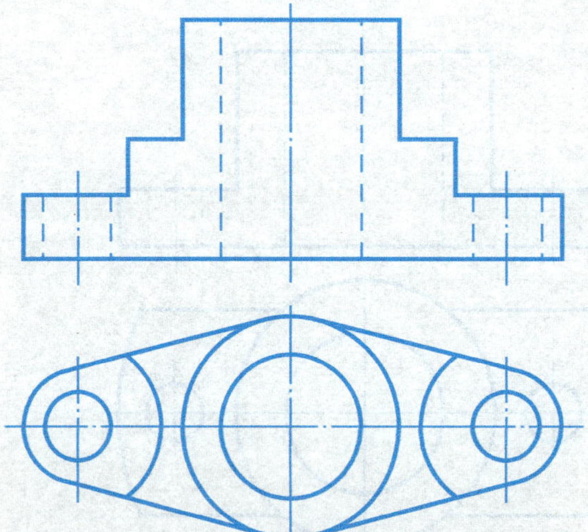

裁剪线

班级 姓名 学号 审核

裁剪线

3-6 由组合体（以叠加为主）的两个视图，补画第三视图（一）

1.

(1)

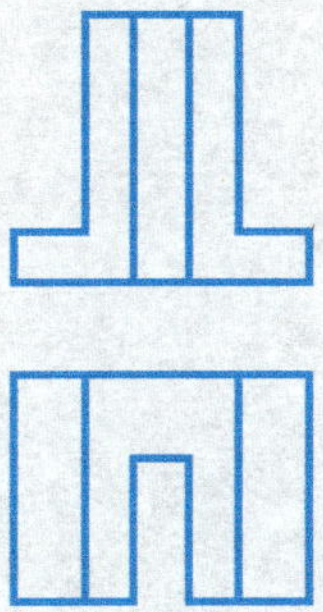

(2)

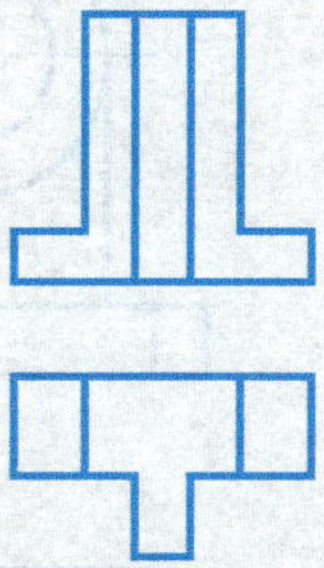

(3)

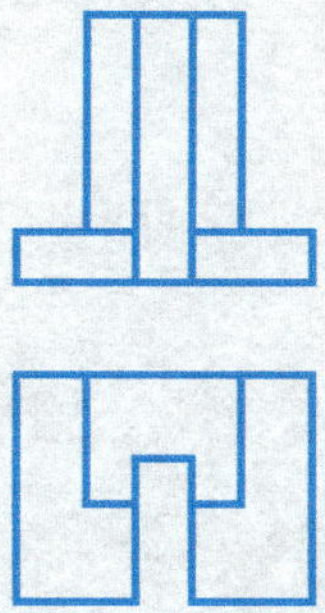

2.

(1)

(2)

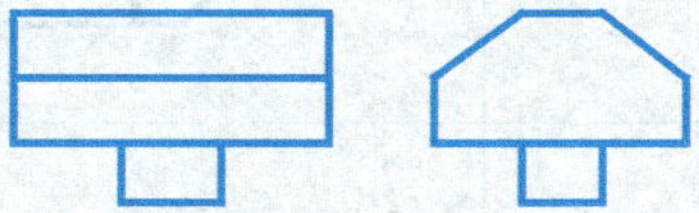

(3)

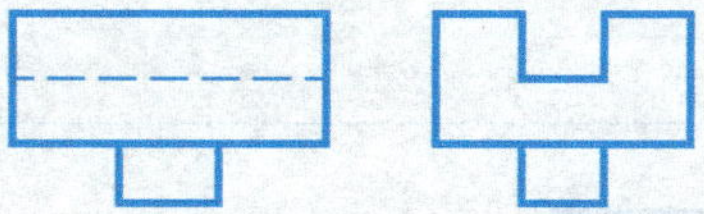

3.

(1)

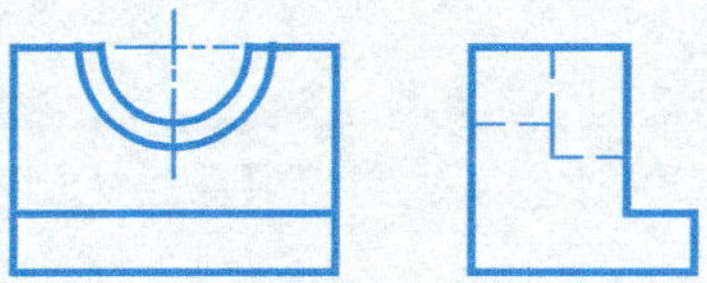

(2)

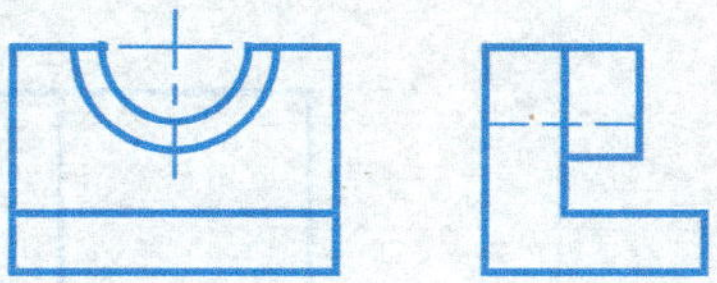

(3)

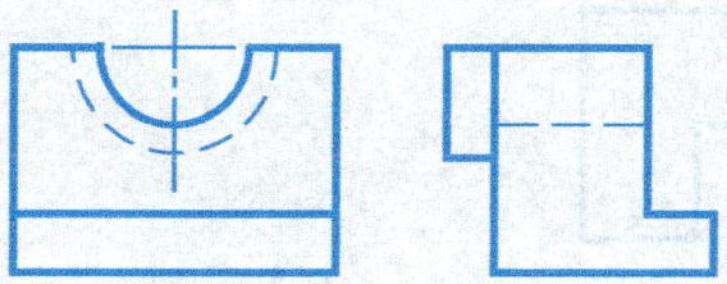

班级 姓名 学号 审核

3-6　由组合体（以叠加为主）的两个视图，补画第三视图（二）

4.

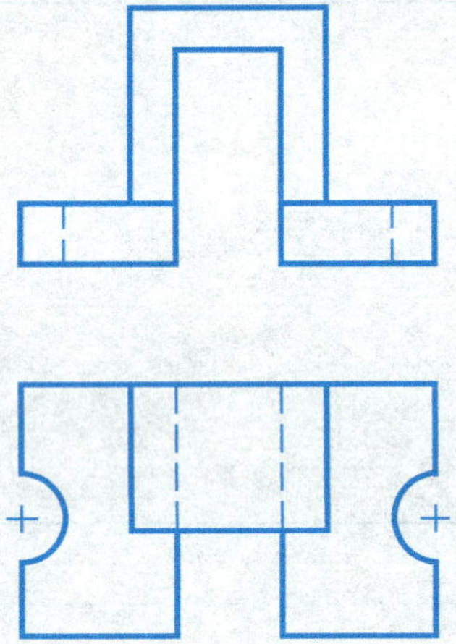

5.

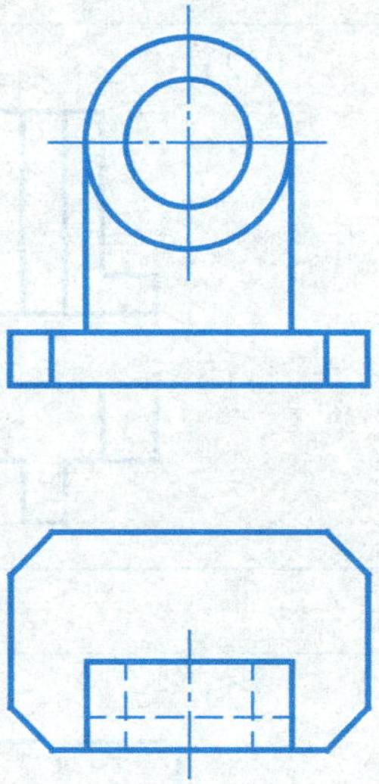

6.

7.

裁

剪

线

班级　　　　姓名　　　　学号　　　　审核

裁

剪

线

3-6　由组合体（以叠加为主）的两个视图，补画第三视图（三）

8.

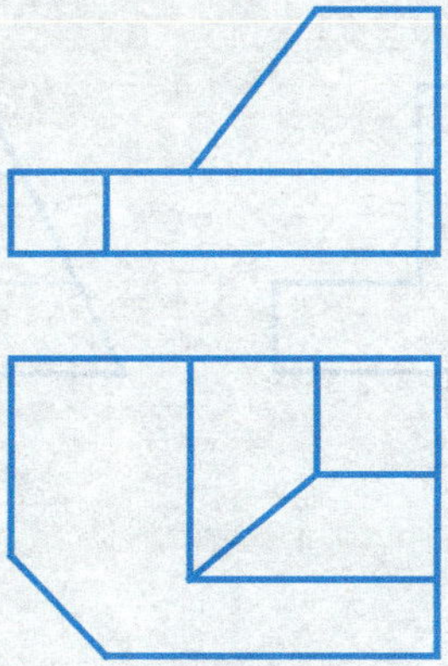

9.

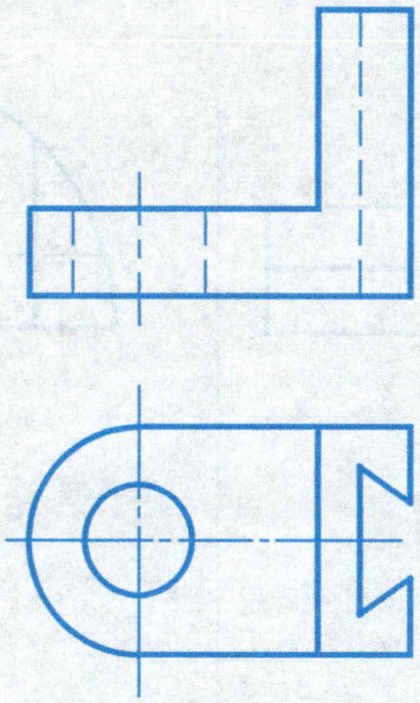

10.

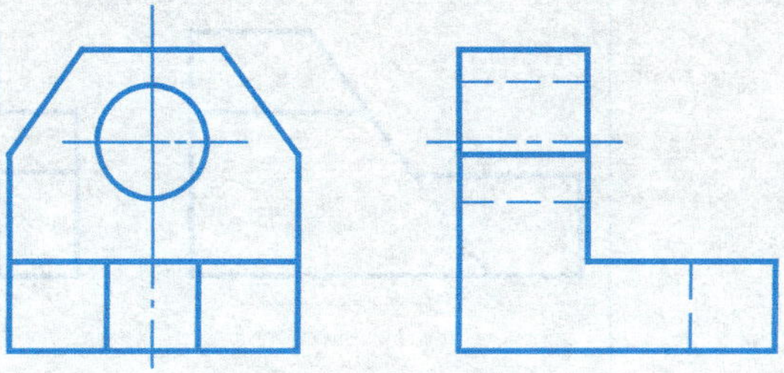

11.

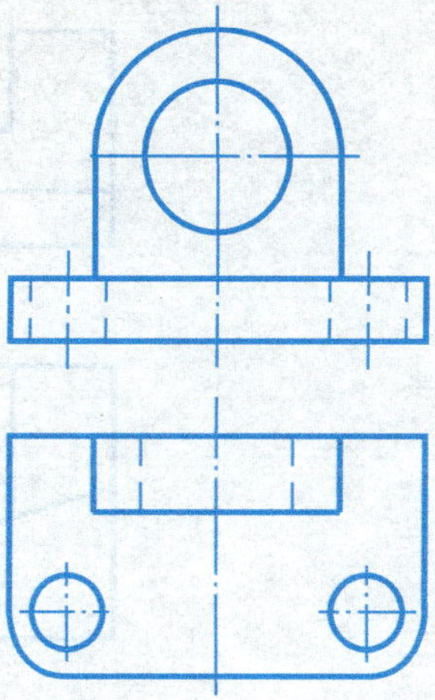

班级　　　　姓名　　　　学号　　　　审核

3-7　由组合体（以截切为主）的两个视图画其第三视图（一）

1.

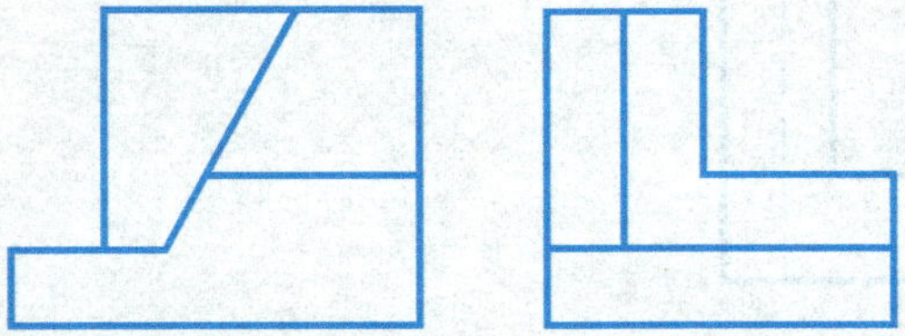

2.

3.

4.

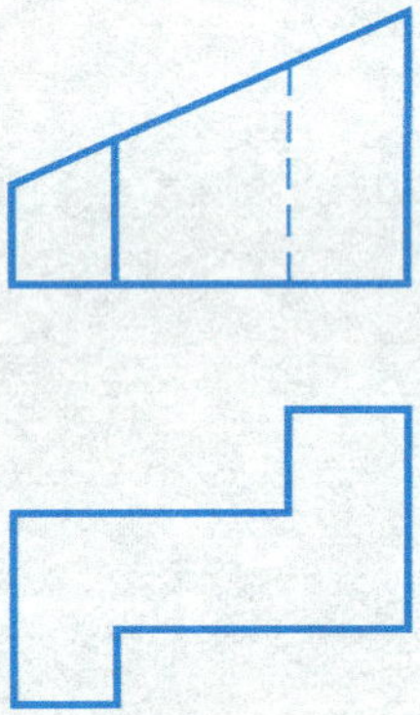

5.

6.

裁剪线

3-7 由组合体（以截切为主）的两个视图画其第三视图（二）

7.

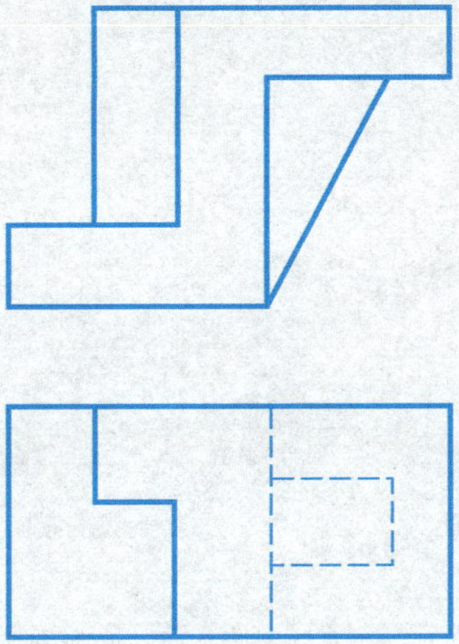

8.

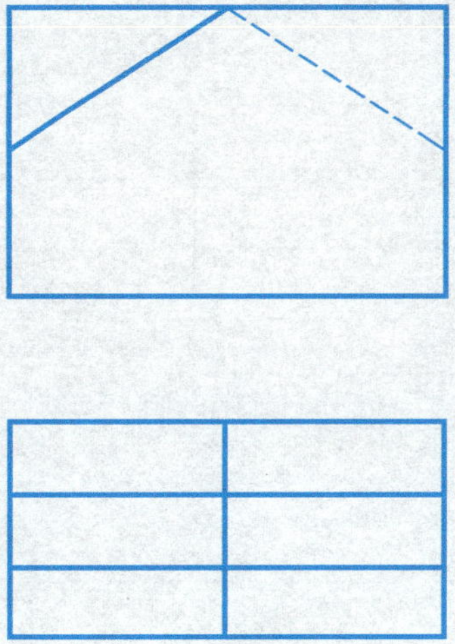

9.

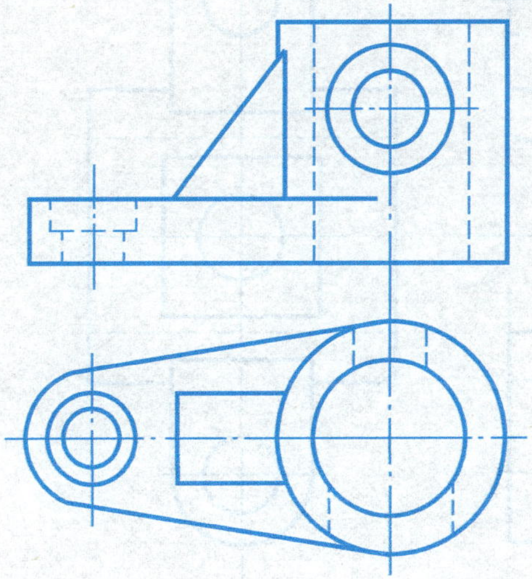

10.

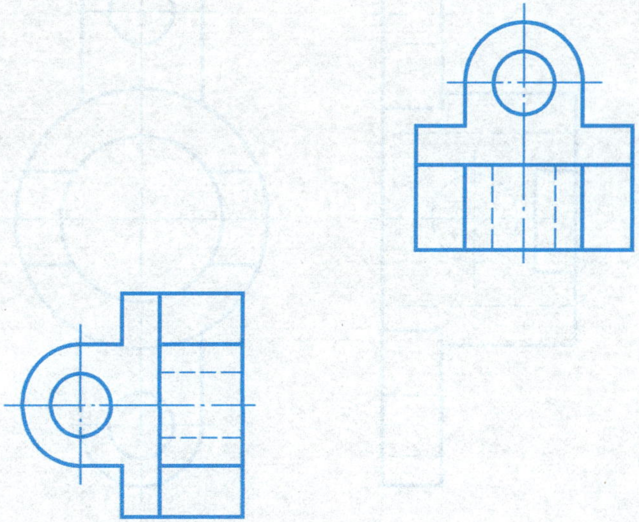

裁
剪
线

3-7 由组合体（以截切为主）的两个视图画其第三视图（三）

11.

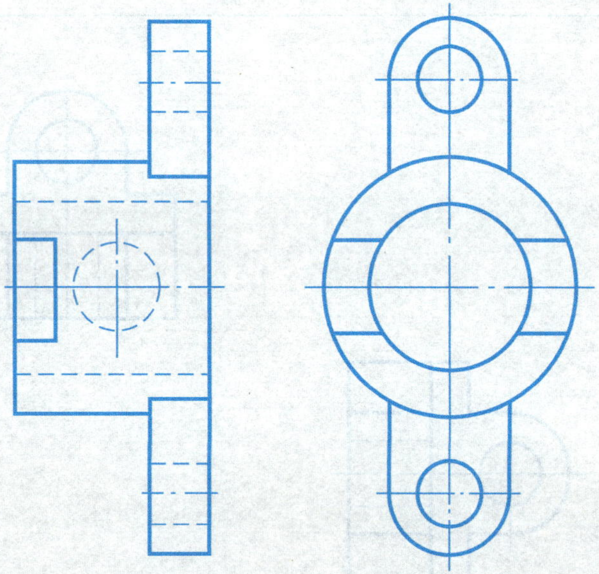

12.

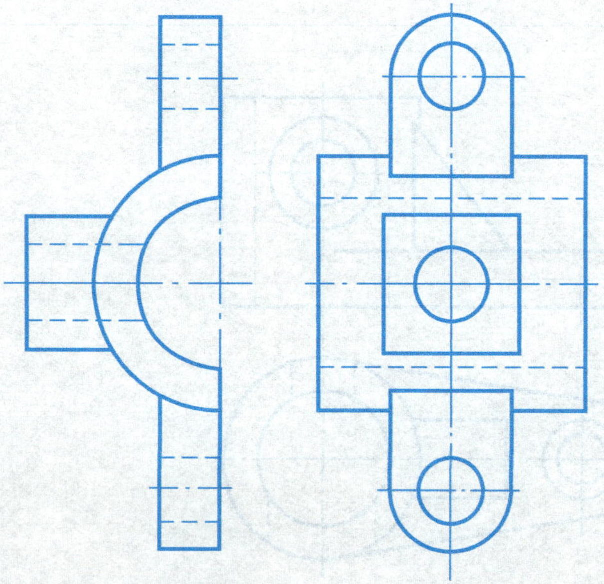

班级　　姓名　　学号　　审核

裁剪线

裁剪线

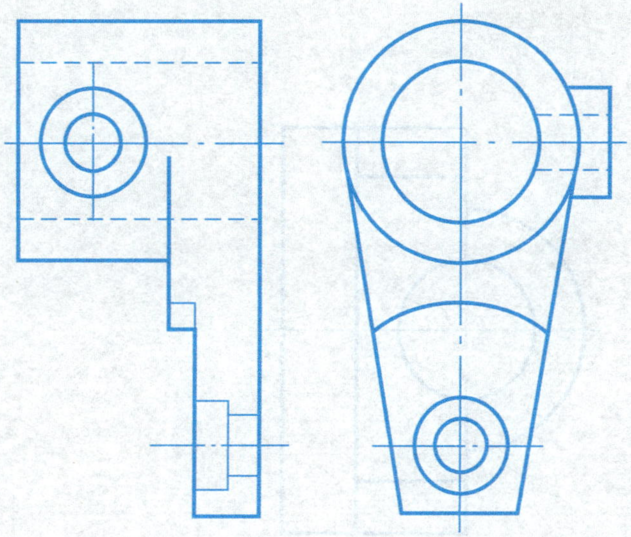

13.

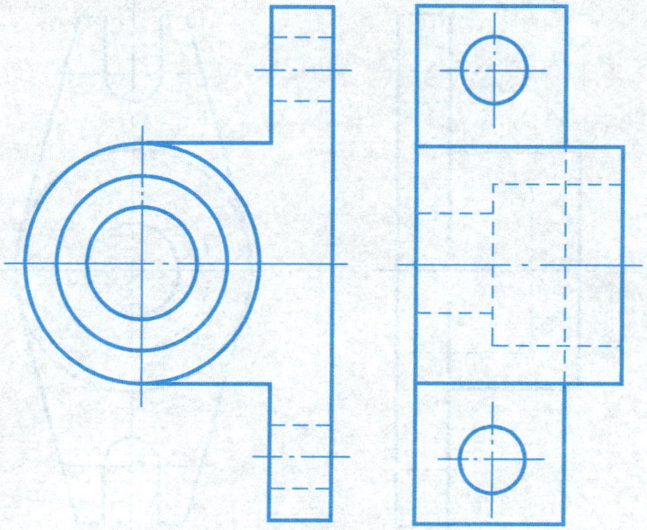

14.

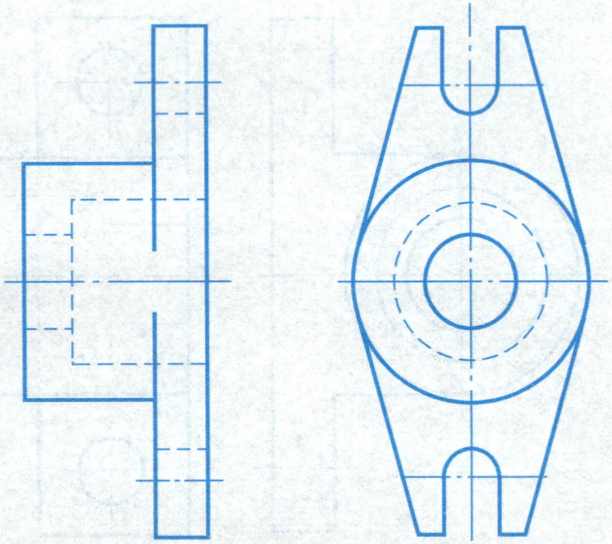

15.

16.

裁　剪　线

班级　　姓名　　学号　　审核

裁

剪

线

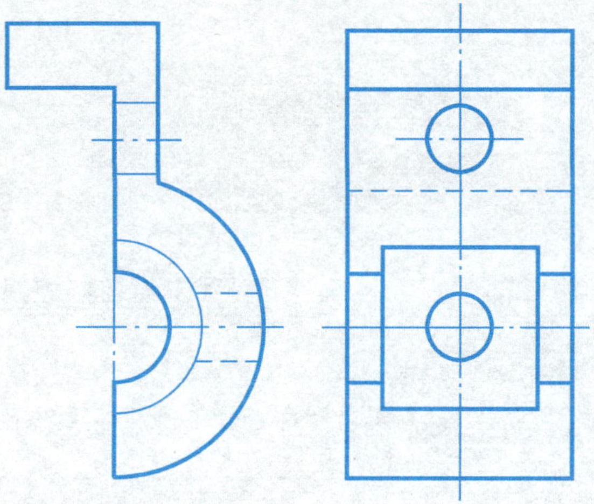

17.

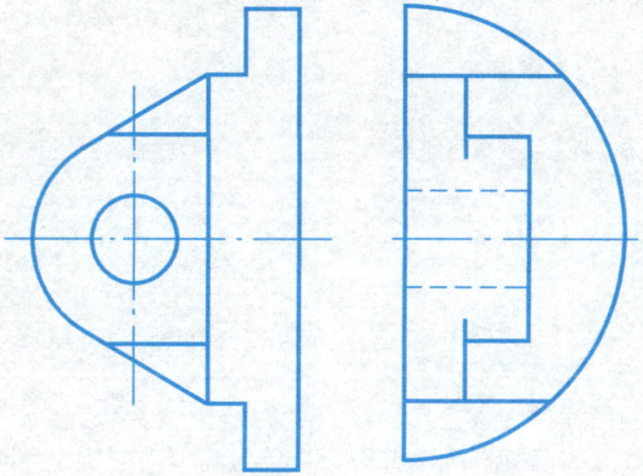

18.

3-7 由组合体（以截切为主）的两个视图画其第三视图（七）

19.

20.

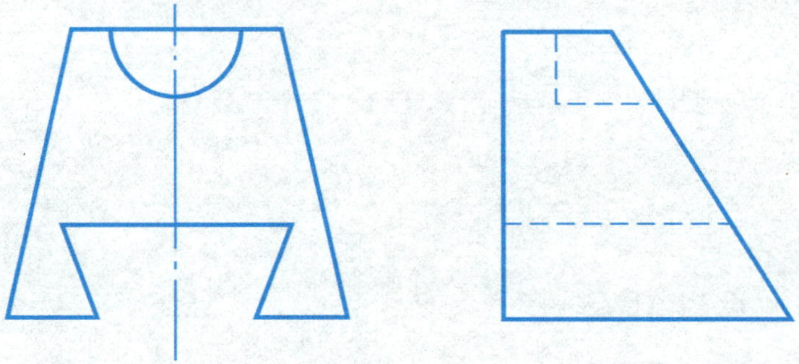

班级 姓名 学号 审核

裁 剪 线

3-7 由组合体（以截切为主）的两个视图画其第三视图（八）

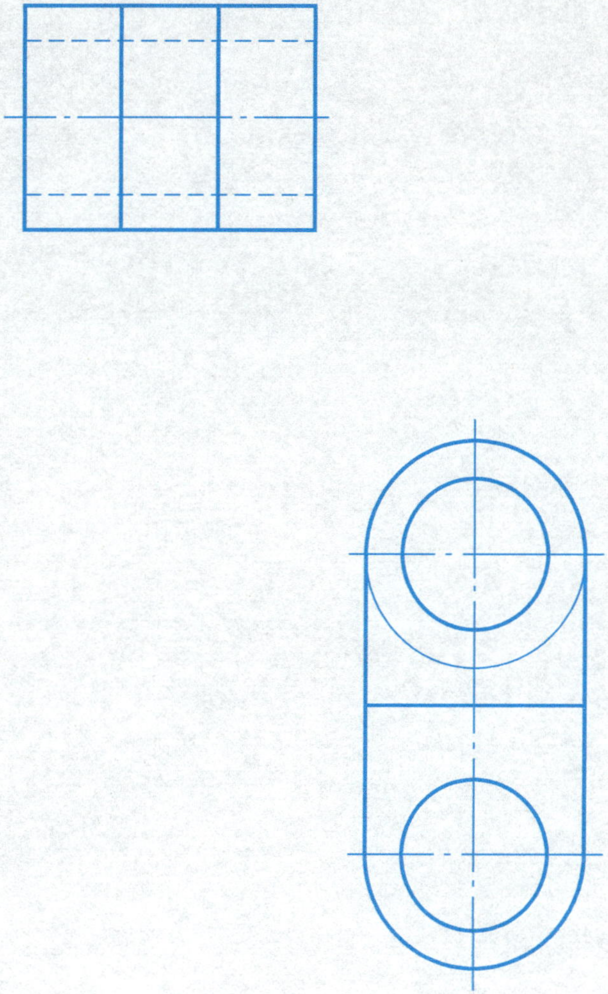

21.

22.

23.

裁

剪

线

班级　　　　姓名　　　　学号　　　　审核

24.

3-8 补画视图中所缺的线条（一）

1.

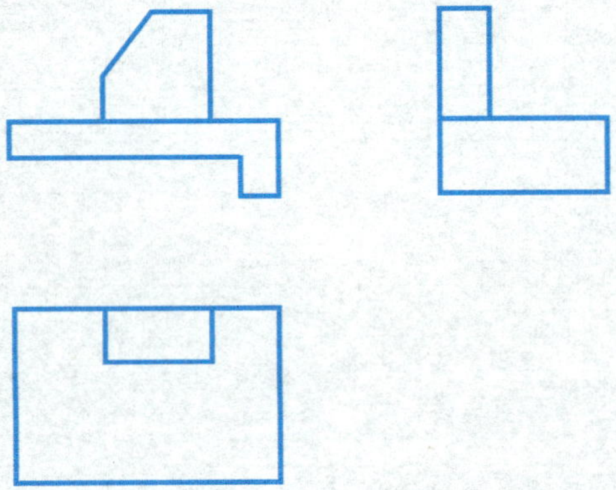

2.

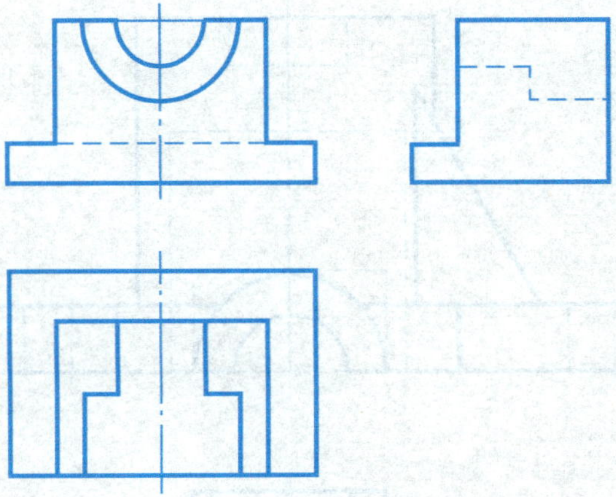

3.

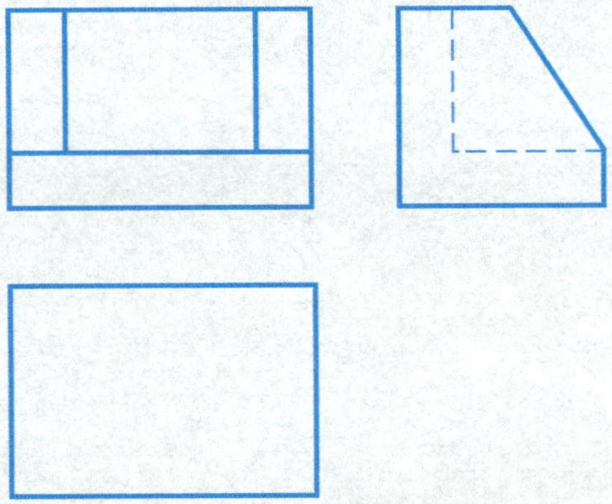

4.

裁 剪 线

班级 姓名 学号 审核

裁

剪

线

3-8 补画视图中所缺的线条（二）

5.

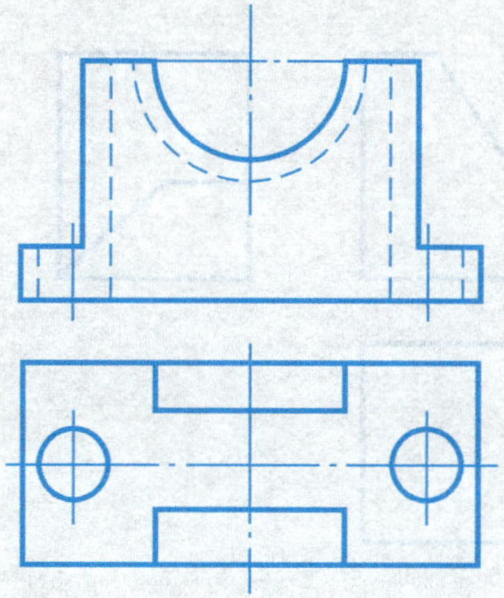

6.

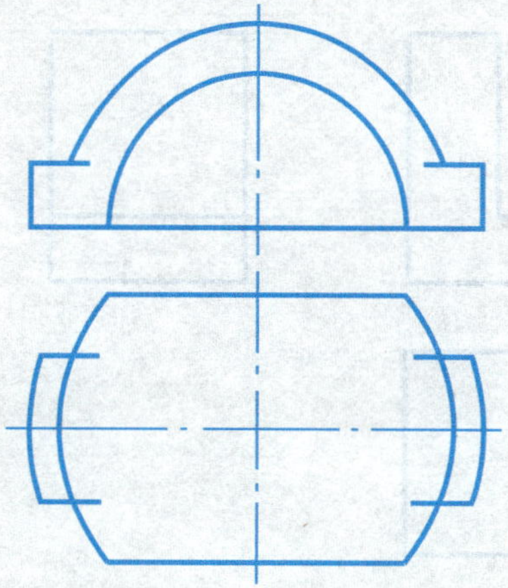

7.

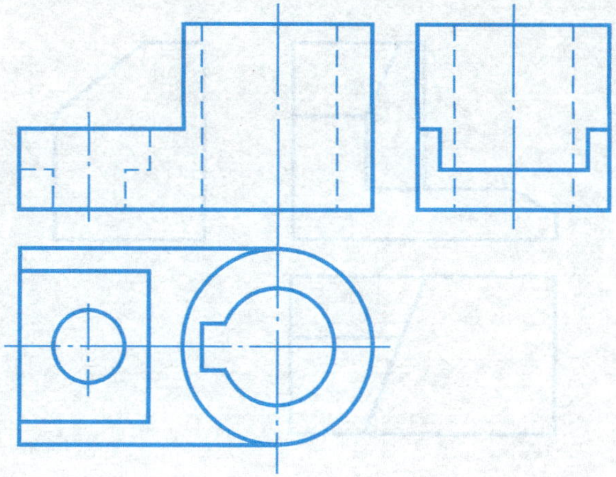

8.

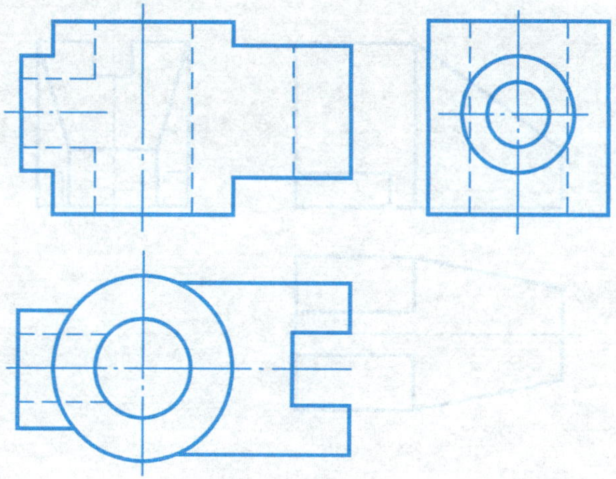

班级　　　　姓名　　　　学号　　　　审核

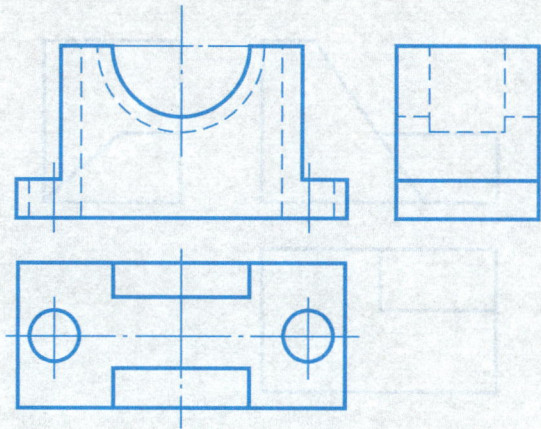

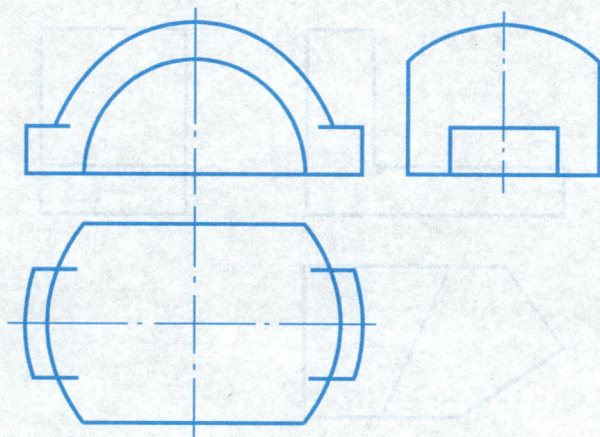

9.

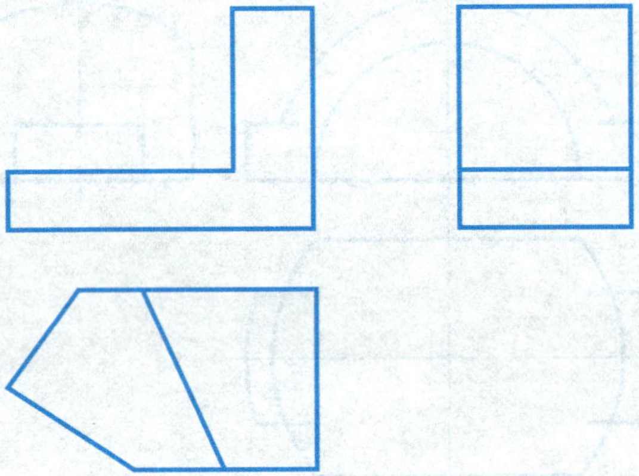

10.

11.

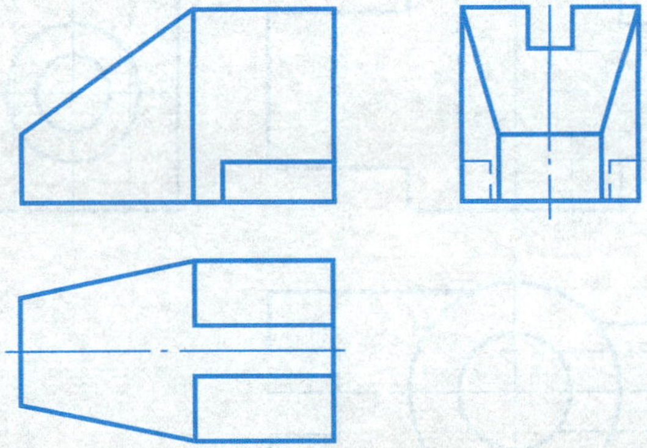

12.

班级 姓名 学号 审核

裁 剪 线

裁剪线

3-8 补画视图中所缺的线条（四）

13.

14.

15.

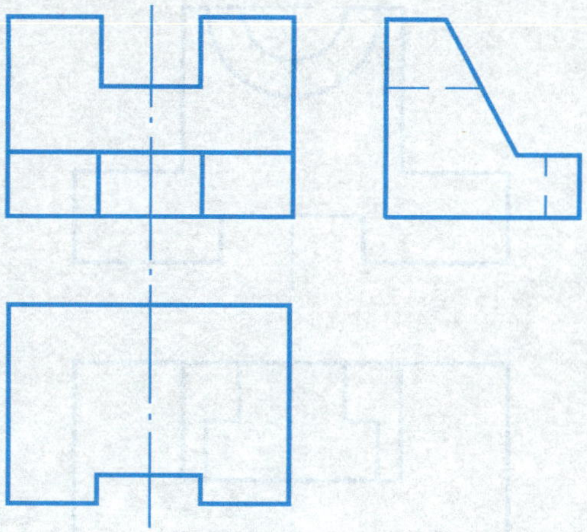

16.

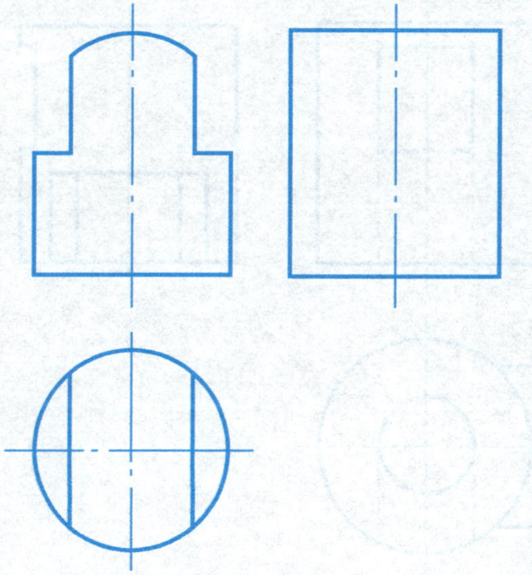

17.

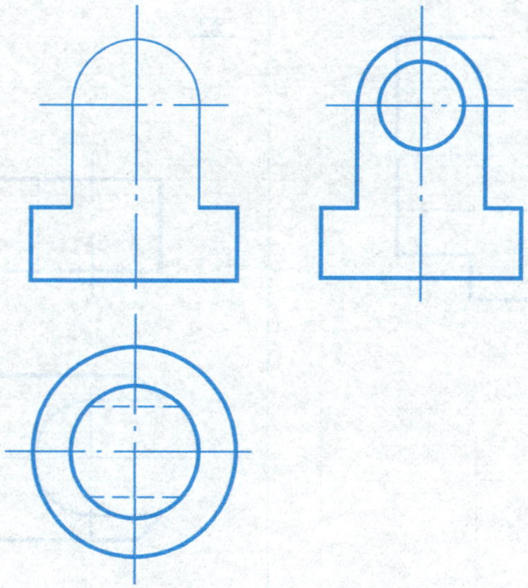

18.

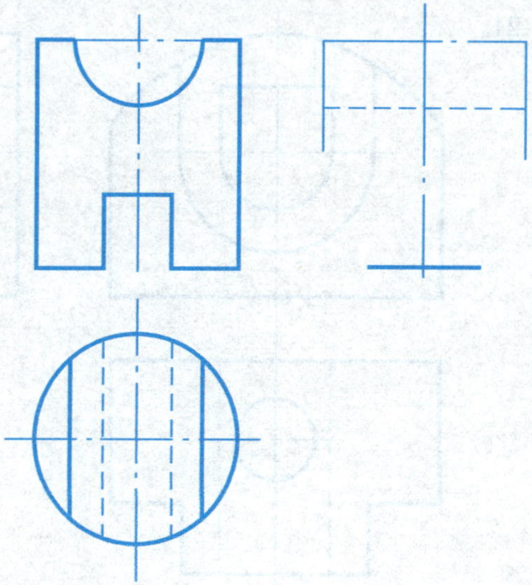

3-8　补画视图中所缺的线条（五）

19.

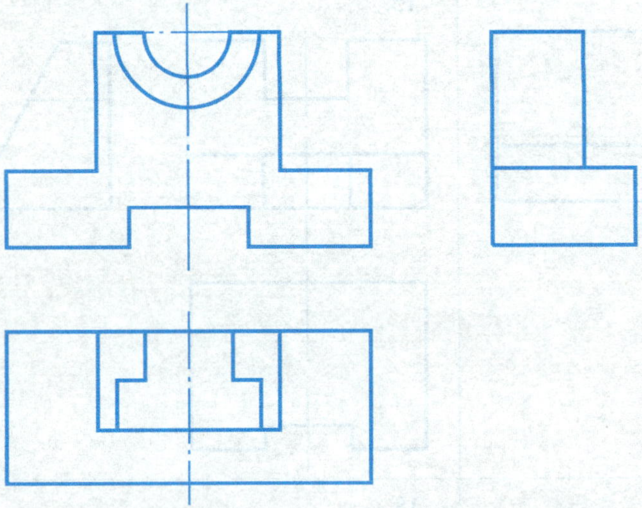

20.

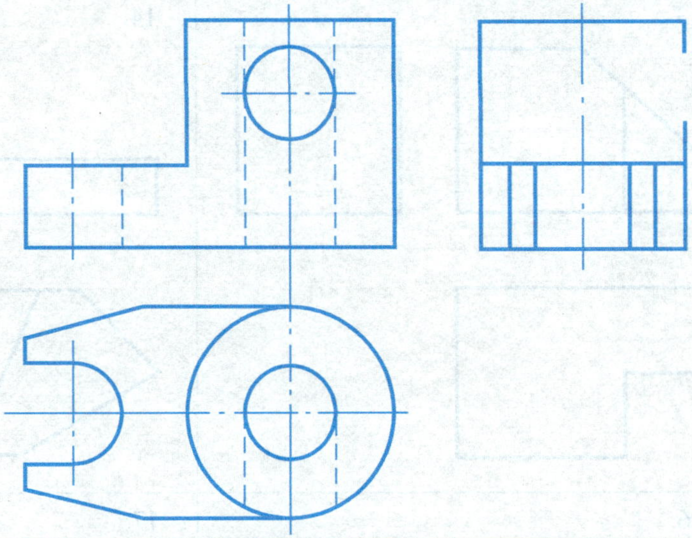

21.

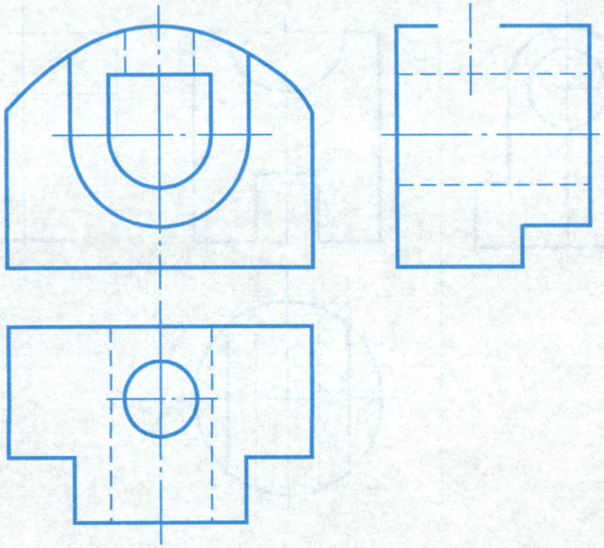

22.

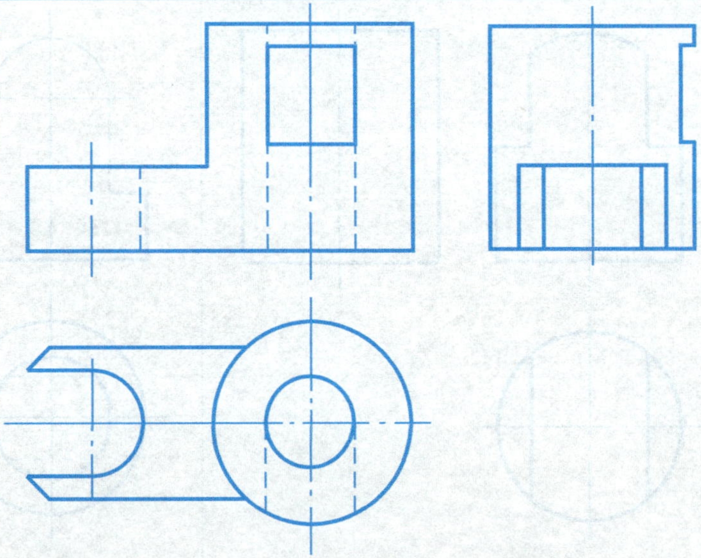

裁

剪

线

裁

剪

线

3-9 根据轴测图，补画视图中所缺的线条（一）

1.

2.

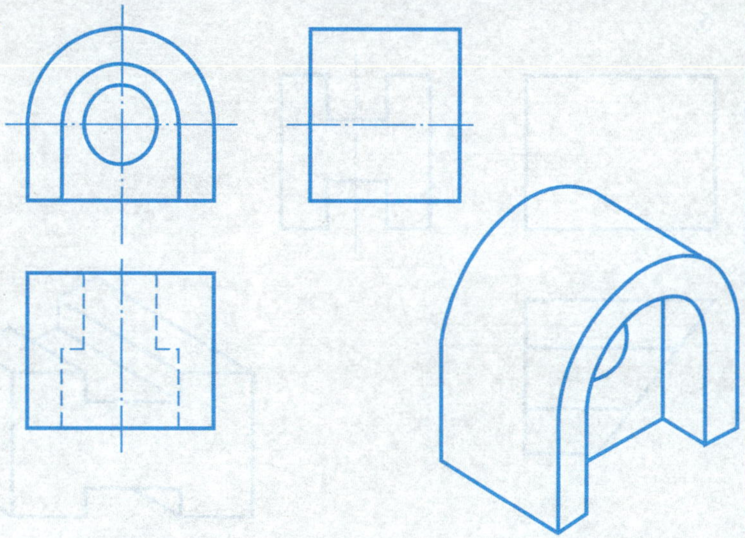

3.

4.

3-9 根据轴测图，补画视图中所缺的线条（二）

5.

6.

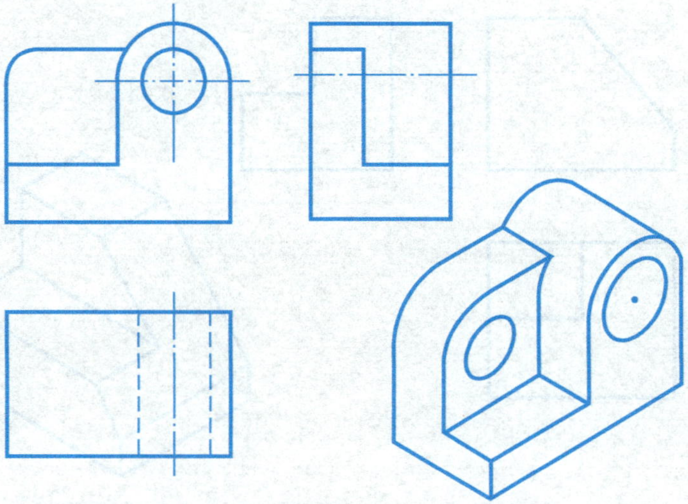

7.

8.

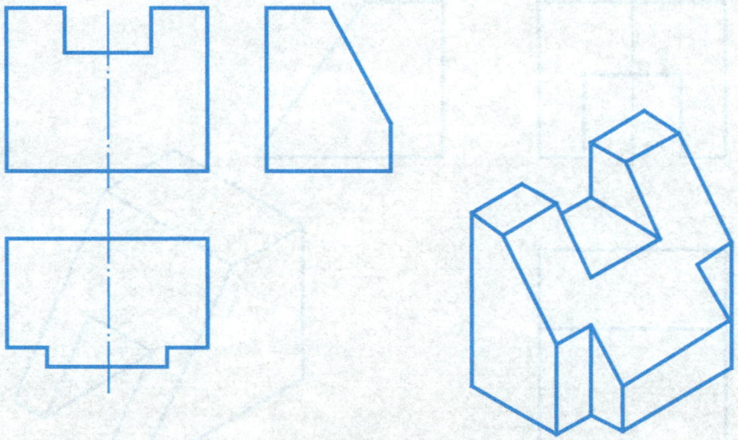

裁剪线

班级　　姓名　　学号　　审核

裁
剪
线

3-10 标注尺寸（尺寸数值从图中按 1:1 量取，并取整数）（一）

1.

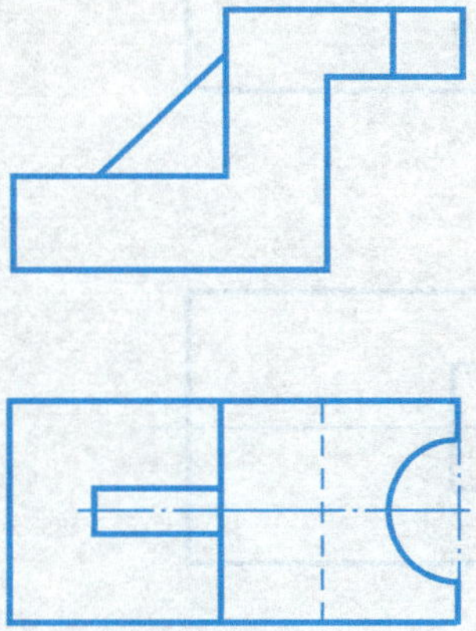

2.

3.

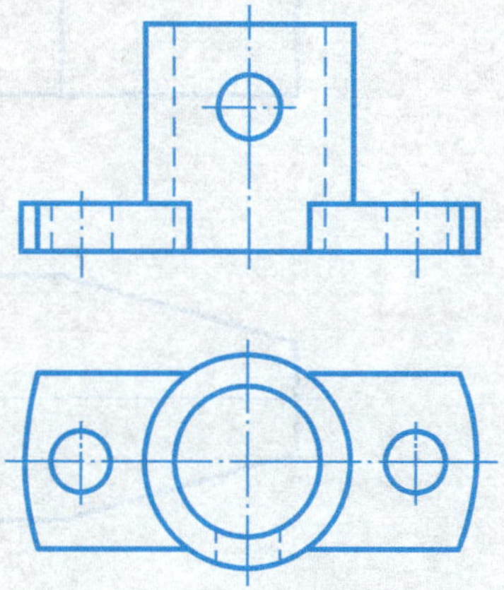

4.

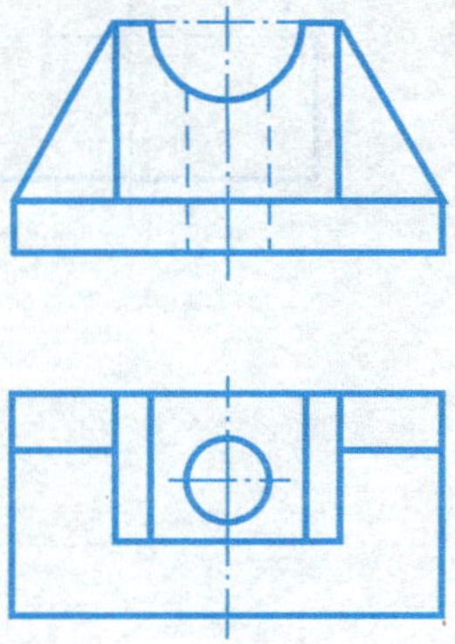

5.

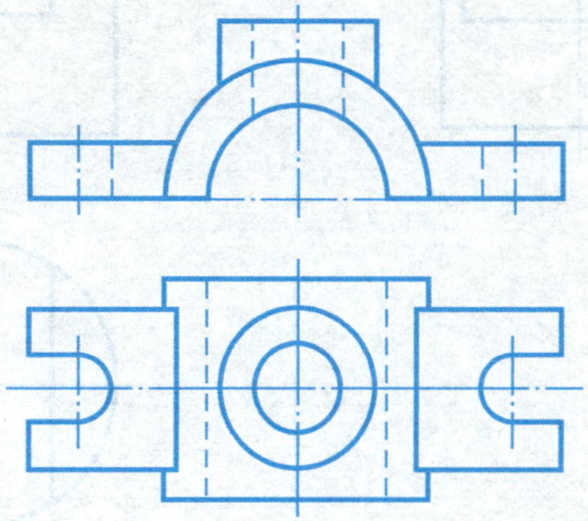

6.

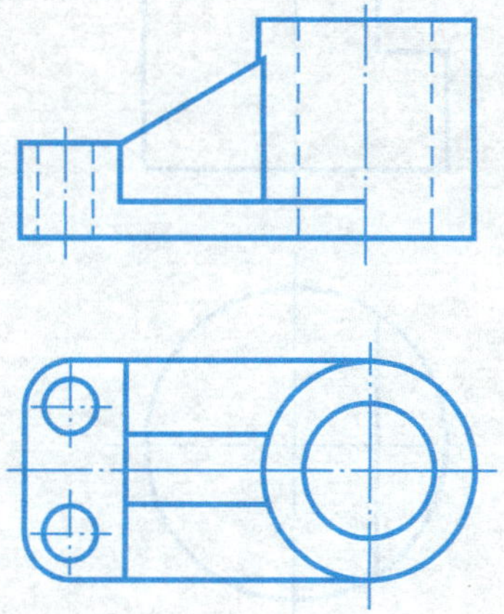

3-10 标注尺寸（尺寸数值从图中按1:1量取，并取整数）（二）

7.

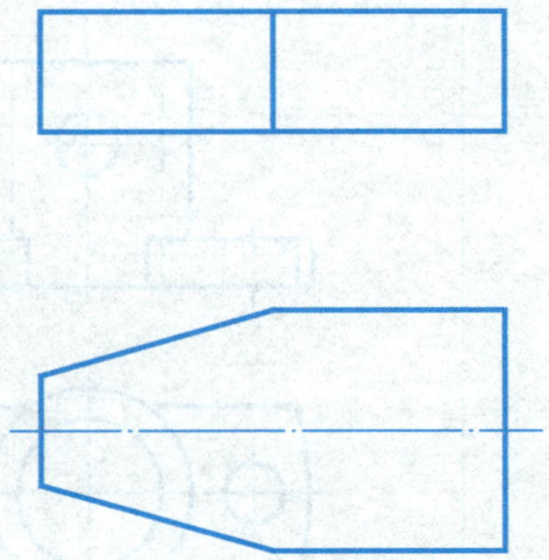

8.

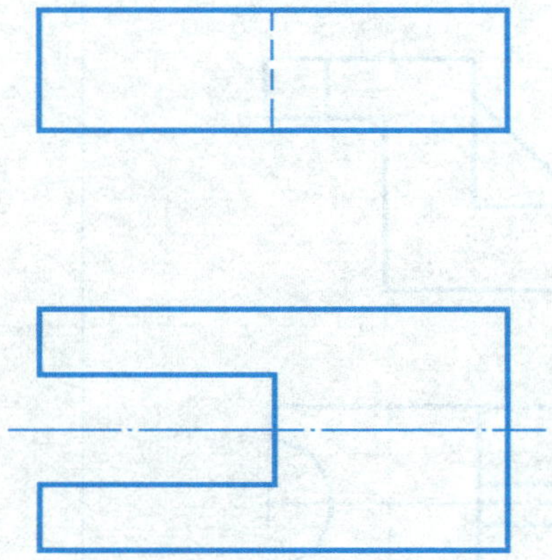

9.

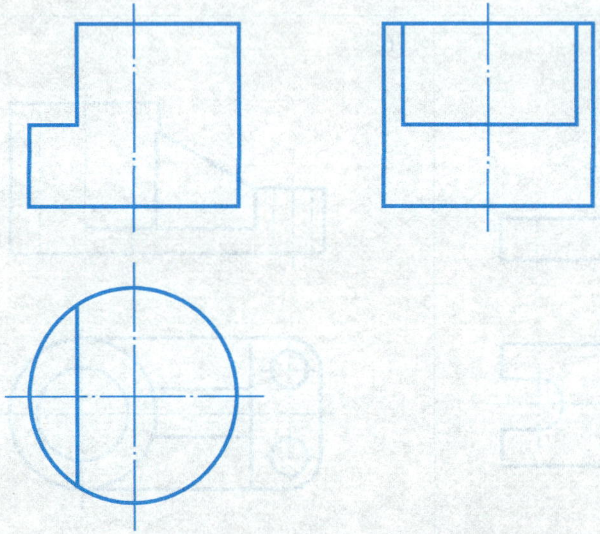

10.

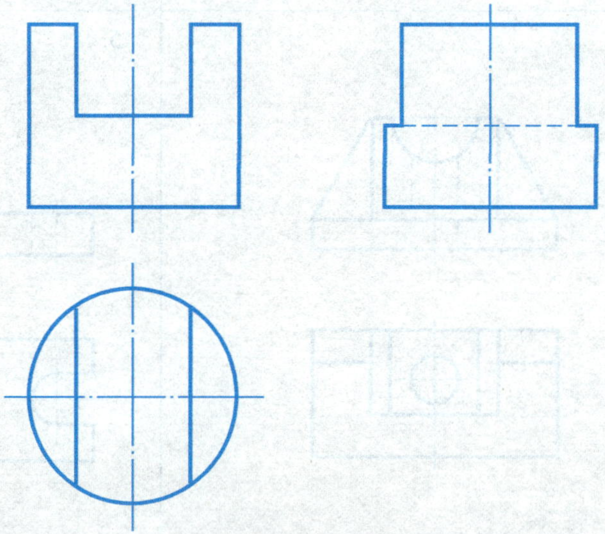

裁剪线

班级 姓名 学号 审核

裁
剪
线

3-10 标注尺寸（尺寸数值从图中按 1:1 量取，并取整数）（三）

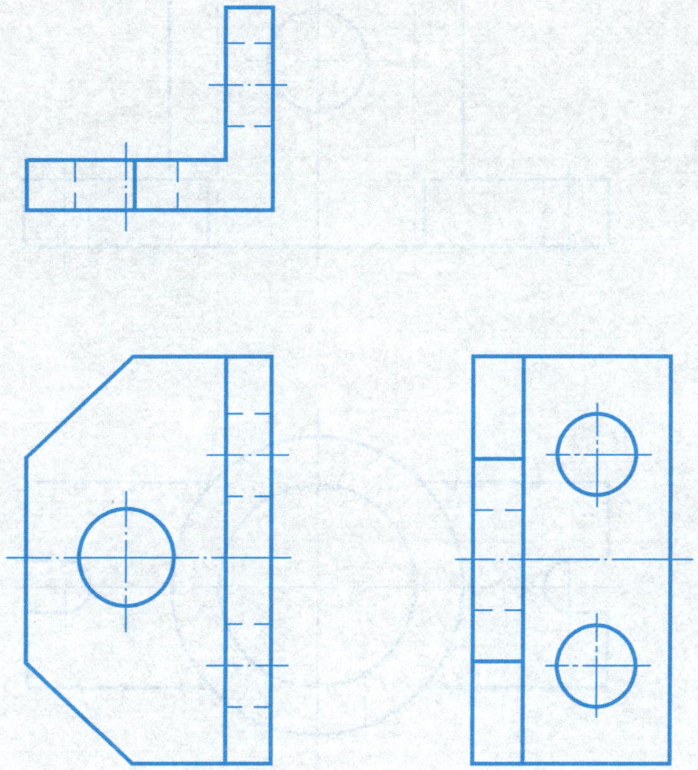

11.

12.

3-10　标注尺寸（尺寸数值从图中按 1:1 量取，并取整数）（四）

13.

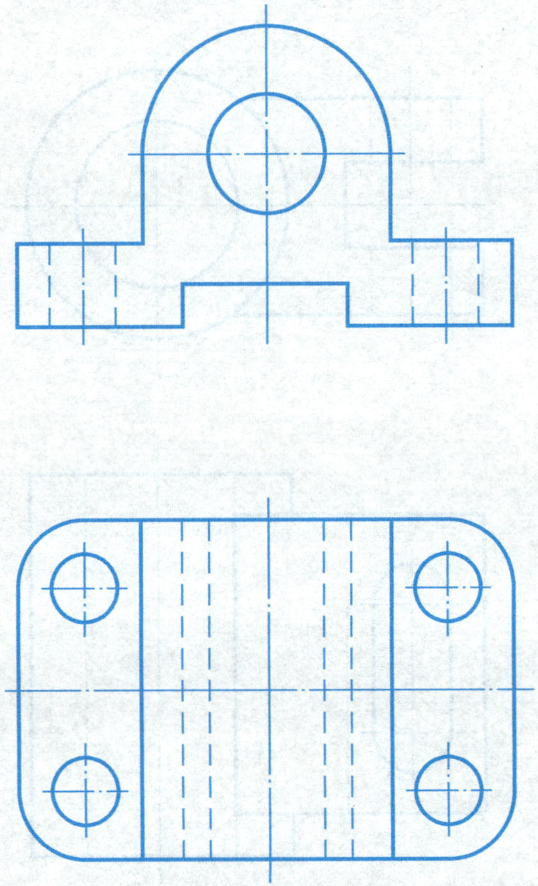

14.

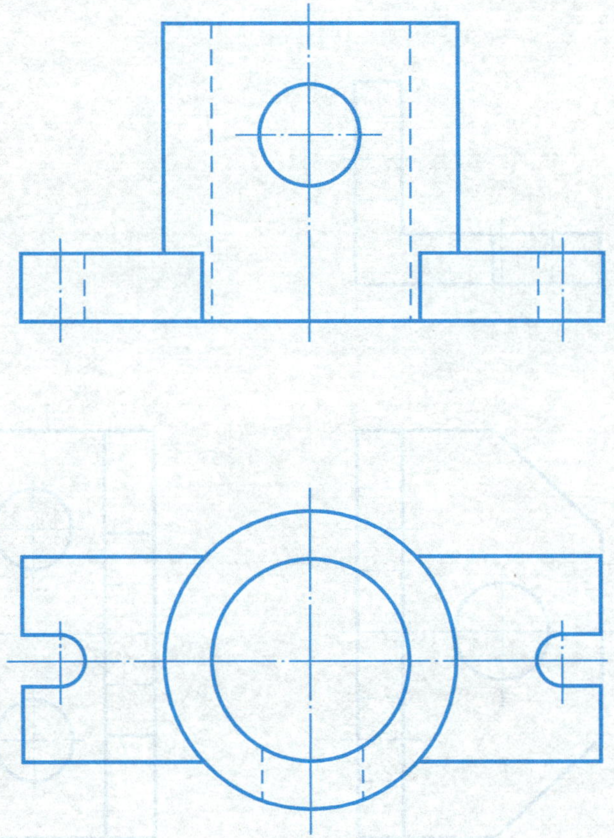

班级　　　　姓名　　　　学号　　　　审核

裁
剪
线

3-11 找出图中尺寸标注的错误，并在右图上正确标注

1.

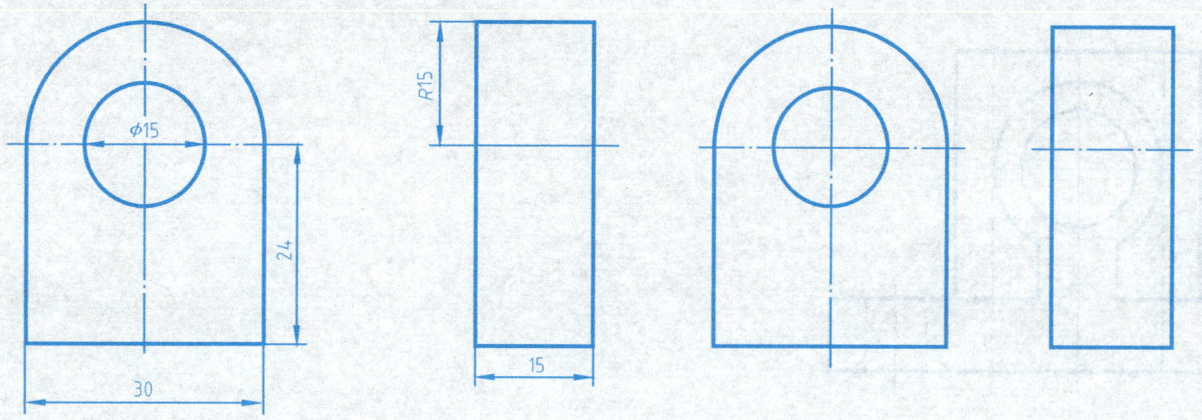

2.

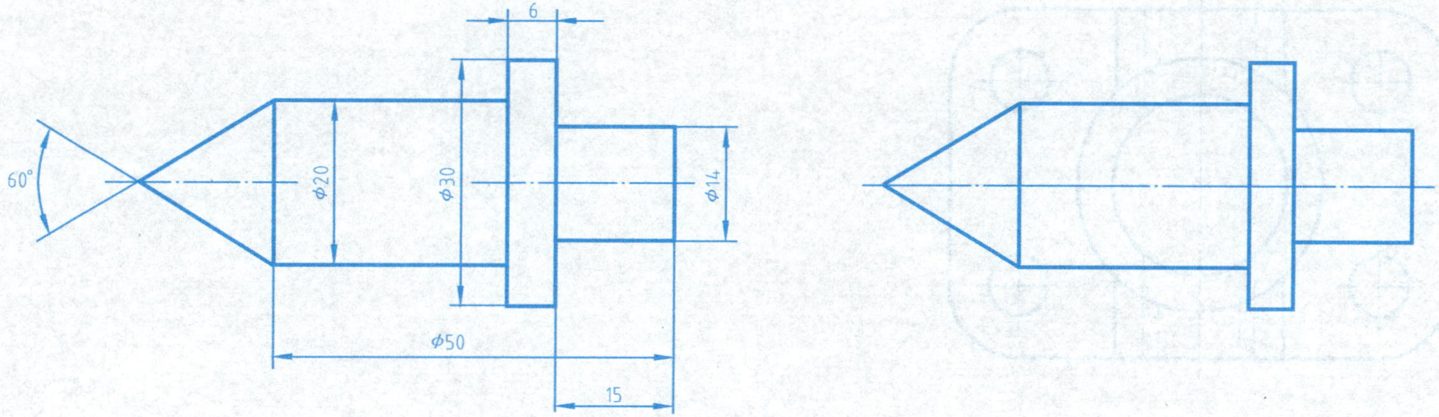

班级 姓名 学号 审核

3-12　求作左视图并标注尺寸（尺寸数值按 1∶1 由图中量取，并取整数）

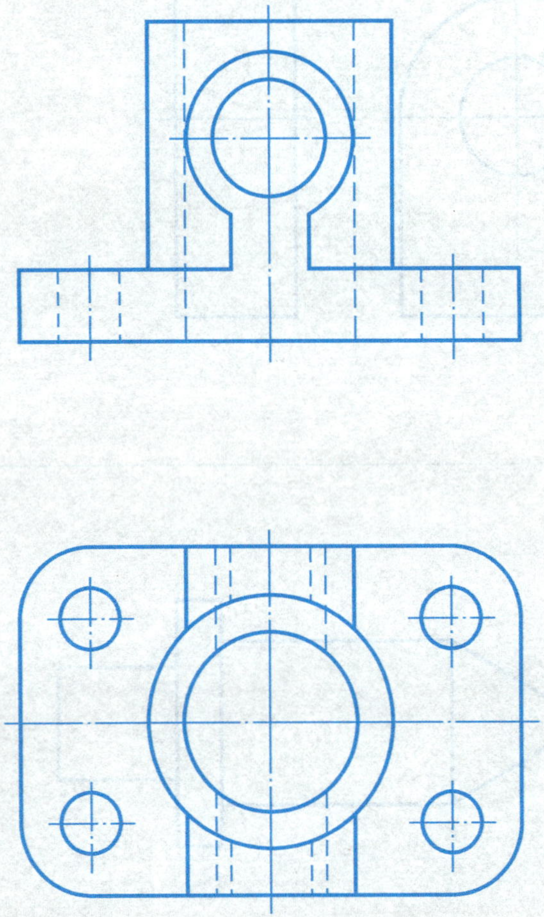

裁　剪　线

裁剪线

3-13 根据已知的主视图，构思不同的组合体，画出另外的两个视图（一）

1.

（1）

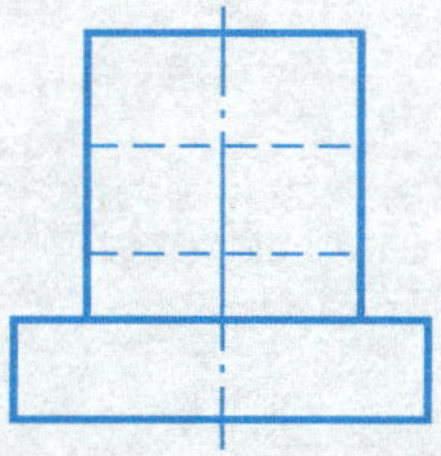

（2）

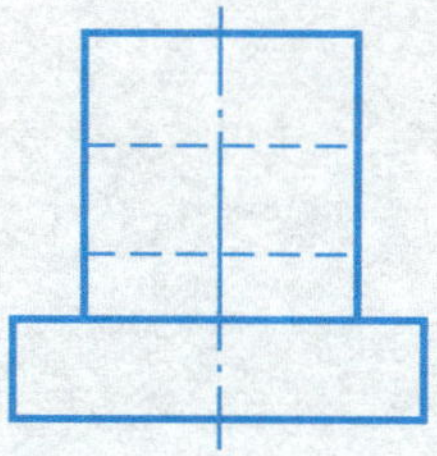

（3）

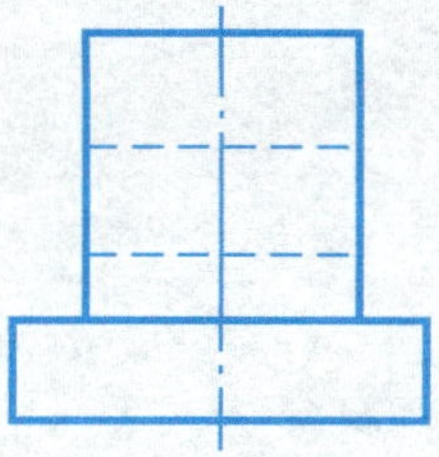

（4）

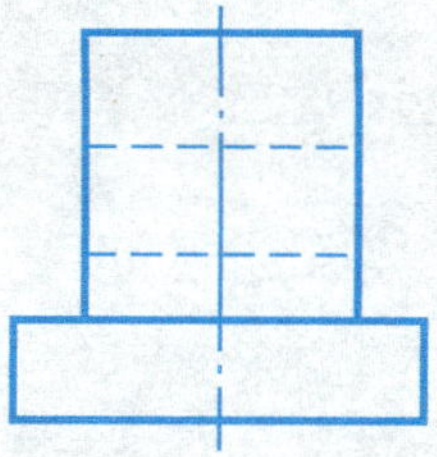

3-13　根据已知的主视图，构思不同的组合体，画出另外的两个视图（二）

2.

（1）

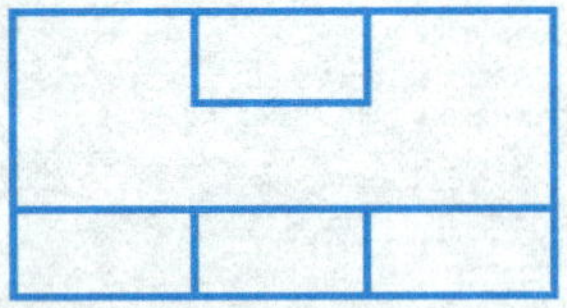

（2）

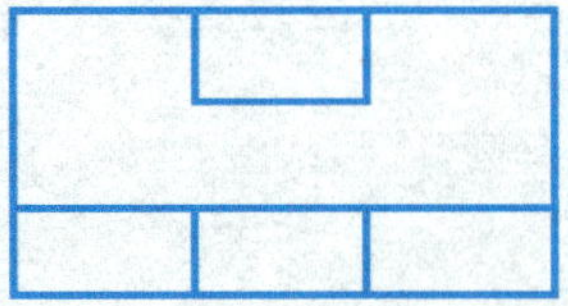

（3）

（4）

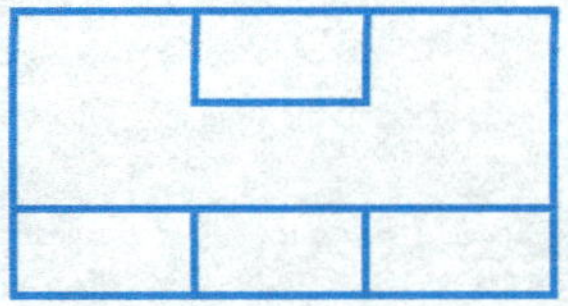

裁 剪 线

班级　　姓名　　学号　　审核

3-13 根据已知的主视图，构思不同的组合体，画出另外的两个视图（三）

3.

（1）

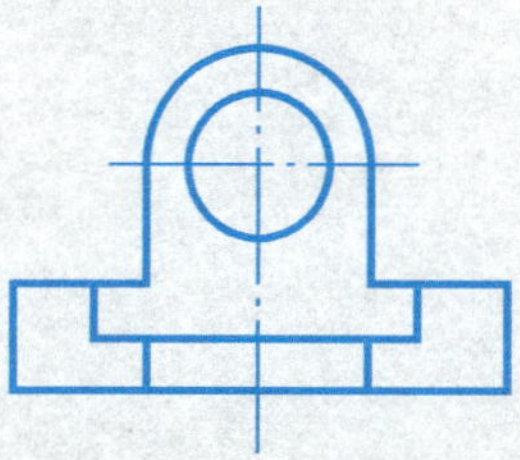

（2）

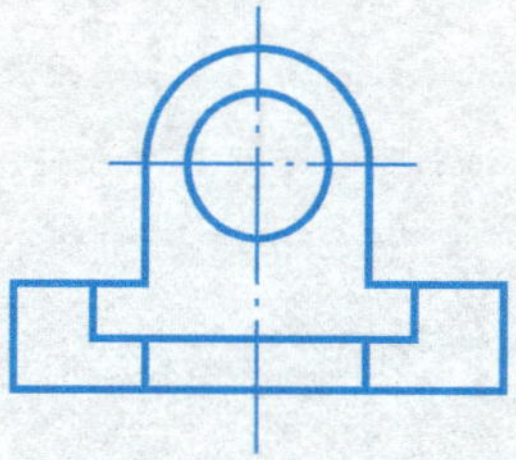

（3）

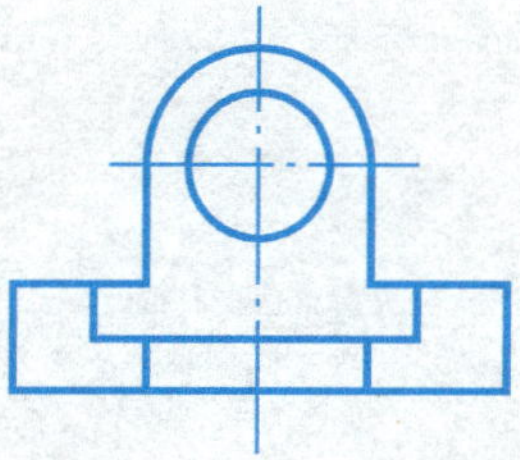

（4）

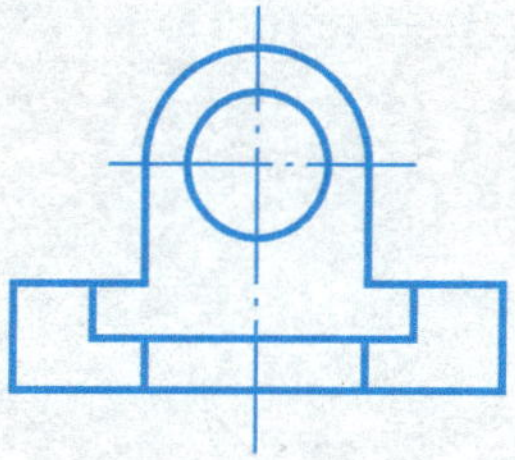

班级　　姓名　　学号　　审核

裁　剪　线

3-13 根据已知的主视图，构思不同的组合体，画出另外的两个视图（四）

4.

（1）

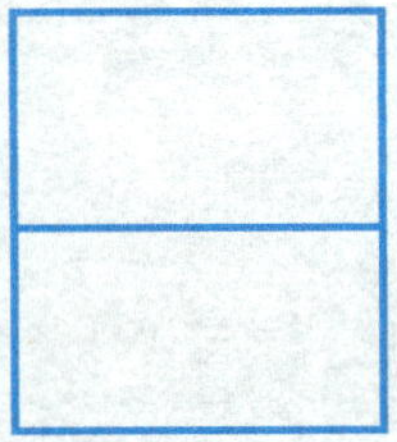

（2）

（3）

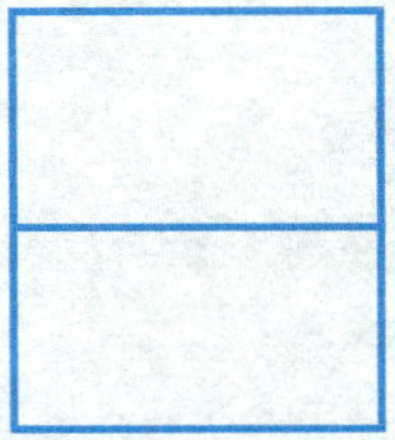

裁剪线

班级 姓名 学号 审核

裁剪线

3-13 根据已知的主视图，构思不同的组合体，画出另外的两个视图（五）

5.

（1）

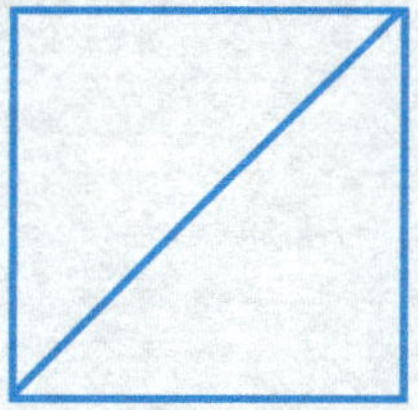

（2）

（3）

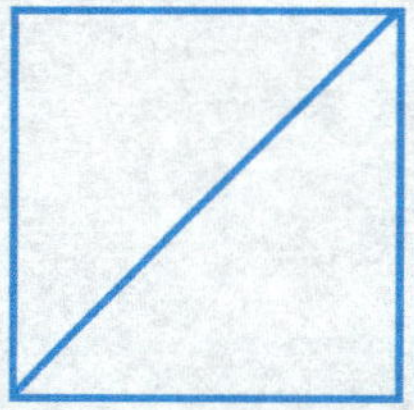

3-14　已知形体的主、俯视图，构思出两个不同的形体，画出第三视图

1.

(1)

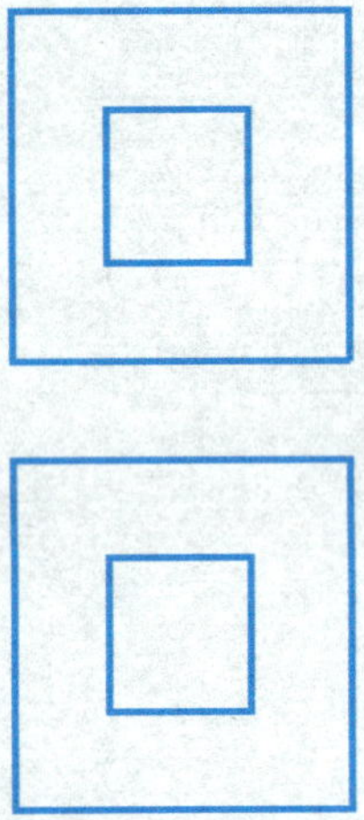

(2)

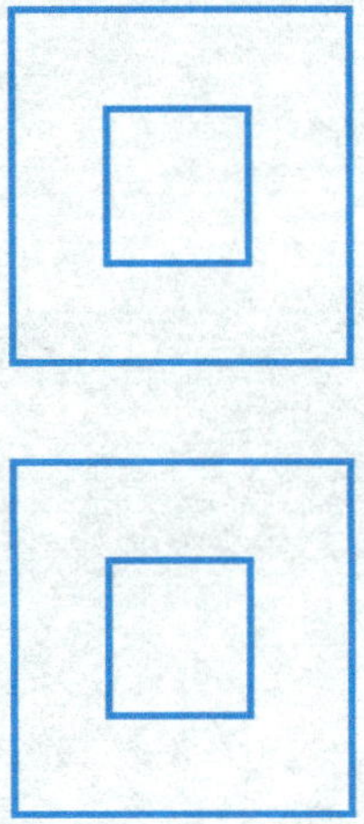

2.

(1)

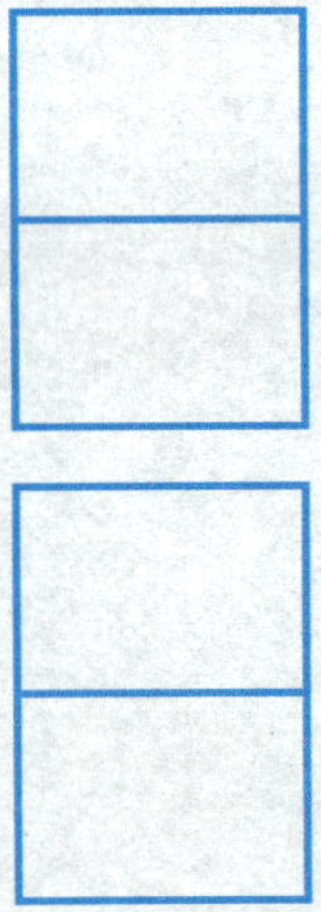

(2)

裁剪线

班级　　姓名　　学号　　审核

裁

剪

线

3-15　已知形体的主视图，构思出两个不同的形体，画出另两视图

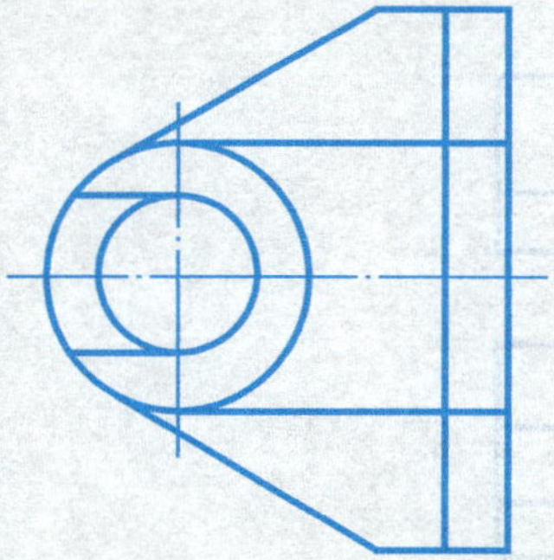

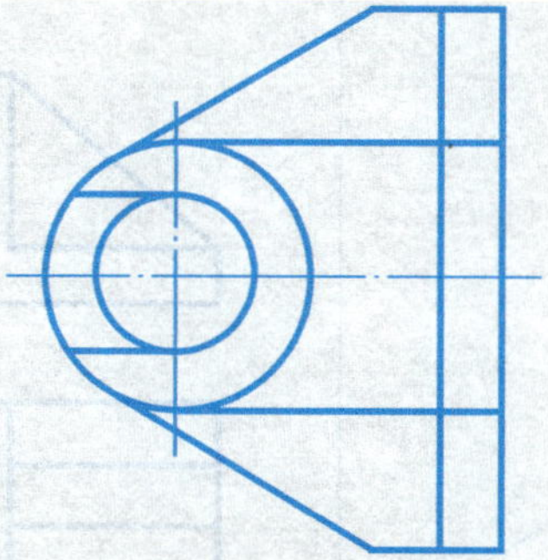

3-16 绘制正等轴测图

1.

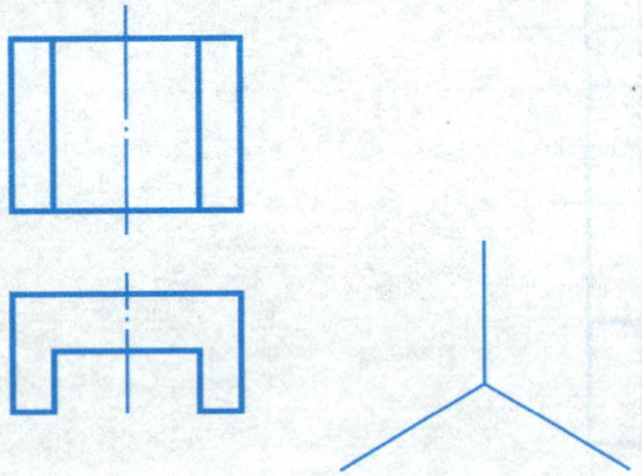

2.

3.

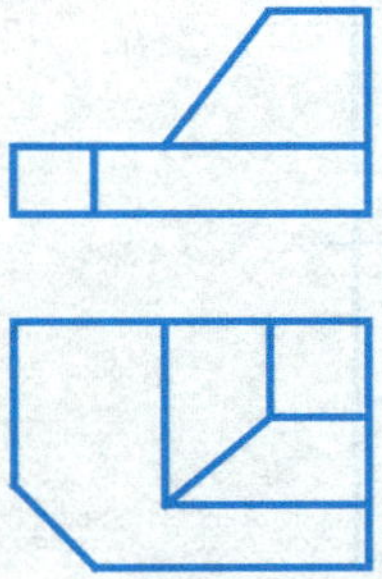

4.

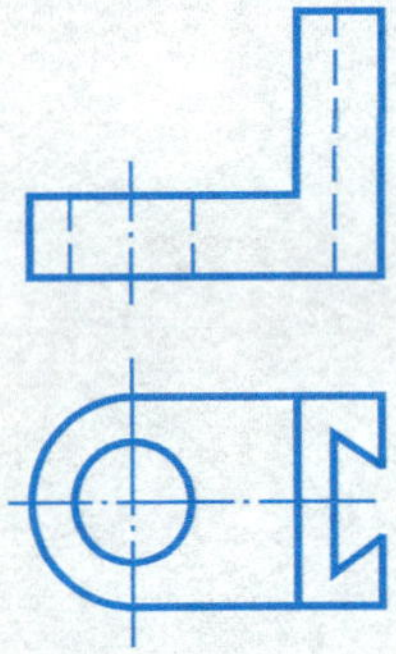

5.

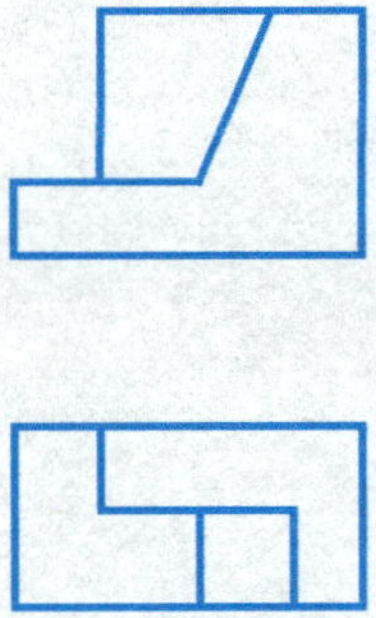

6.

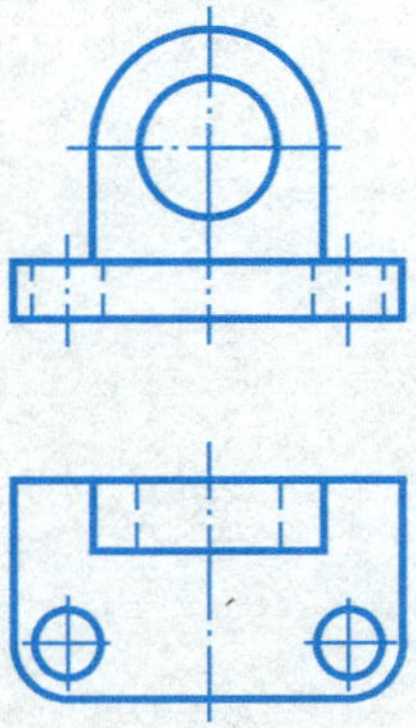

裁剪线

3-17　绘制斜二测图

1.

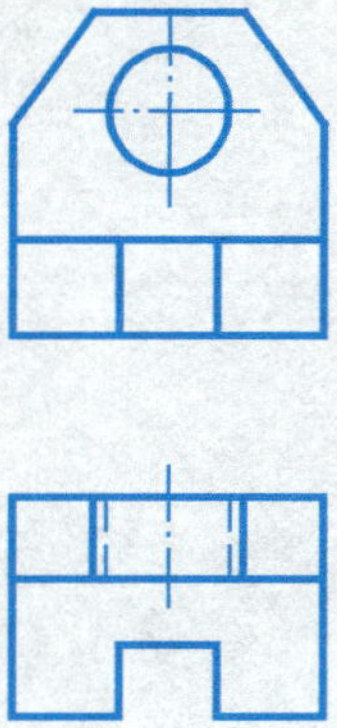

2.

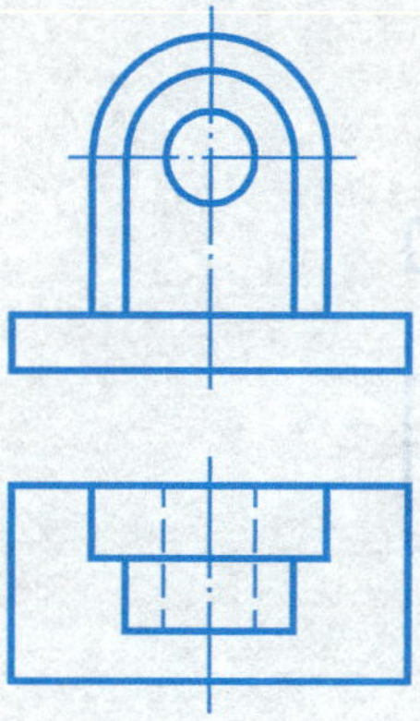

3.

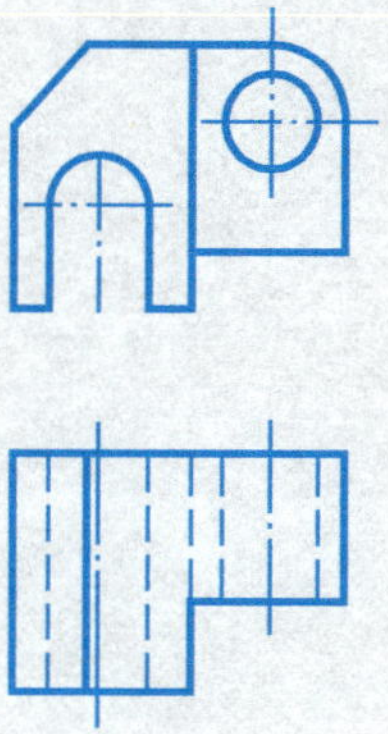

4.

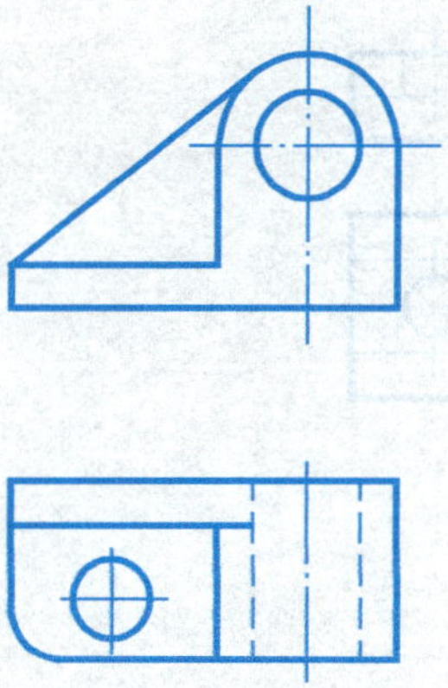

5.

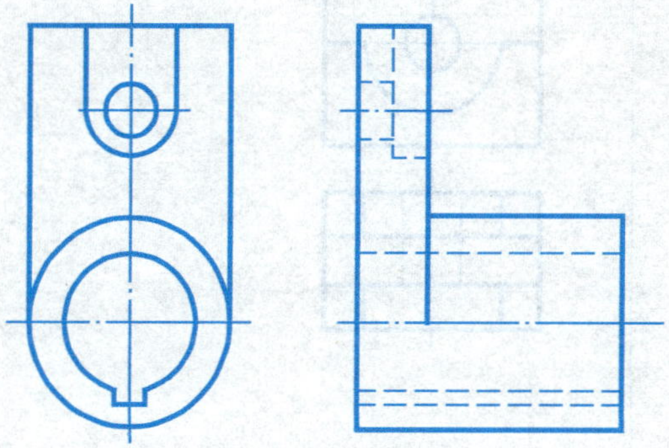

裁　剪　线

3-18　补全第三视图并用计算机绘制

1.

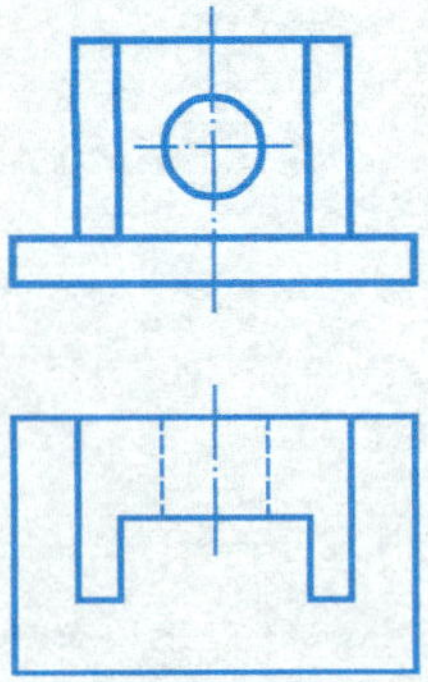

2.

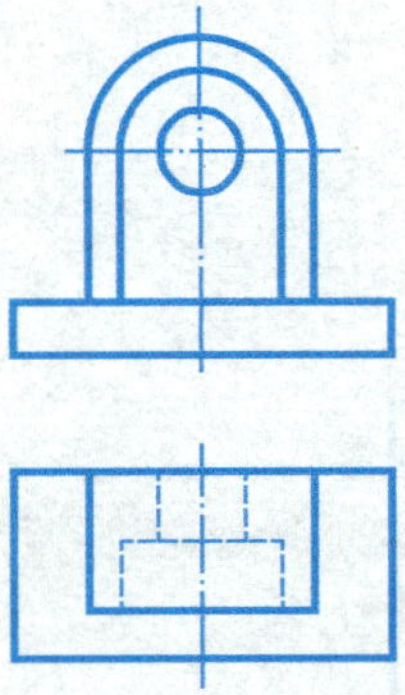

3.

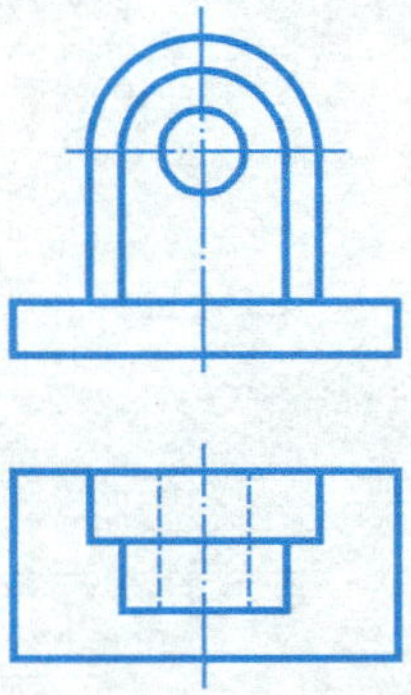

4.

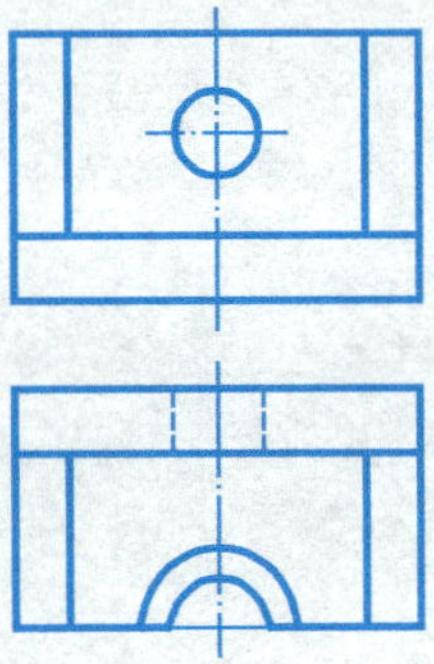

5.

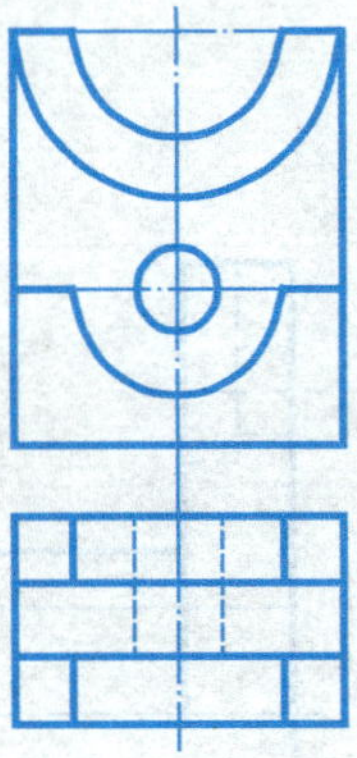

6.

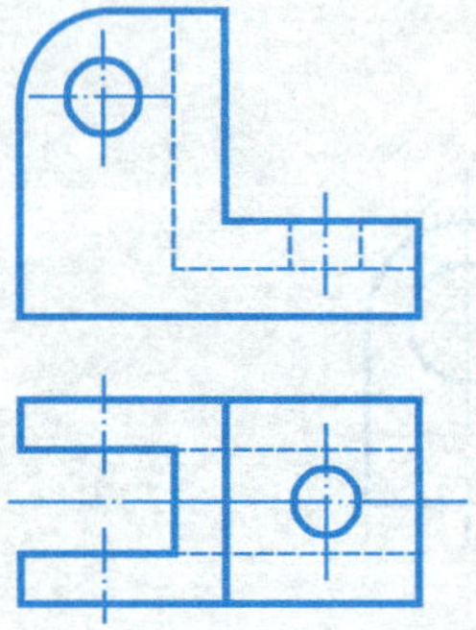

裁　剪　线

裁

剪

线

3-19 根据视图画出正等测图并用计算机绘制

1.

2.

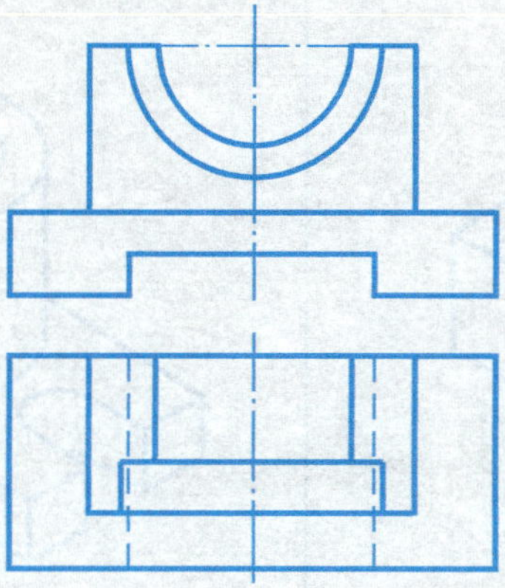

3.

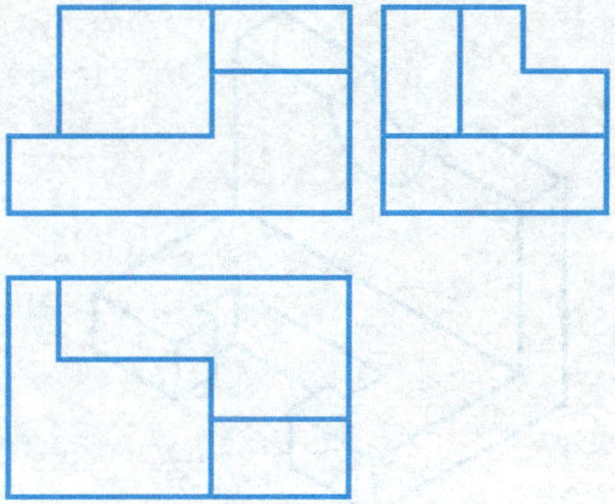

4.

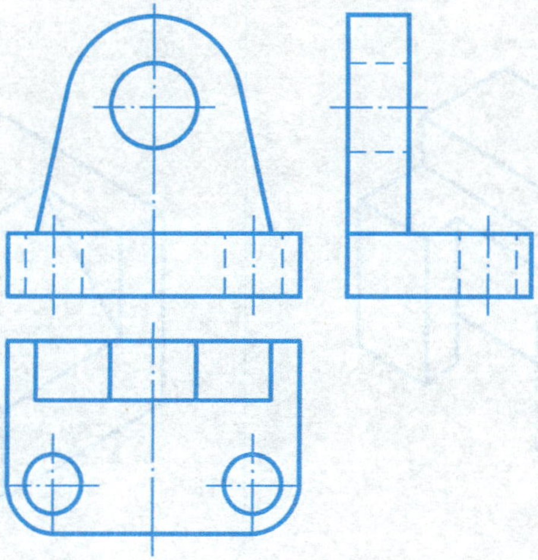

3-20　看懂轴测图，在下页找出对应的三视图，并将轴测图编号填入下页相应三视图下括号内

1.

2.

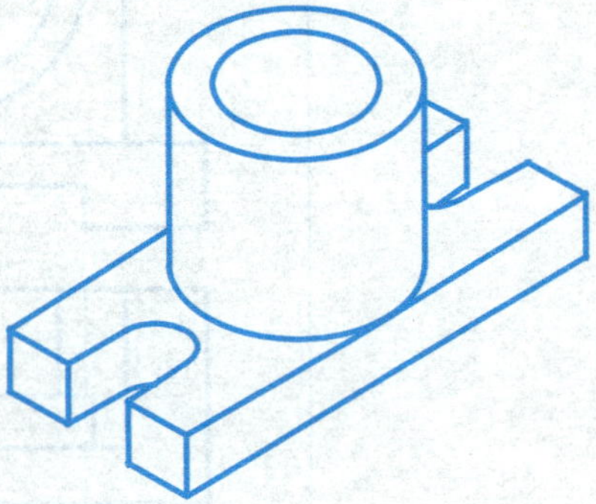

3.

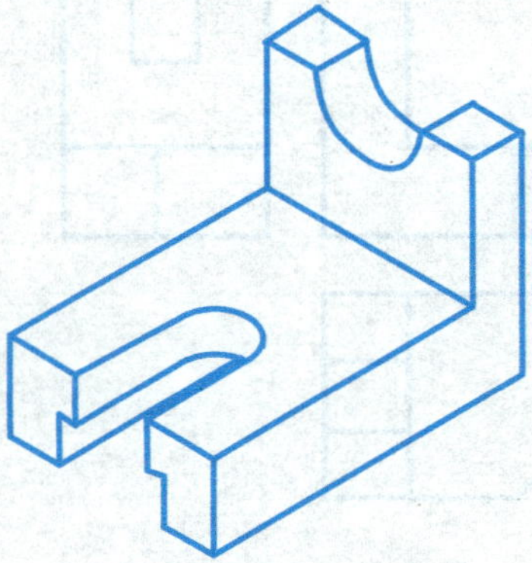

4.

5.

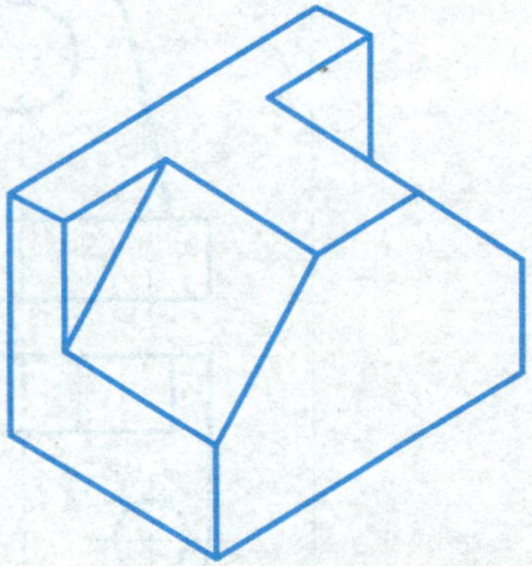

6.

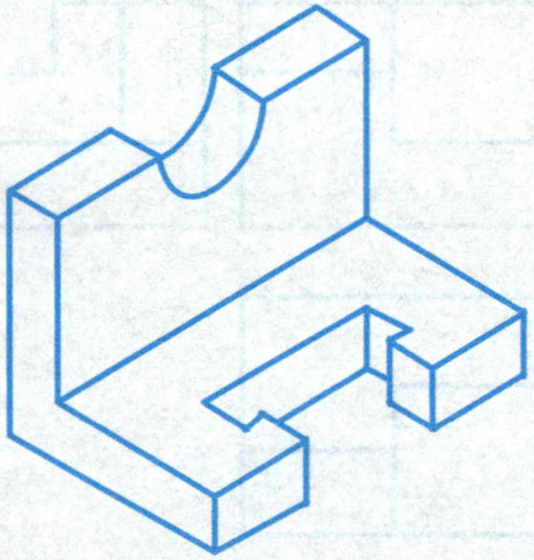

班级　　　　姓名　　　　学号　　　　审核

裁剪线

裁

剪

线

3-20 将上页轴测图编号填入对应三视图的括号内

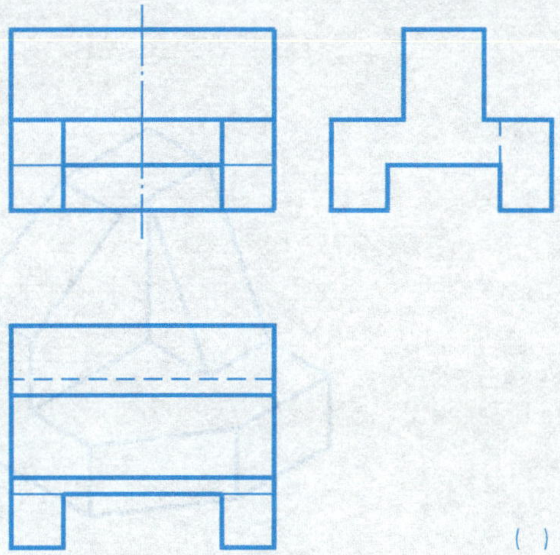

( )

( )

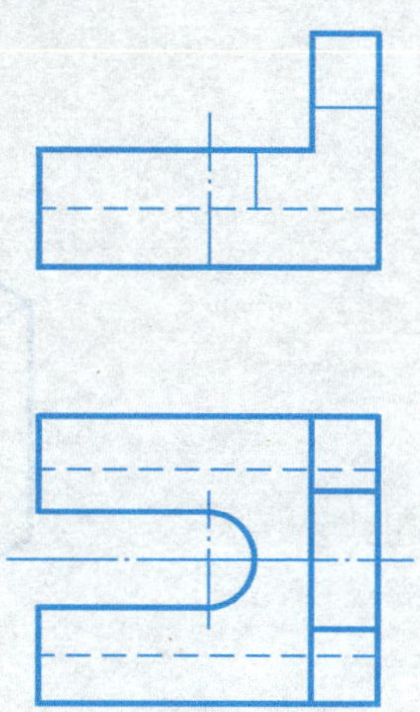

( )

( )

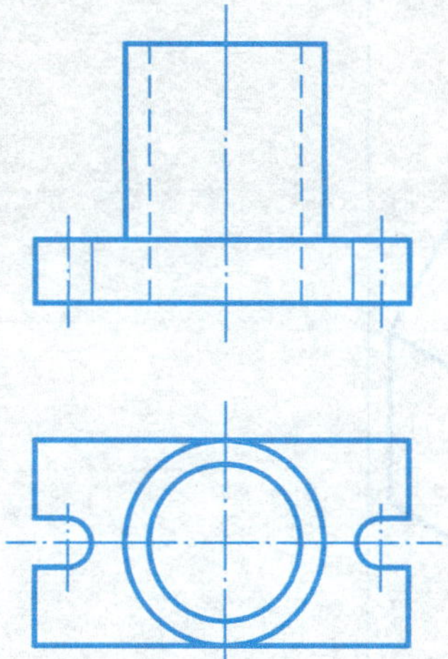

( )

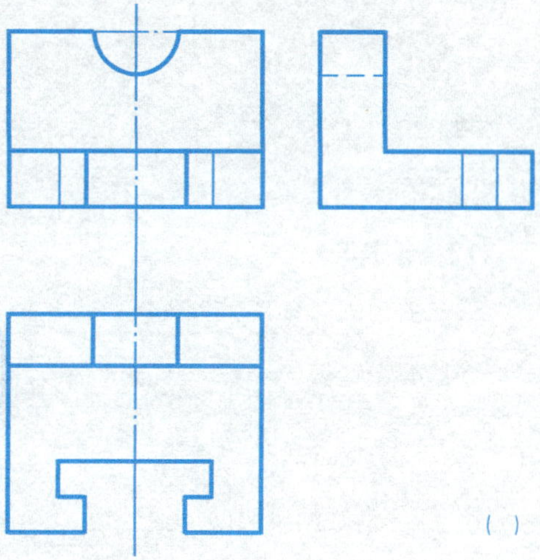

( )

3-21 已知形体轴测图，目测尺寸，徒手绘制三视图

1.

2.

3.

4.

裁剪线

裁

剪

线

3-22　已知形体轴测图，按 1:1 量取尺寸，尺规作图，绘制三视图

1.

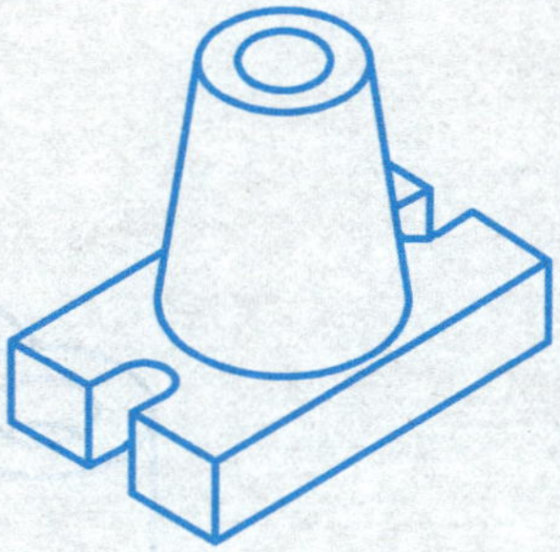

2.

3.

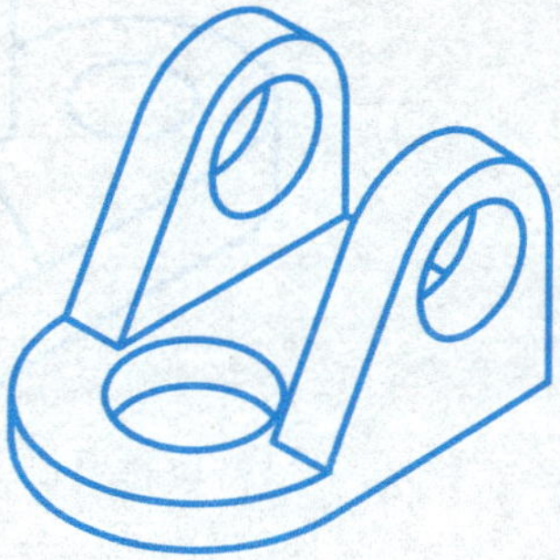

4.

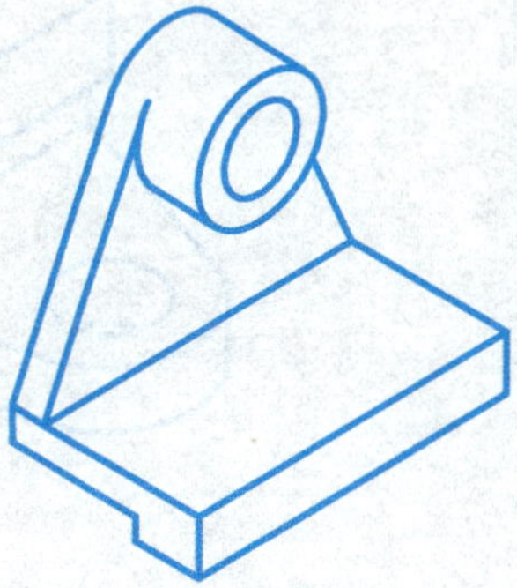

3-23　按 1∶1 比例量取尺寸，在 A3 图纸上绘制三视图

1.

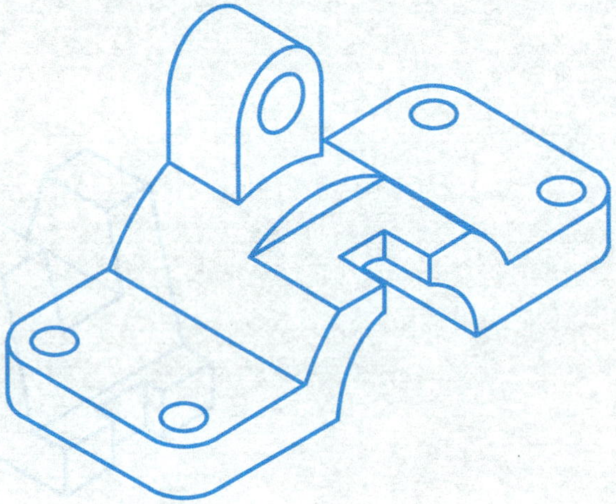

2.

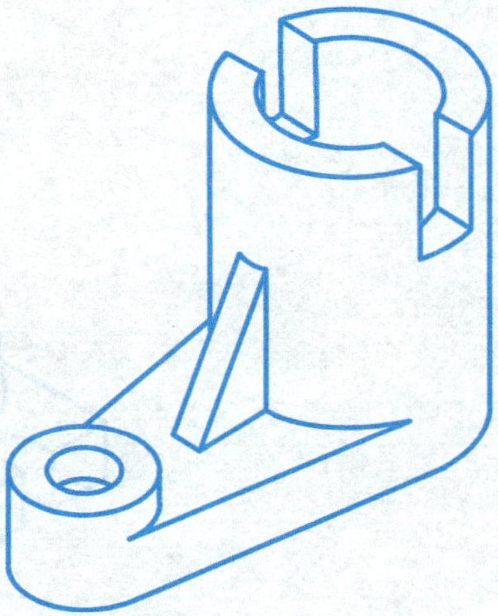

3.

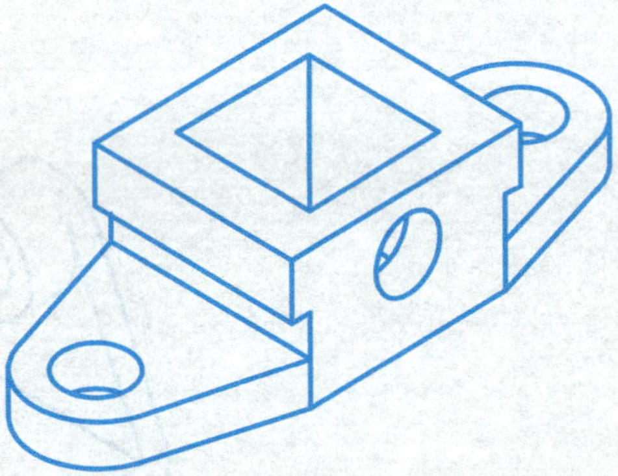

4.

班级　　姓名　　学号　　审核

裁剪线

裁
剪
线

3-24　看懂三视图，补齐六视图

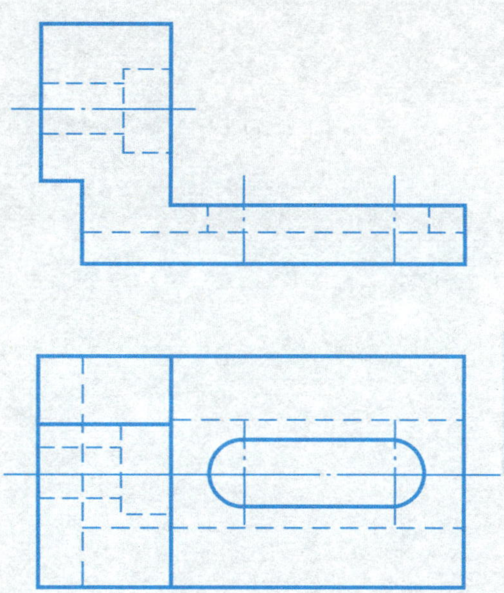

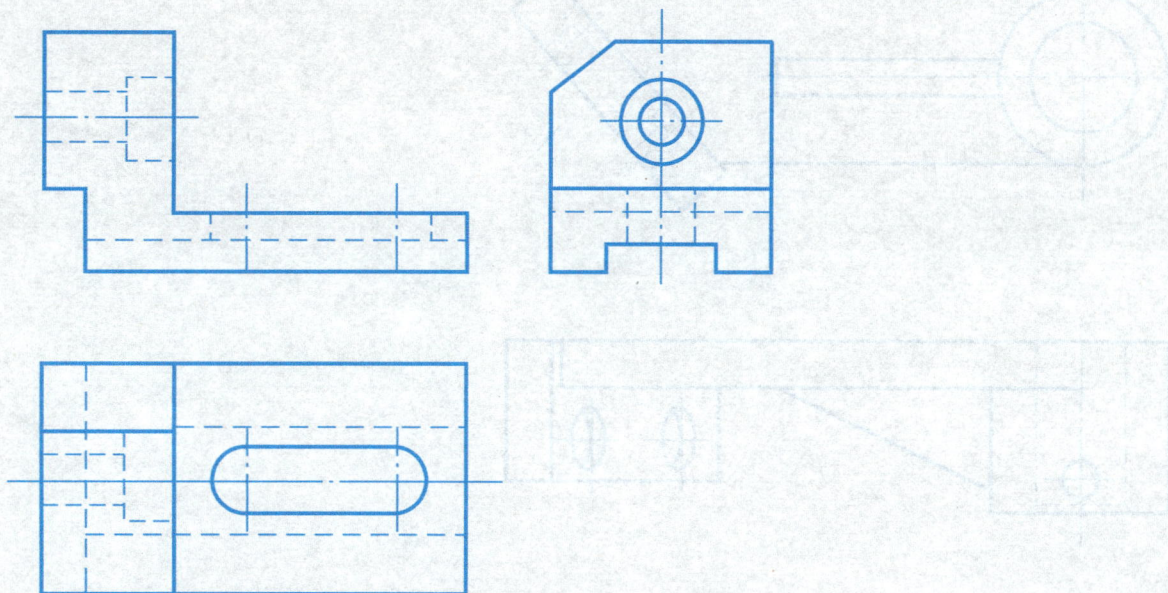

3-25　作 *A* 向斜视图

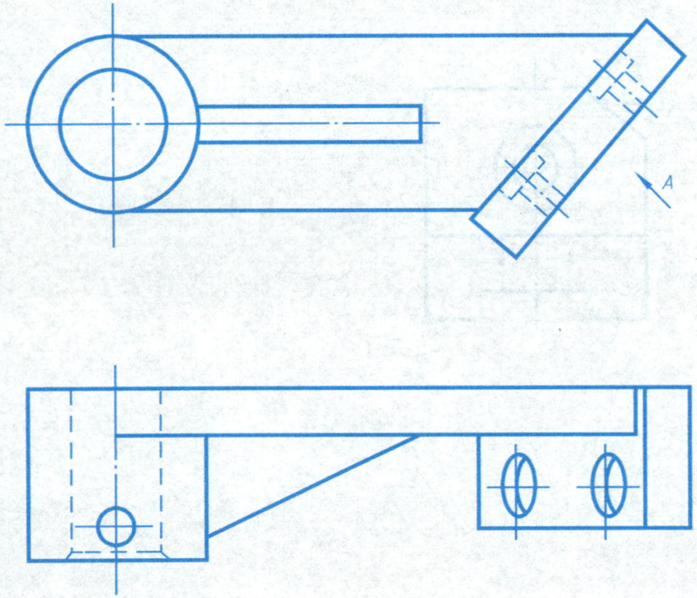

　班级　　姓名　　学号　　审核

裁
剪
线

裁

剪

线

3-26 作 *A* 向局部视图和 *B* 向斜视图

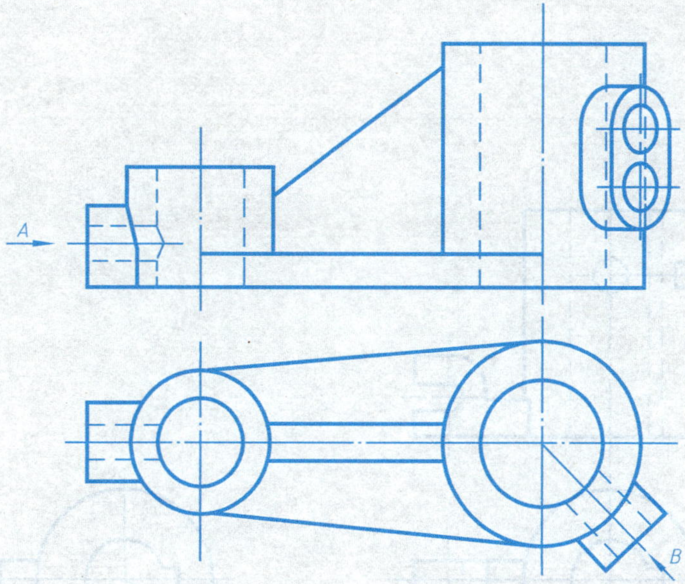

3-27　将主视图画成旋转视图

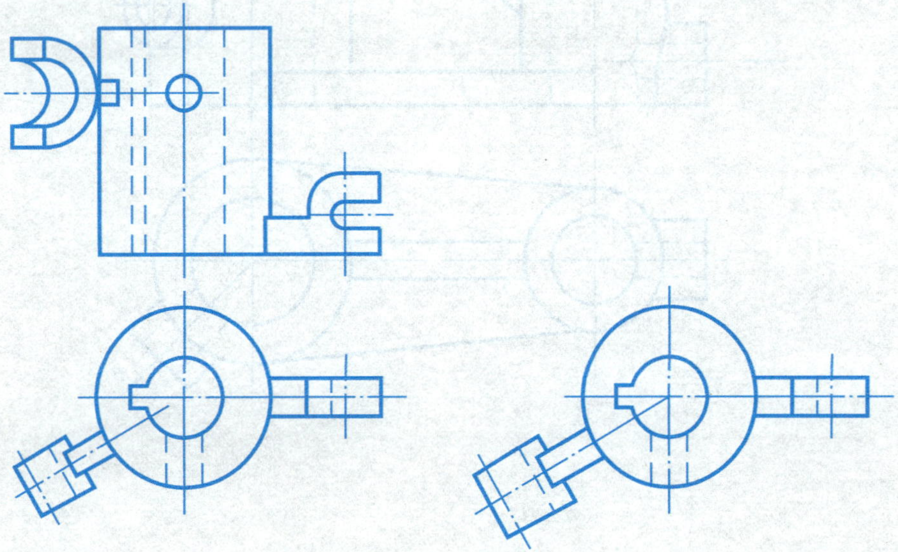

裁 剪 线

裁

剪

线

3-28 剖视图（一）

1. 将主视图画成全剖视图

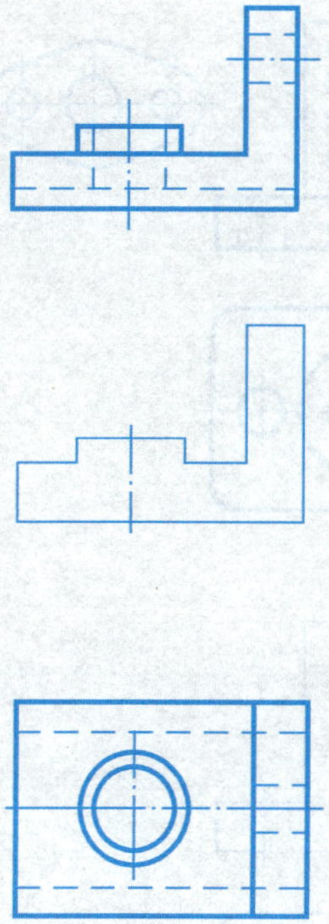

2. 将主视图画成全剖视图

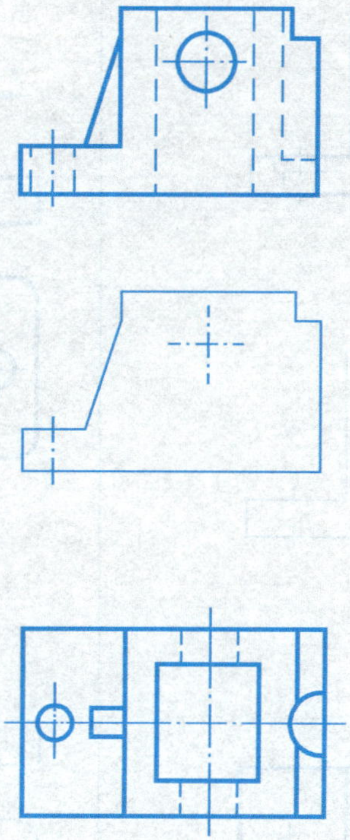

3. 将主视图画成 A—A 全剖视图

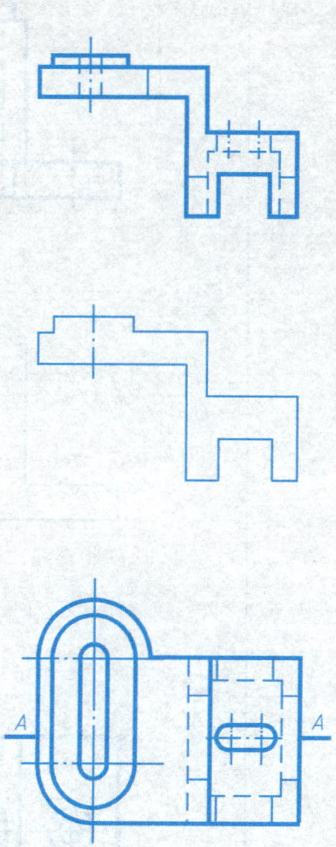

4. 将主视图画成全剖视图

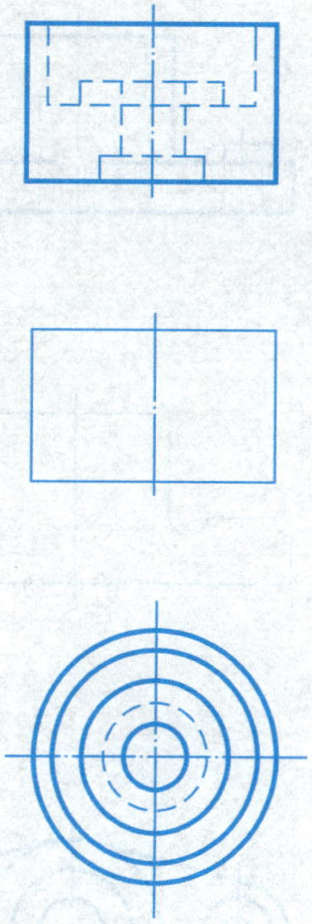

班级　　姓名　　学号　　审核

5. 将主视图画成半剖视图

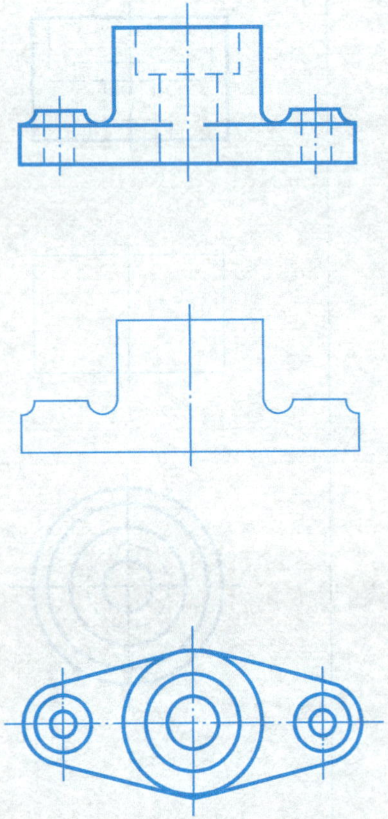

6. 将主视图画成半剖视图

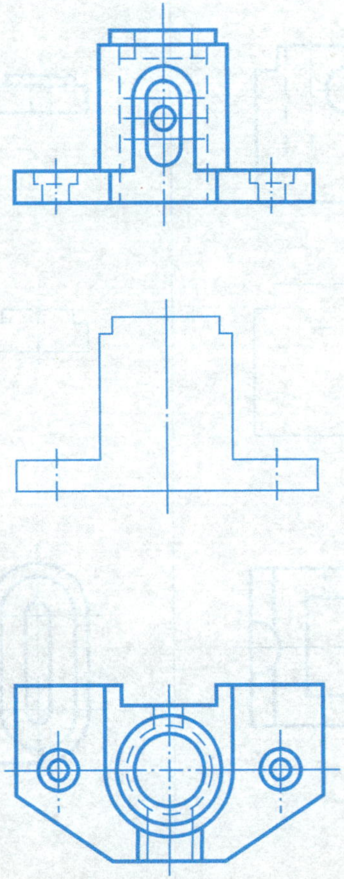

7. 将主视图画成全剖视，俯视图作半剖视

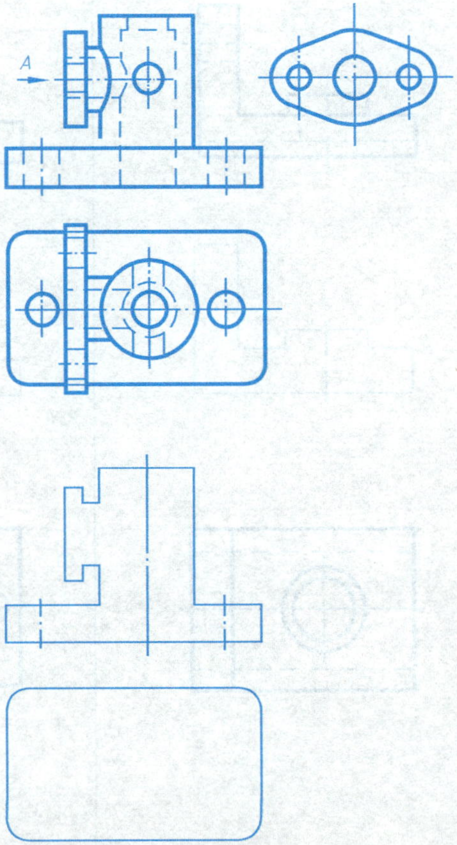

 班级 姓名 学号 审核

裁剪线

3-29 将下列各视图作局部剖视

1.

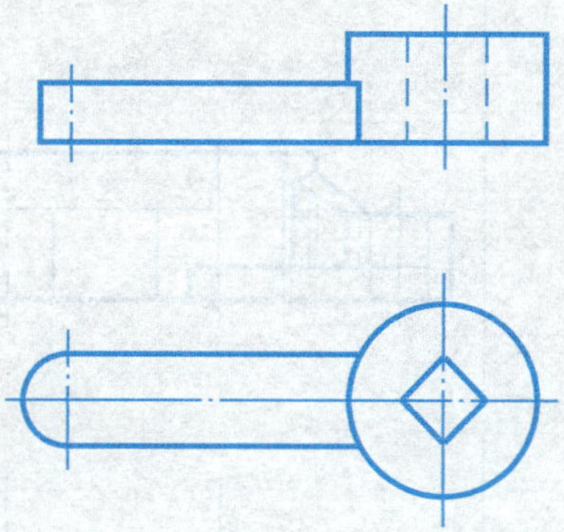

2.

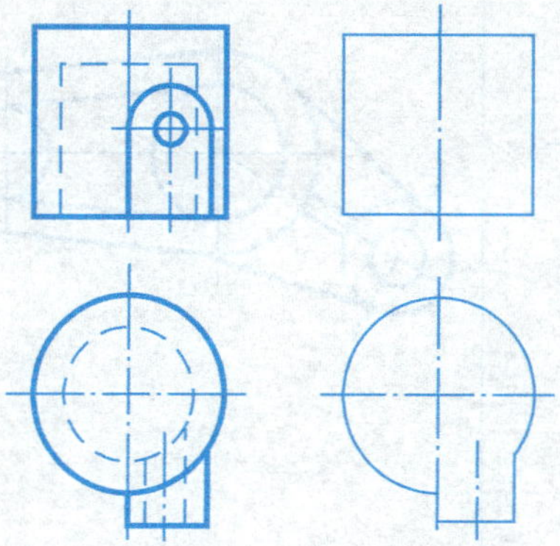

3.

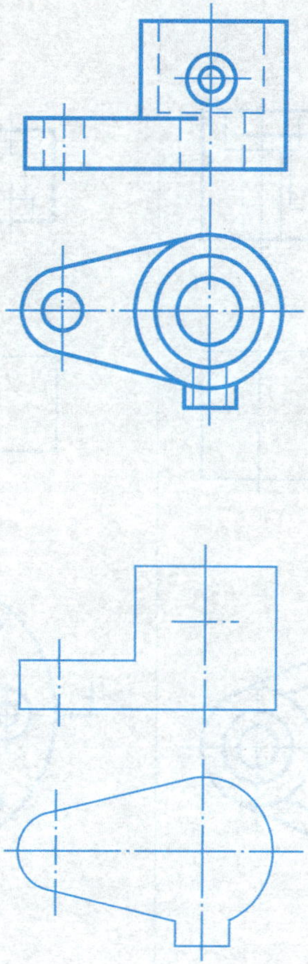

4.

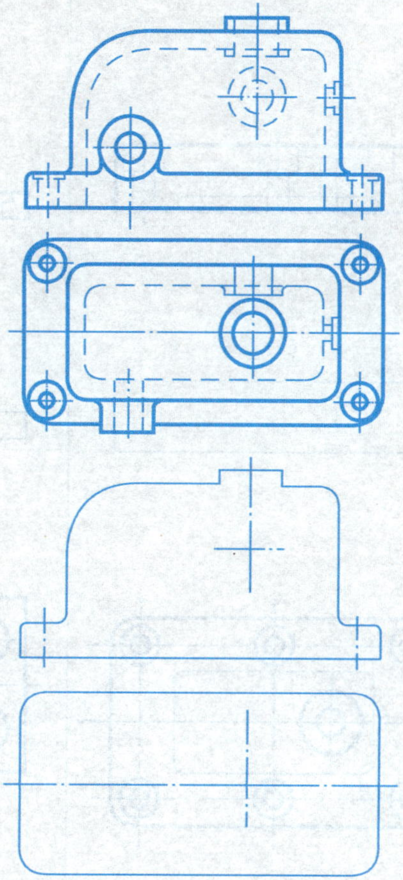

裁

剪

线

3-30 阶梯剖与旋转剖

1. 将主视图画成 *A—A* 阶梯剖视

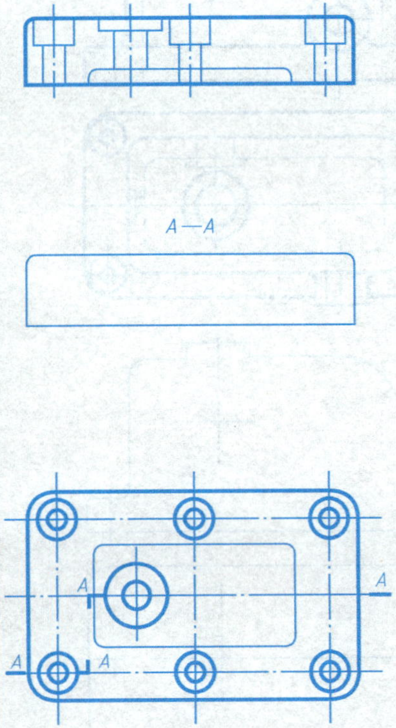

2. 将主视图改画成阶梯剖视

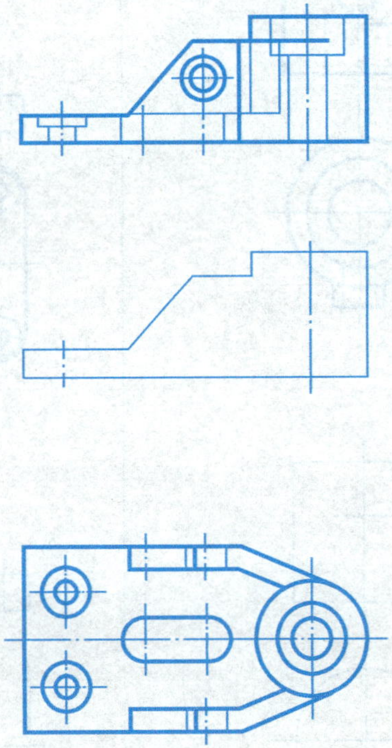

3. 将主视图画成 *A—A* 旋转剖视

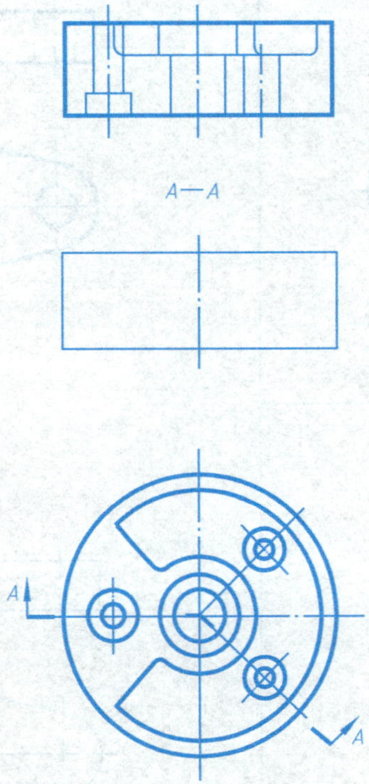

4. 将主视图改画成旋转剖视

裁

剪

线

班级　　姓名　　学号　　审核

3-31 作 *A*—*A* 斜剖视图

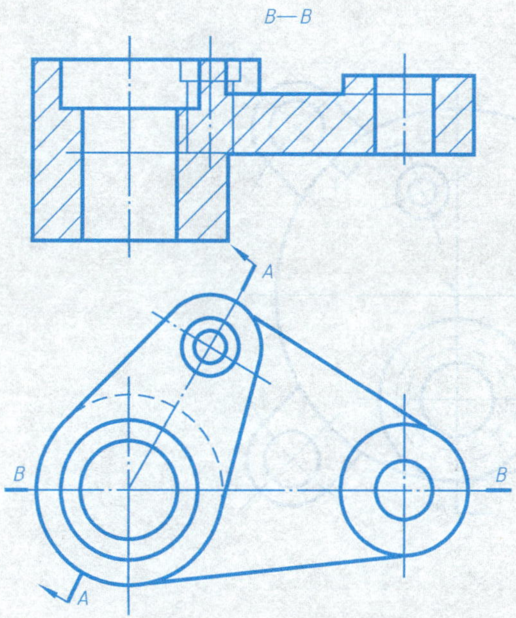

裁

剪

线

3-32 作 *A—A* 旋转剖视图

班级　　姓名　　学号　　审核

裁　剪　线

3-33 画出 *A—A* 断面图

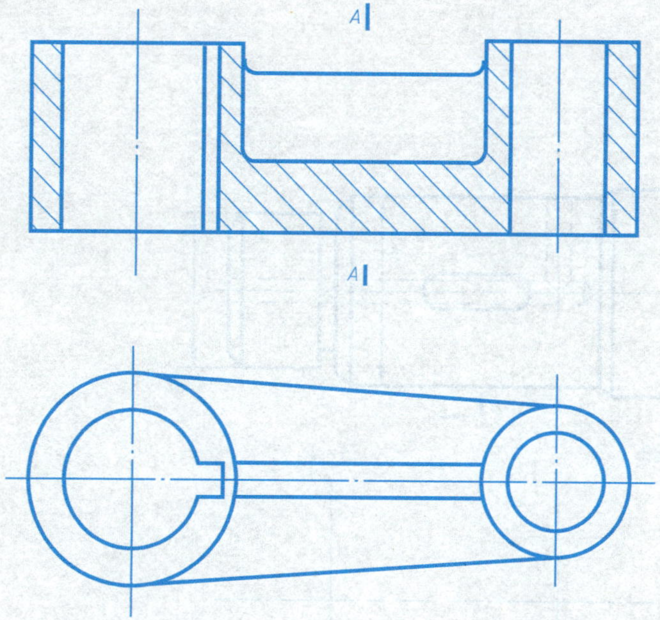

3-34　在指定位置作出轴的断面图（左端键槽深 4mm，右端键槽深 3mm）

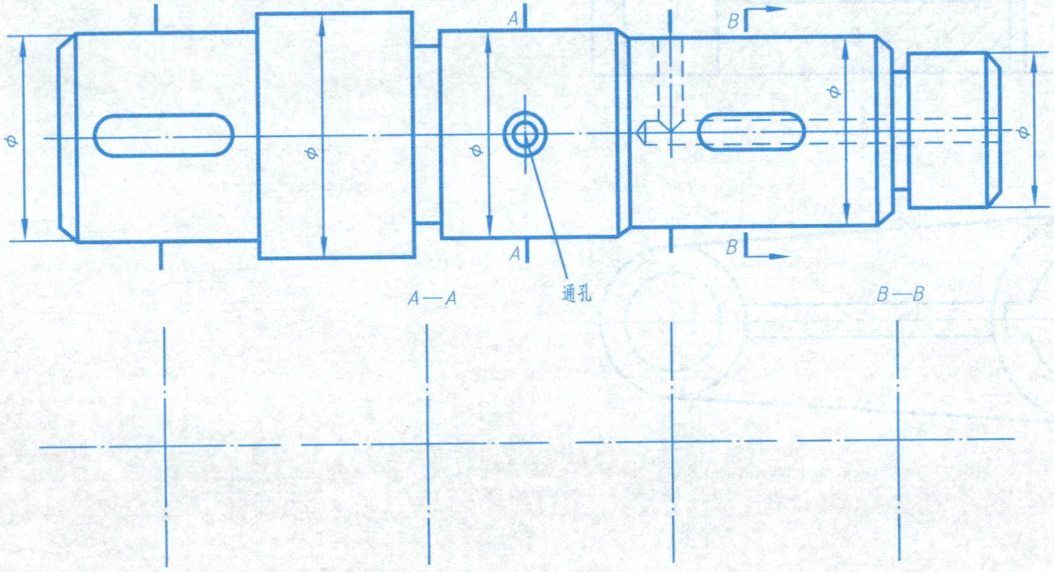

裁 剪 线

裁 剪 线

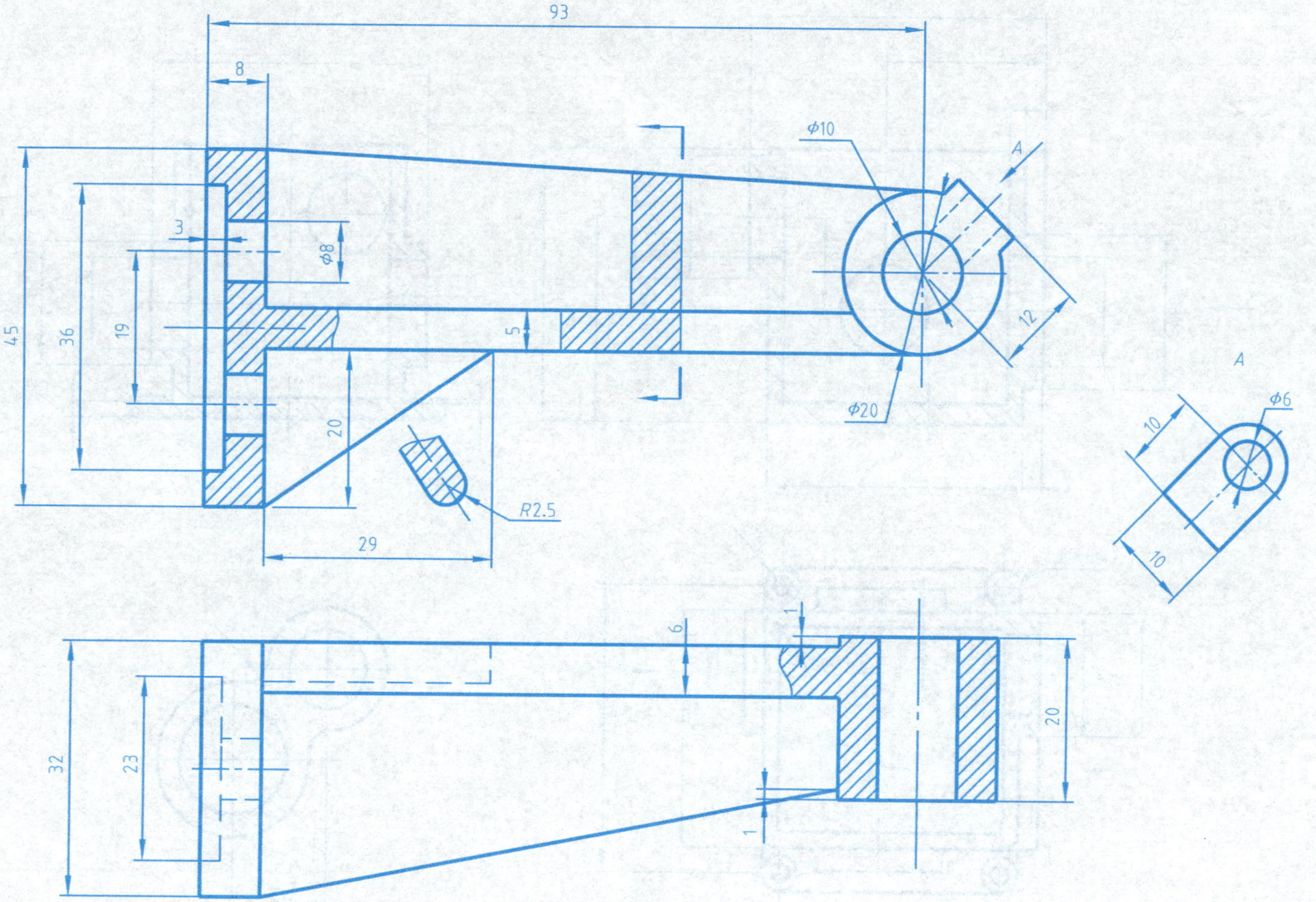

班级 姓名 学号 审核

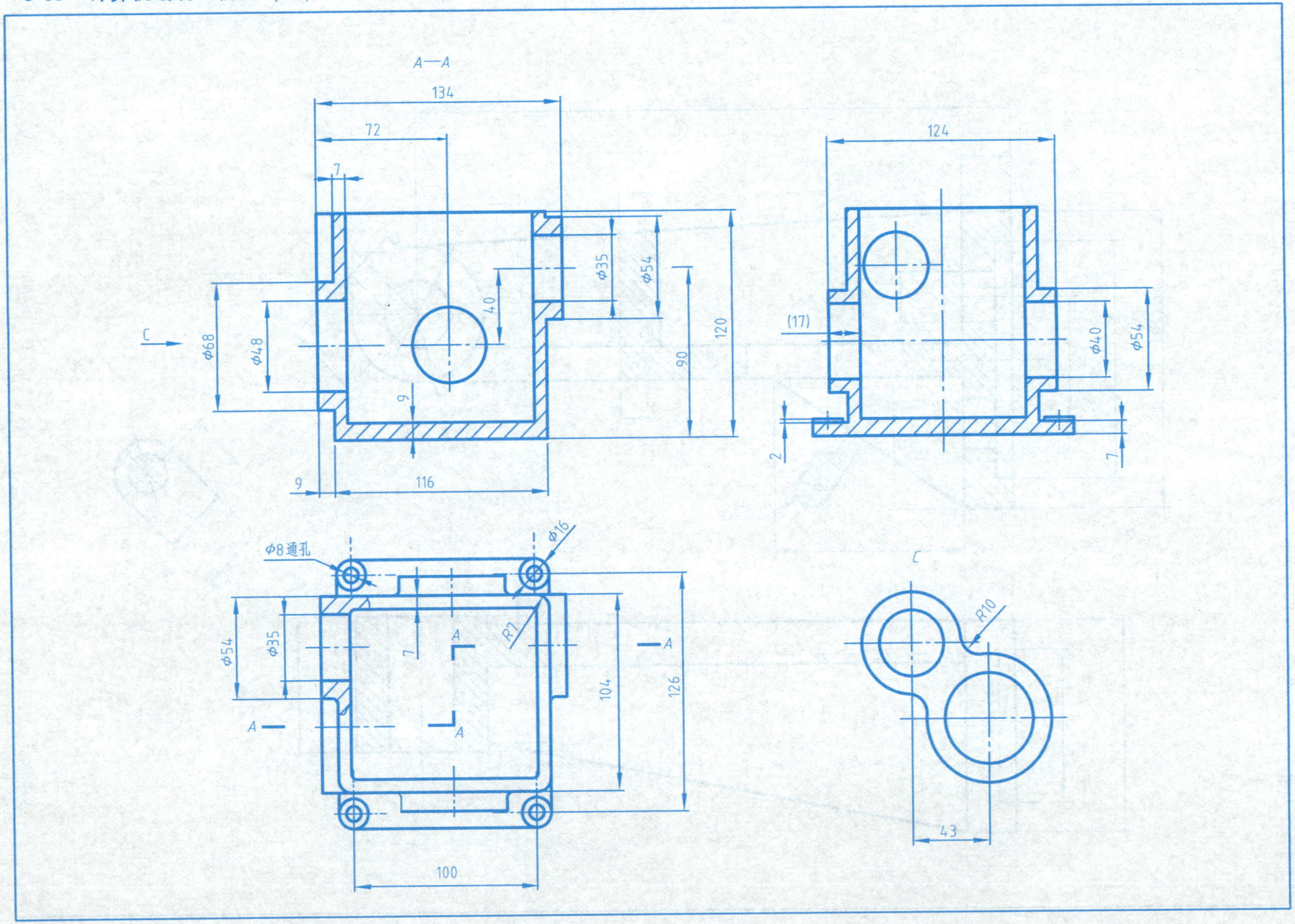
A—A
134
72
7
ϕ35
ϕ54
120
40
90
C
ϕ68
ϕ48
9
9
116
124
(17)
ϕ40
ϕ54
2
7
ϕ8通孔
ϕ16
R7
A
A
A
A
ϕ54
ϕ35
7
104
126
100
C
R10
43

班级 姓名 学号 审核

裁剪线

裁

剪

线

3-36　构形设计综合作业

作业要求：

1. 所设计的形体基本形体数量为4个以上（含4个），其中至少有两个回转体。
2. 体上要包含截交、相贯结构各一处。
3. 联系生产、生活实际。
4. 所构形体应可实现，并有实际使用意义。
5. 画出所设计形体的三视图和正等轴测图。
6. 画法符合国家标准。
7. 运用计算机绘图。

班级　　姓名　　学号　　审核

项目四　零件的表达

4-1　识读零件图

1.

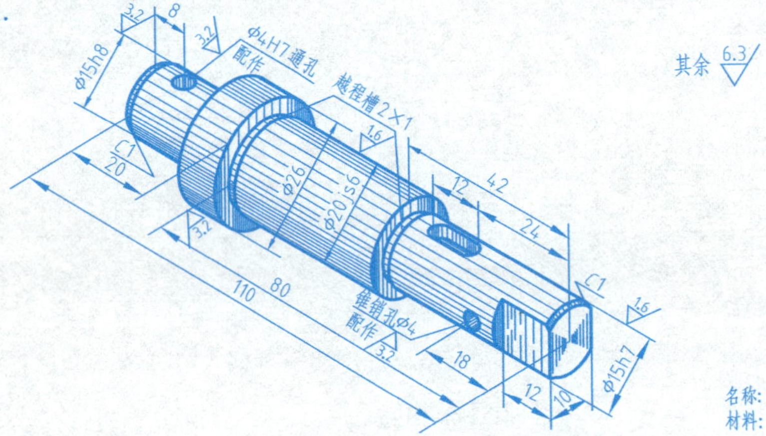

φ15h8
φ4H7通孔
配作
越程槽2×1
φ26
φ20js6
锥销孔φ4
配作
φ15h7
C1
110
80
42
24
18
12
10
其余 6.3

名称：轴
材料：45

2.

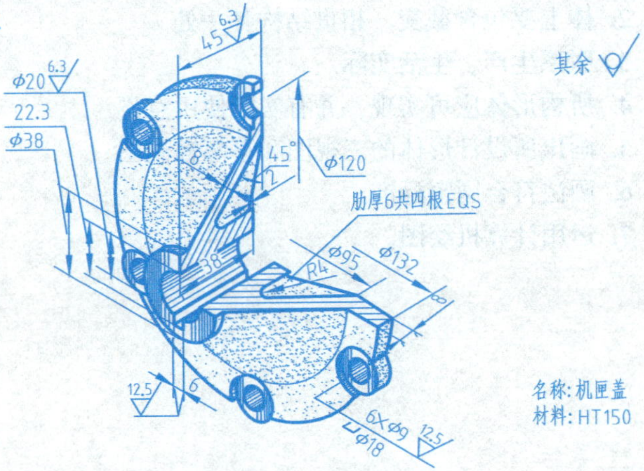

φ20
22.3
φ38
45
φ120
45°
肋厚6共四根EQS
φ95
φ132
R4
6×φ9
⌴φ18
其余

名称：机匣盖
材料：HT150

3.

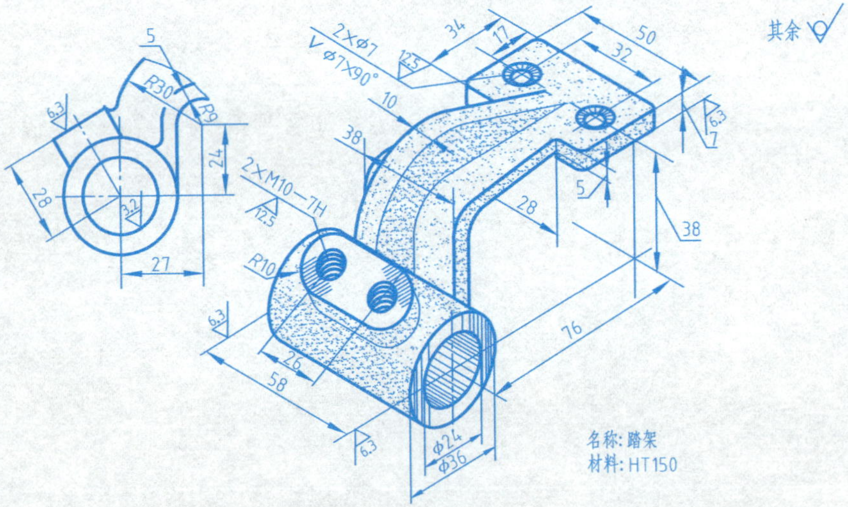

R30
R9
24
28
27
2×φ7
⌵φ7×90°
2×M10—7H
R10
34
17
50
32
38
76
58
26
φ24
φ36
其余

名称：踏架
材料：HT150

4.

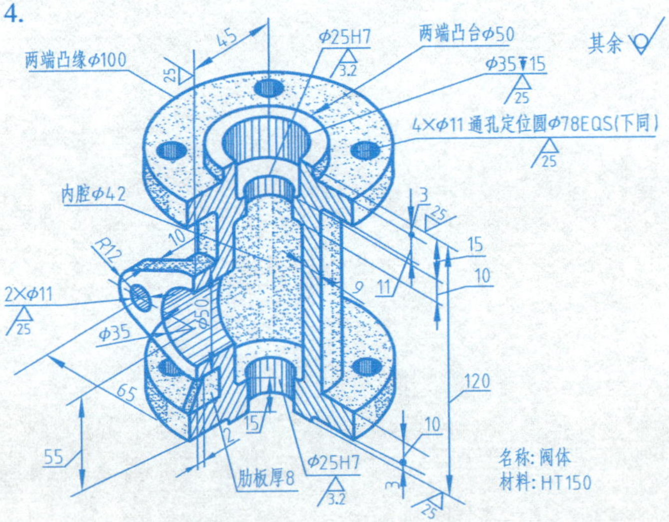

两端凸缘φ100
45
φ25H7
两端凸台φ50
φ35↧15
4×φ11通孔定位圆φ78EQS(下同)
内腔φ42
R12
2×φ11
φ35
65
55
120
肋板厚8
φ25H7
其余

名称：阀体
材料：HT150

裁
剪
线

班级　　姓名　　学号　　审核

裁

剪

线

4-2 看懂零件图，想象该零件的结构形状，完成填空题

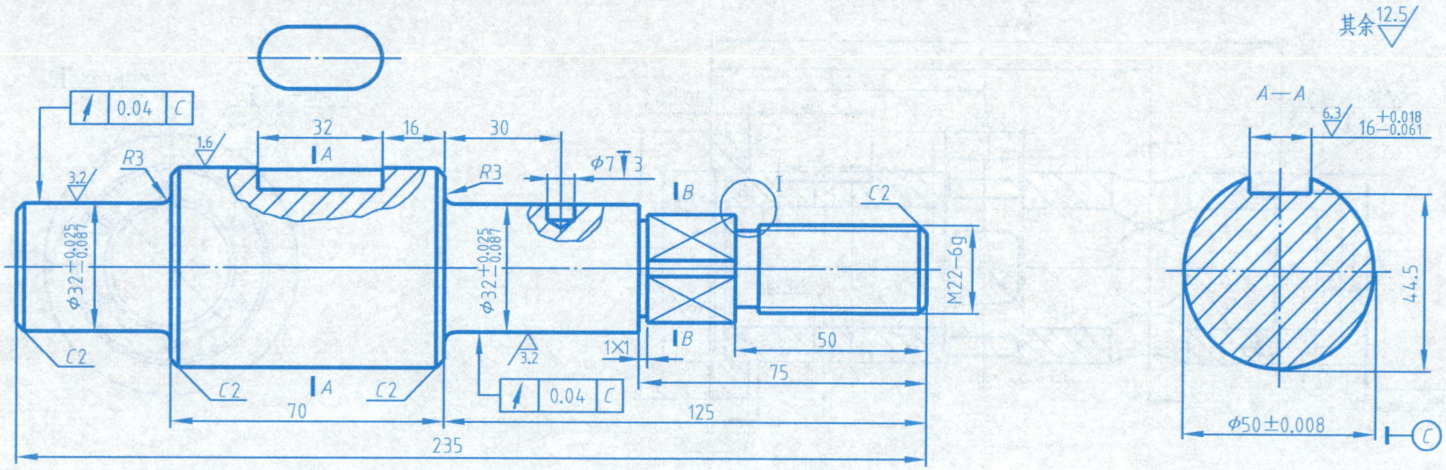

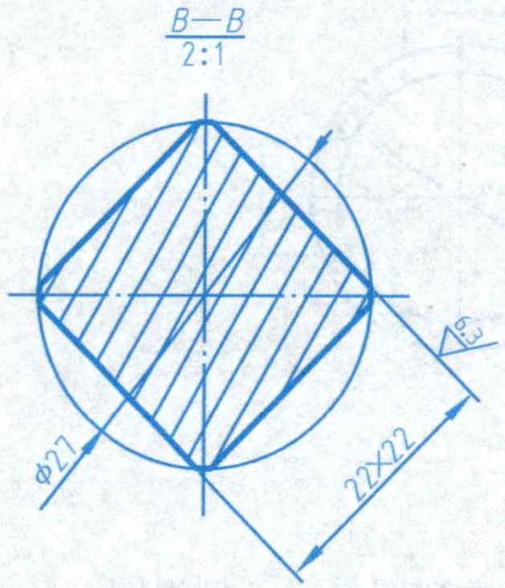

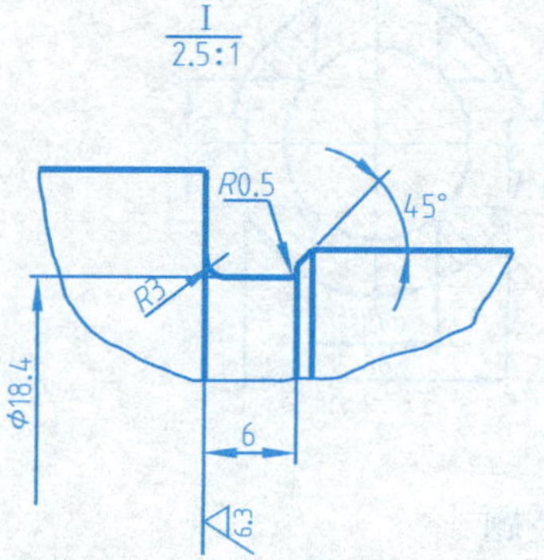

技术要求
1.除螺纹表面外其他部位表面均为45～50HRC。
2.表面处理：发蓝。

填空题

1. 该零件图采用的表达方法有__________。
2. 靠右侧的两处斜交细实线是________符号。
3. 键槽的定位尺寸是____；长度____；宽度____；深度____。
4. 尺寸 C2 中 C 表示____；2 表示____；1×1 中 1 表示____；ϕ↧3 中的 ϕ7 表示____；↧3 表示____。
5. M22-6g 中，M22 表示____；6g 表示____。
6. [↗ | 0.04 | C] 表示________两圆柱面对______轴线的径向圆跳动最大误差为____。

主　轴			比例	1:2		
			件数	1		
制图	(签名)	(　年　月　日)	质量		材料	45
描图						
审核						

4-3 看懂如图所示轴套类零件的结构形状，完成填空题并画出 *E—E* 断面图

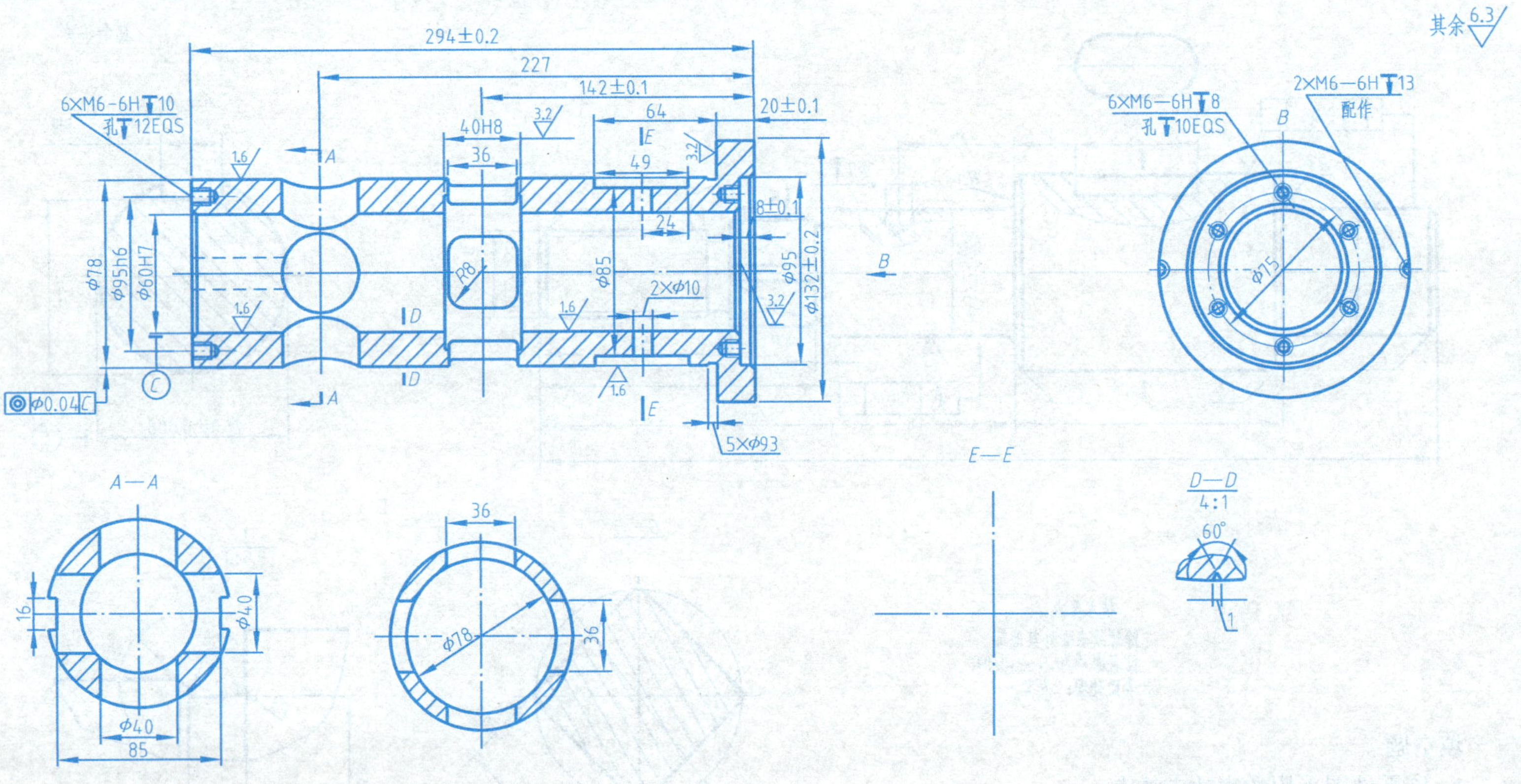

技术要求

1. 锐边除净毛刺；未注倒角C2.5。
2. 除右端面F、G面及螺孔外，其余表面渗氮处理。

填空题

1. 该零件采用了________个基本视图，主视图是____剖视图；图中 *A—A* 是剖____图，其右边的图形是____________图。

2. 表示 *A—A* 剖切位置的箭头是____省略的，因为________________。

3. 零件上长度方向尺寸的主要基准在________；$\phi95h6$ 的极限偏差是________；$\phi60H7$ 的极限尺寸是____________。

4. B 向视图是____视图；图形 *D—D* 是________。

套筒			比例	1:2	
			件数	12	
制图	（签名）	（ 年 月 日）	质量		材料	45
描图					
审核					

裁 剪 线

4-4 看懂零件图，想象该零件的结构形状，完成填空题并画出右视图

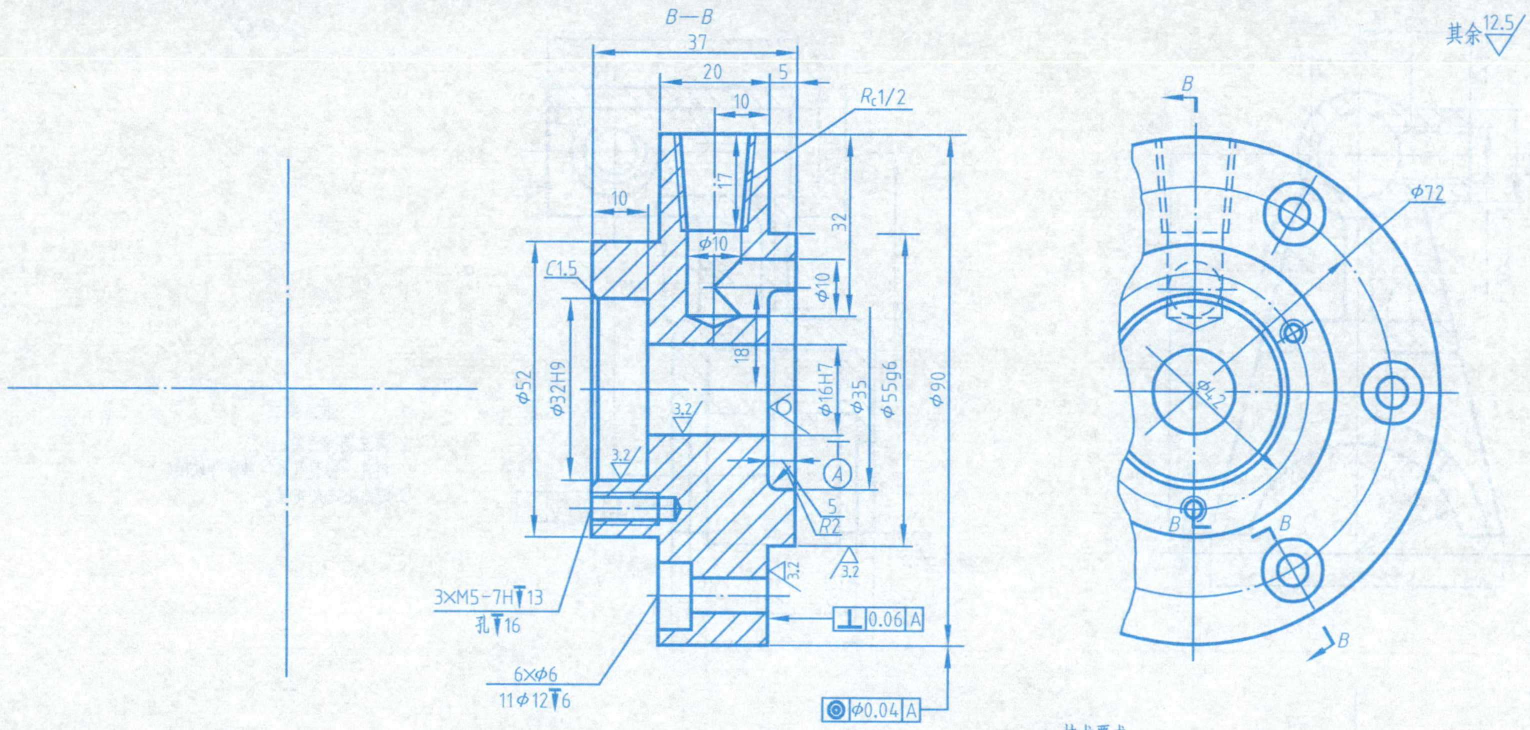

技术要求

1. 铸件不得有砂眼、裂纹。
2. 锐边倒角C1。
3. 全部螺纹均有C1.5的倒角。
4. 铸件应作时效处理。

填空题

1. 零件的主视图是________剖视图。采用的是____的剖切平面。

2. 零件的长度方向尺寸的主要基准在____侧，是长度为____圆柱体的____端面。

3. 零件上有________处形位公差，它们的名称是________度和________度，基准是________。

4. 该零件左端面凸缘有____个螺孔，公称直径是________，螺纹长度是________。

5. 该零件左端面有____个沉孔，尺寸是________。

端 盖			比例	1:1		
			件数	1		
制图	（签名）	（ 年 月 日）	质量		材料	HT150
描图						
审核						

班级　　姓名　　学号　　审核

4-5　读拔叉零件图，补画俯视图和标明长、宽、高三个方向的主要尺寸基准，并完成填空题

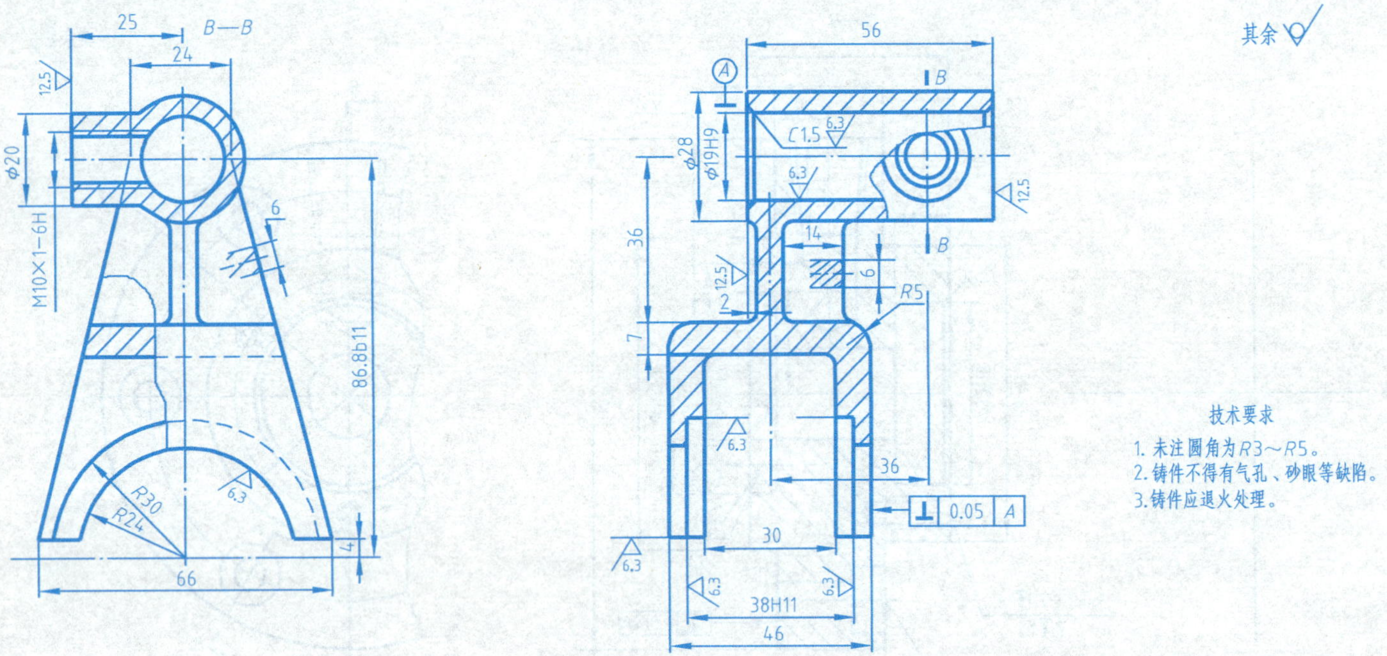

B—B
25
24
12.5
φ20
M10×1—6H
6
86.8b11
R30
R24
6.3
66
4
56
A
B
C1.5
φ28
φ19H9
36
14
12.5
2
6
R5
7
30
38H11
46
⊥ 0.05 A
其余
技术要求
1. 未注圆角为R3～R5。
2. 铸件不得有气孔、砂眼等缺陷。
3. 铸件应退火处理。

填空题

1. 38H11 表示基本尺寸是________，公差代号________，公差等级________，基本偏差代号是________，下偏差为________。

2. M10×1-6H 是________螺纹，螺距是________ mm，6H 是________的公差代号。

拨　叉			比例	1:1		
			件数	1		
制图	（签名）	（　年　月　日）	质量		材料	HT200
描图						
审核						

裁　剪　线

4-6 看懂泵体零件图，想象零件的结构形状，回答下列问题并完成 *C* 向视图

其余 ✓

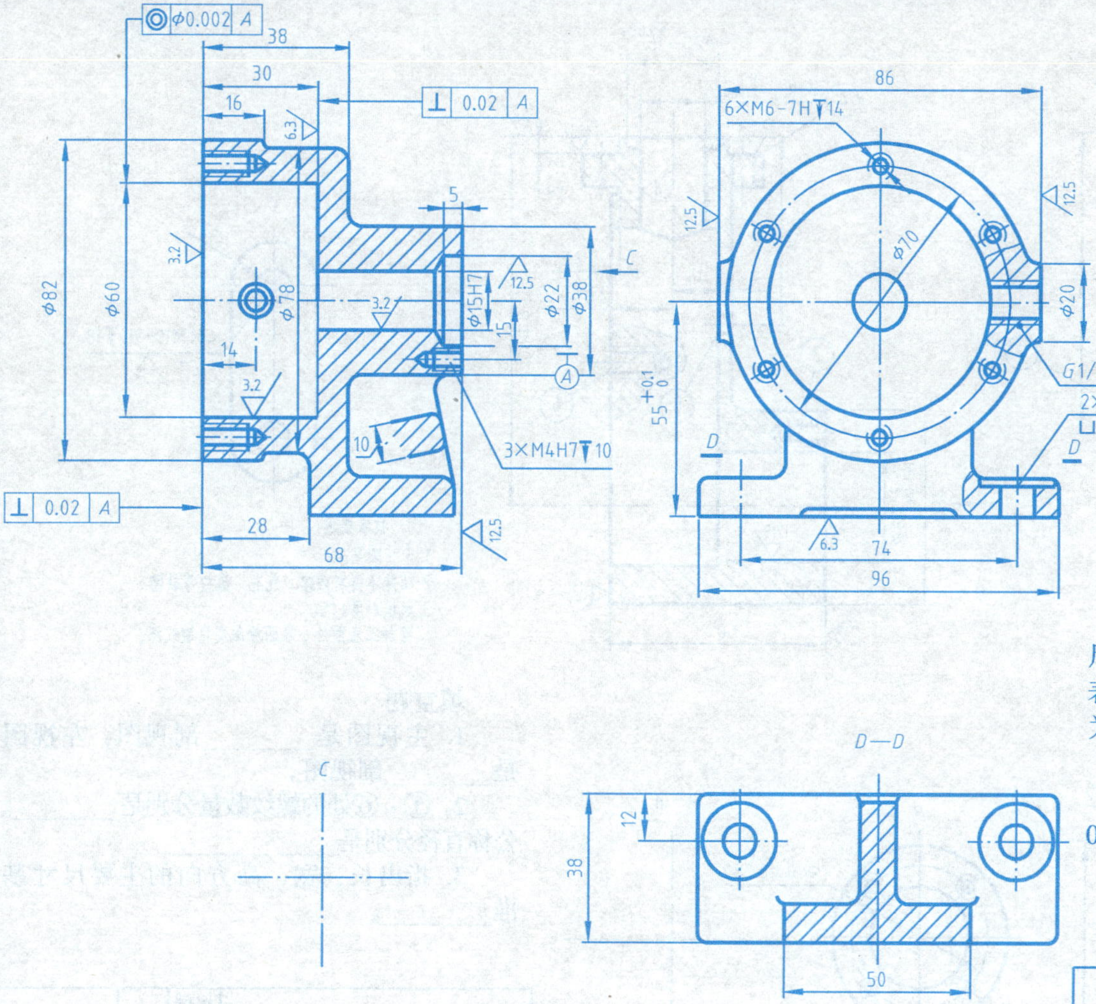

$\bigcirc$ $\phi0.002$ A

38
30
16
6.3
⊥ 0.02 A

3.2

$\phi82$
$\phi60$
$\phi78$

3.2
14
3.2
⊥ 0.02 A
28
68
12.5

5
$\phi15H7$
12.5
15
$\phi22$
$\phi38$
C
A
10
3×M4H7▽10

86
6×M6-7H▽14
12.5
12.5
$\phi70$
$\phi20$
G1/8
$55^{+0.1}_{0}$
D
D
2×$\phi9$
⊔$\phi20$
6.3
74
96

技术要求
1. 未注铸造圆角 $R2\sim R4$。
2. 铸造不允许有砂眼及缩孔。

填空题

1. *D—D* 是_____剖视图。

2. 尺寸 $\phi15H7$ 中，$\phi66$ 表示_____尺寸，H7 表示_____，H 是_____，7 表示_____，上偏差为_____，下偏差为_____，公差为_____。

3. G1/8 表示_____。

4. 说明 ⊥ 0.02 A 中，⊥表示_____，0.02 表示_____，A 表示_____。

C

D—D

12
38
50

	泵 体		比例	1:1
			件数	1
制图	(签名)	(年 月 日)	质量		材料	HT200
描图						
审核						

4-7 看懂底座零件图，想象该零件的结构形状，完成填空题并画全左视图和 *A*—*A* 断面图

其余 ▽

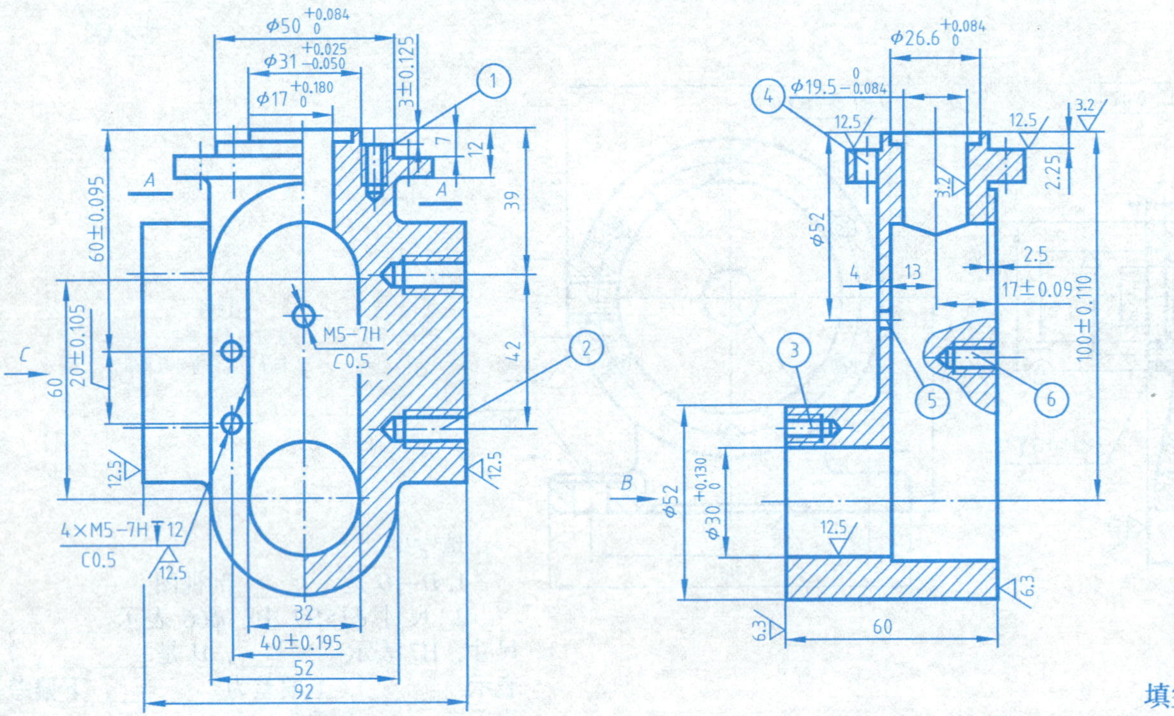

ϕ50 +0.084 0
ϕ31 +0.025 −0.050
ϕ17 +0.180 0
3±0.125
A
A
60±0.095
20±0.105
60
C
M5−7H
C0.5
4×M5−7H ↧12
C0.5
12.5
32
40±0.195
52
92
39
42
7
12
ϕ26.6 +0.084 0
ϕ19.5 0 −0.084
2.25
3.2
ϕ52
4
13
2.5
17±0.09
100±0.110
B
ϕ52
ϕ30 +0.130 0
6.3
60
1
2
3
4
5
6

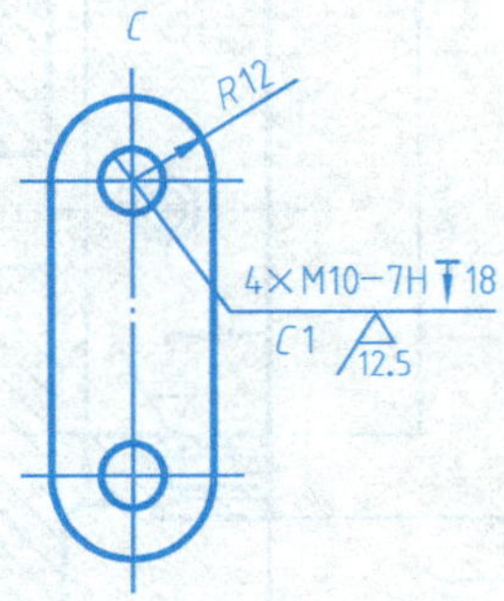

C
R12
4×M10−7H ↧18
C1
12.5

技术要求

1. 未注圆角*R*3。
2. 铸件不得有砂眼、气孔、裂纹等缺陷。
3. 起模斜度1∶50。
4. 除加工表面外，表面涂深灰色皱纹漆。

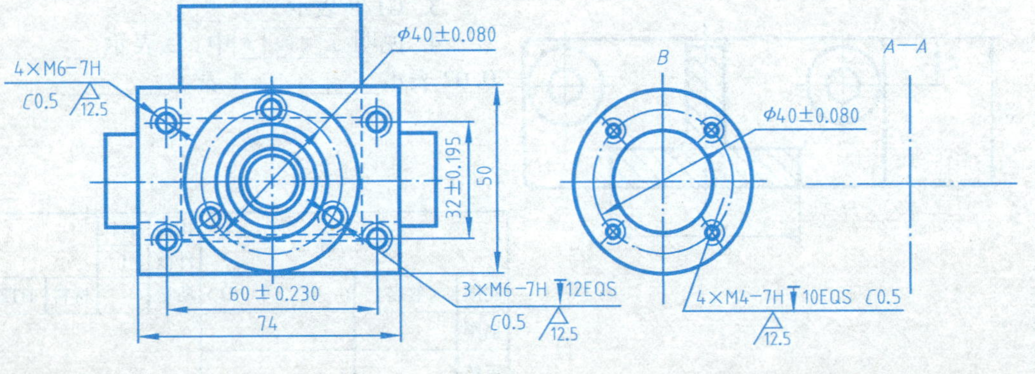

4×M6−7H
C0.5
12.5
ϕ40±0.080
32±0.195
50
60±0.230
74
3×M6−7H ↧12EQS
C0.5
12.5
B
ϕ40±0.080
4×M4−7H ↧10EQS C0.5
12.5
A—A

填空题

1. 主视图是________剖视图，左视图是________剖视图。
2. ①～⑥处的螺纹数量分别是________。公称直径分别是______________。
3. 指出长、宽、高方向的主要尺寸基准________。

底　座			比例			
			件数	1		
制图	（签名）	（　年　月　日）	质量		材料	HT200
描图						
审核						

班级　　姓名　　学号　　审核

裁剪线

4-8 看懂端盖零件图，完成填空并画出零件右视外形图

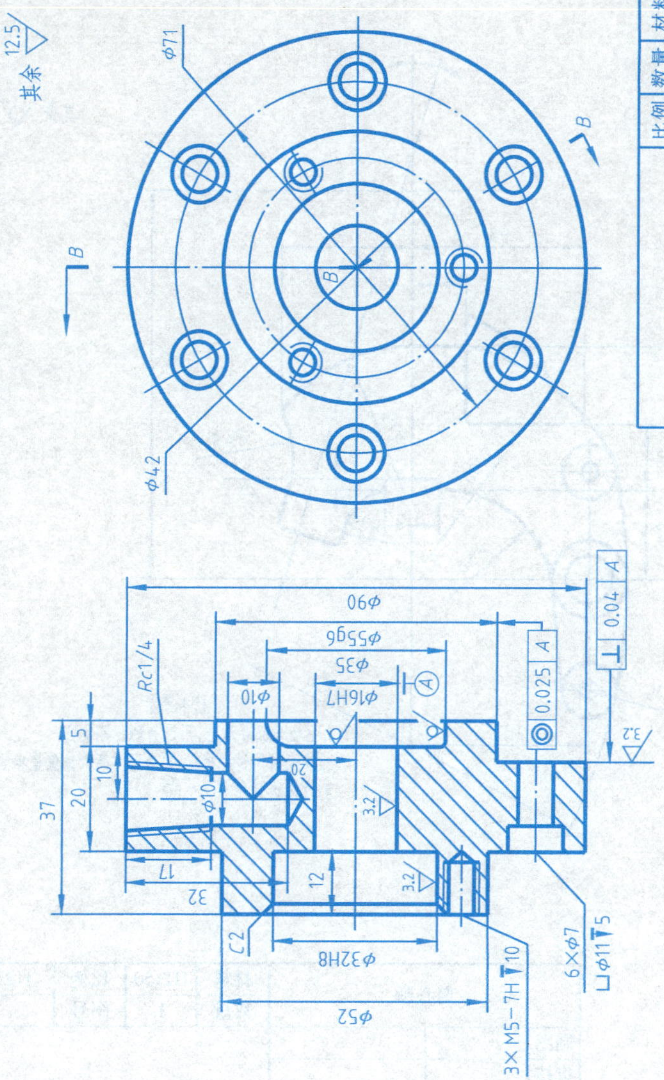

端盖		比例	数量	材料
		1:1	1	HT150
设计				
校核				

看懂端盖零件图，回答下列问题。

1. 零件的主视图采用了____剖的____剖视图。
2. 右端面上 φ10 孔的定位尺寸为____。
3. 左端面表面粗糙度为____。
4. φ55 的同轴度公差的基准要素是____。
5. 六个沉孔的尺寸为____。
6. 零件上有几个螺纹孔____。
7. 写出 Rc1/4 的含义____。
8. 说出垂直度公差框格的含义____。
9. 查表并写出 φ32H8 的极限偏差____。
10. 画出零件的右视外形图。

4-9 读懂零件图，并回答问题

1. 此零件毛坯为何种方法制造而成?
2. 此零件采用了哪些表达方法?

其余 √

A

80
46
5
10
18
R125
R18
R122.5
R18
25
20
10
1
25
50
30
50
25

A

12.5
6.3
6.3
14
8
6
30
1
12
φ15
R100
6.3

45
3
30
25
M5-7H
15
10
$φ22H6({}^{+0.13}_{0})$
6.3
φ35
I
16
C1
25
2×M10-7H
20
4
$25h6({}^{0}_{-0.013})$

I
2:1

25
φ3
45°
3

17°
80
60
25
175
105
30
R75
R100
40
R45
25
R50
25
R25
2×φ25
R250
82.5

技术要求
1. 毛坯表面要清洁，不许有砂眼等缺陷。
2. 装配前须过秤校正，要求两支离心锤重量相等。
3. 为铸造圆角 R3~R6。

离心锤	材料	HT150	比例	1:2
	数量	1	图号	
制图				
审核				

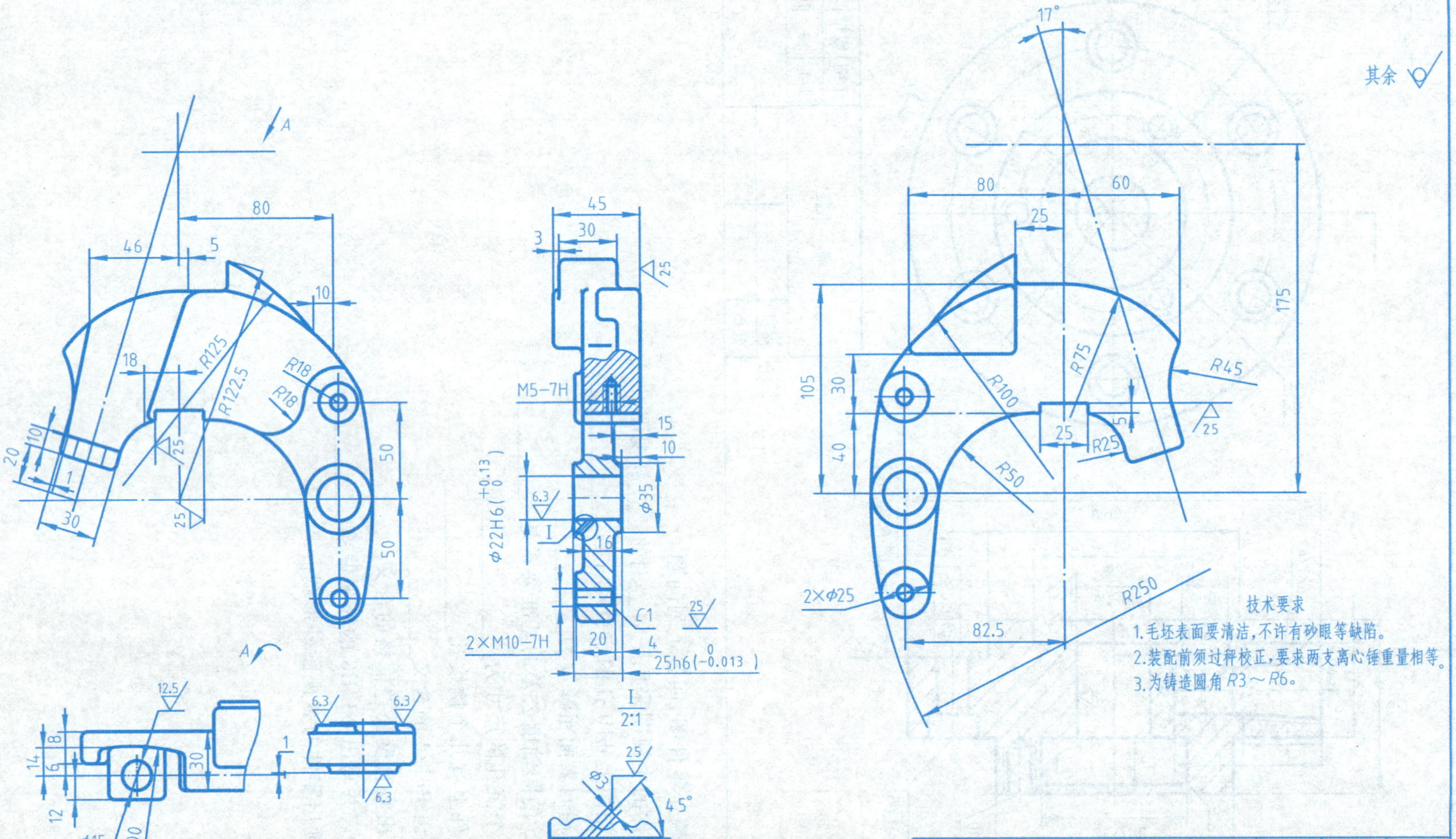

4-10 读懂零件图，并回答问题

1. 此零件采用了哪些表达方法？

2. 找出长宽高三方向的尺寸基准，在图上标出来。

3. 图中有多少个螺纹孔，都是些什么规格？

4. M8-7H 表示什么含义？

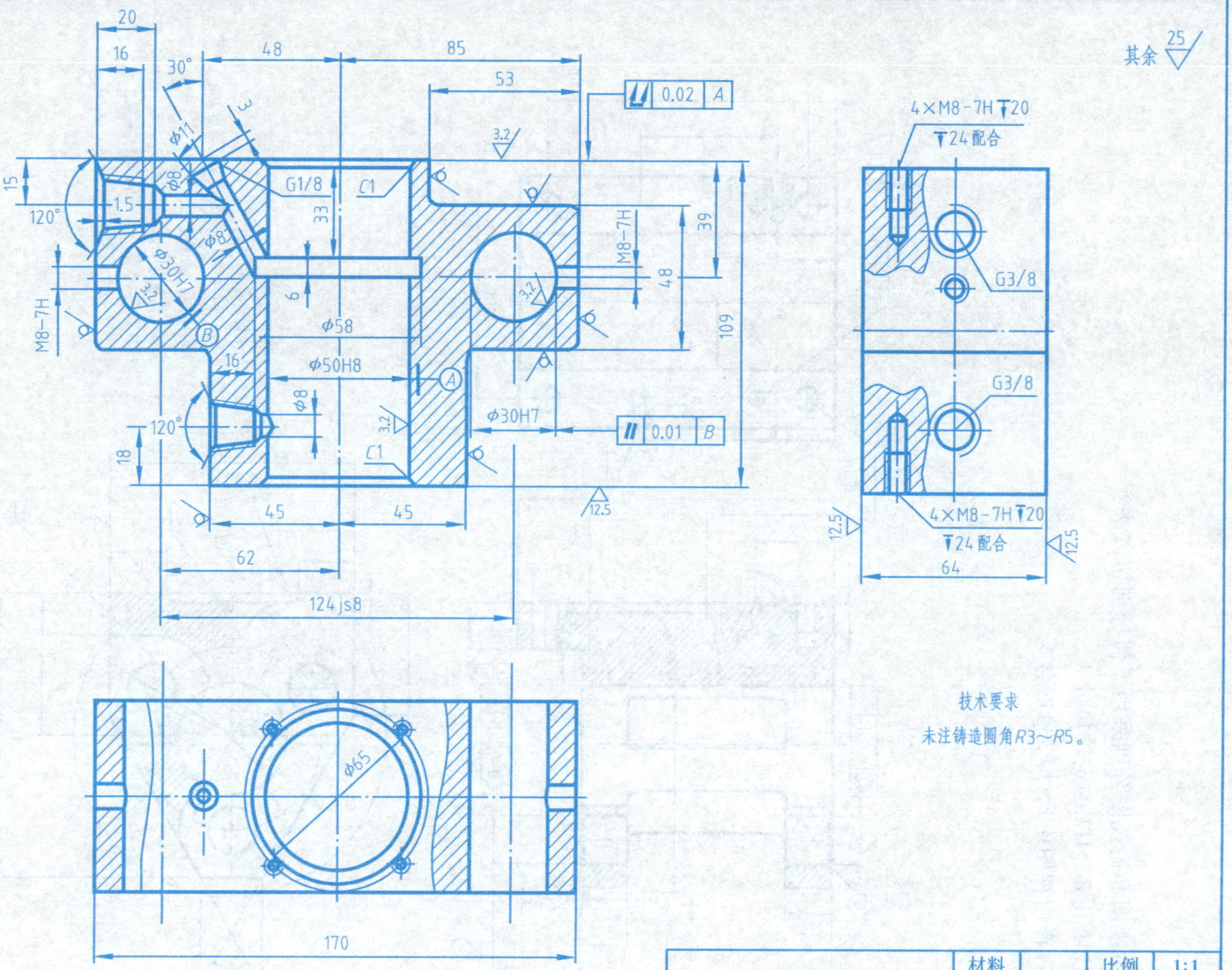

技术要求

未注铸造圆角 $R3\sim R5$。

挡块气缸		材料		比例	1:1
		数量	1	图号	
制图					
审核					

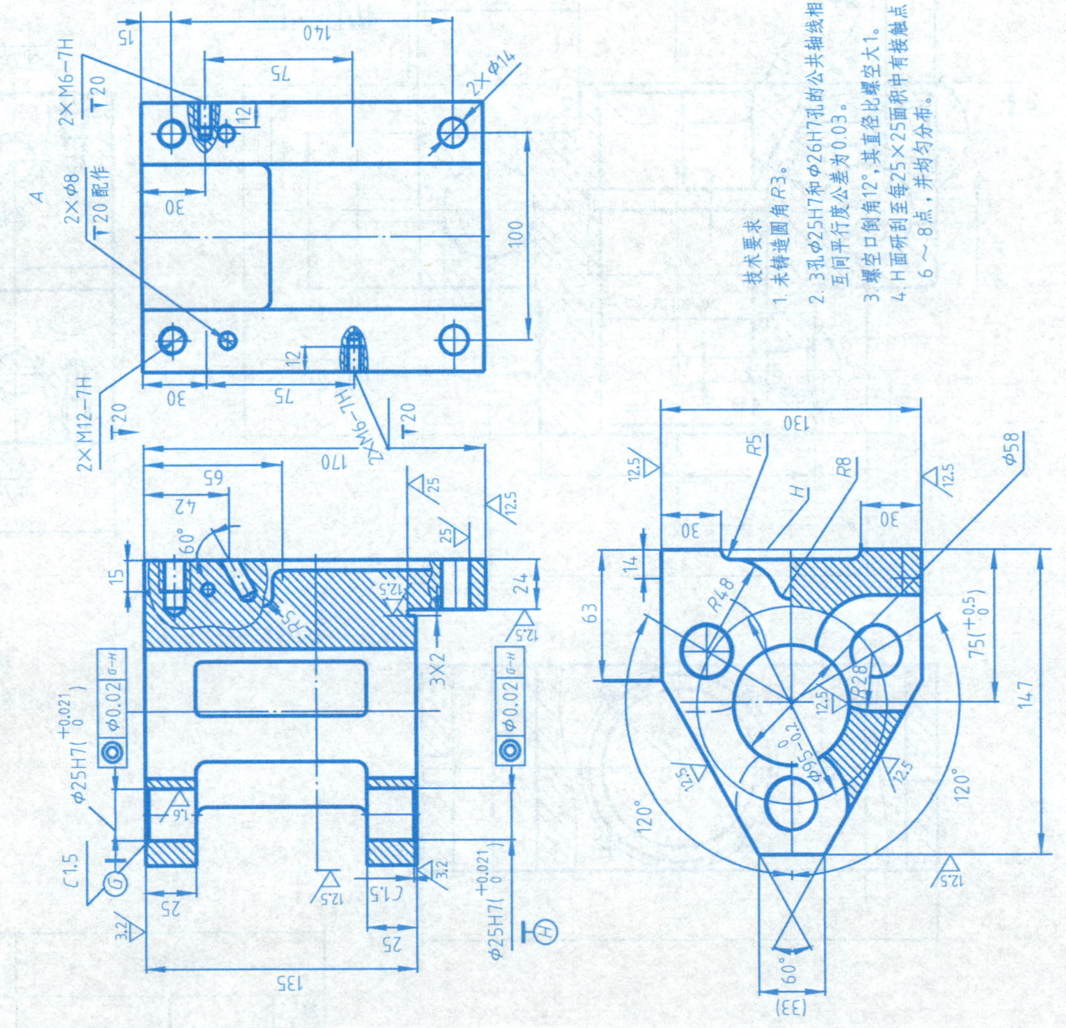

1. 主视图和俯视图分别采用了何种剖切方法？
2. 找出孔 $\phi25$H7 的定位尺寸。
3. 解释俯视图中尺寸(33)的含义。

技术要求
1. 未铸造圆角 $R3$。
2. 3孔 $\phi25$H7和 $\phi26$H7孔的公共轴线相互间平行度公差为0.03。
3. 螺孔口倒角12°，其直径比螺孔大1。
4. H面研到至每25×25面积中有接触点6～8点，并均匀分布。

壳体	比例	数量	材料
	1:2	1	HT150
设计			
校核			

 班级 姓名 学号 审核

裁剪线

裁

剪

线

4-12 运用计算机绘制零件图（一）

齿数	z	25
量柱测量距	M_R	$136.57_{-0.25}^{\ 0}$
量柱直径	d_R	$10.16_{\ 0}^{+0.01}$
齿形		按 GB/T 1243—1997

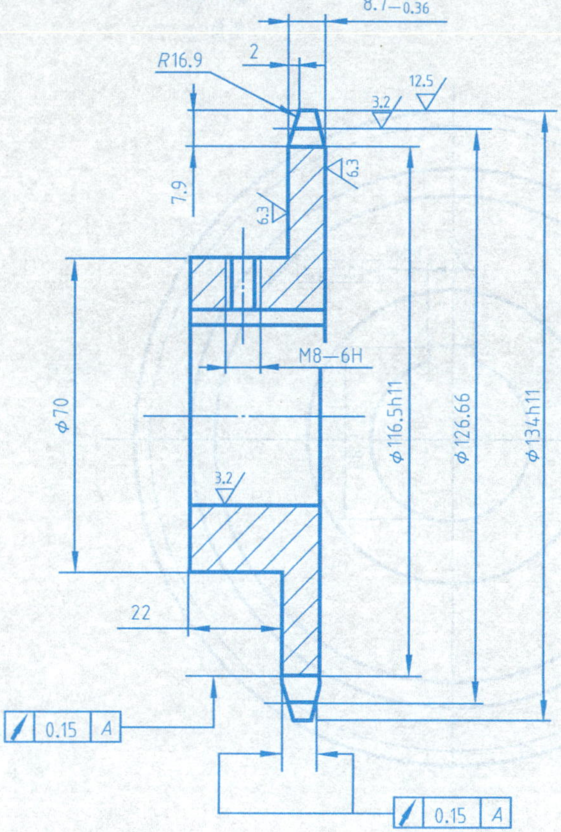

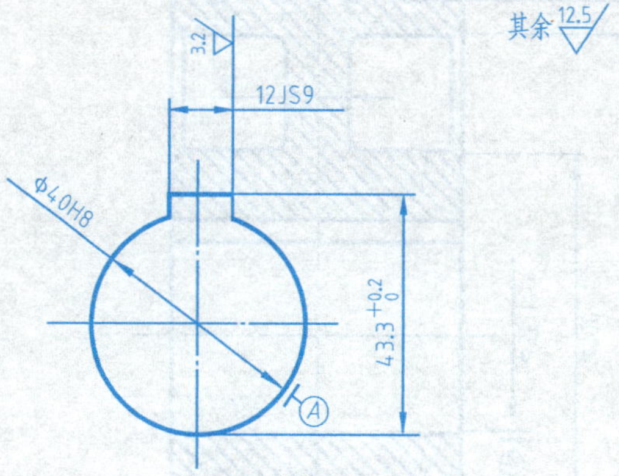

技术要求

1. 齿面淬火硬度 48~52HRC。
2. 锐边倒角 C0.5。

				设计			图样标记	S	喂入辊链轮
				制图			材料	比例	
				描图			45	1:1	
				校对			共 张 第 张		
				工艺检查			上主刺机		
				标准化检查					
标记	更改内容或依据	更改人	日期	审核					

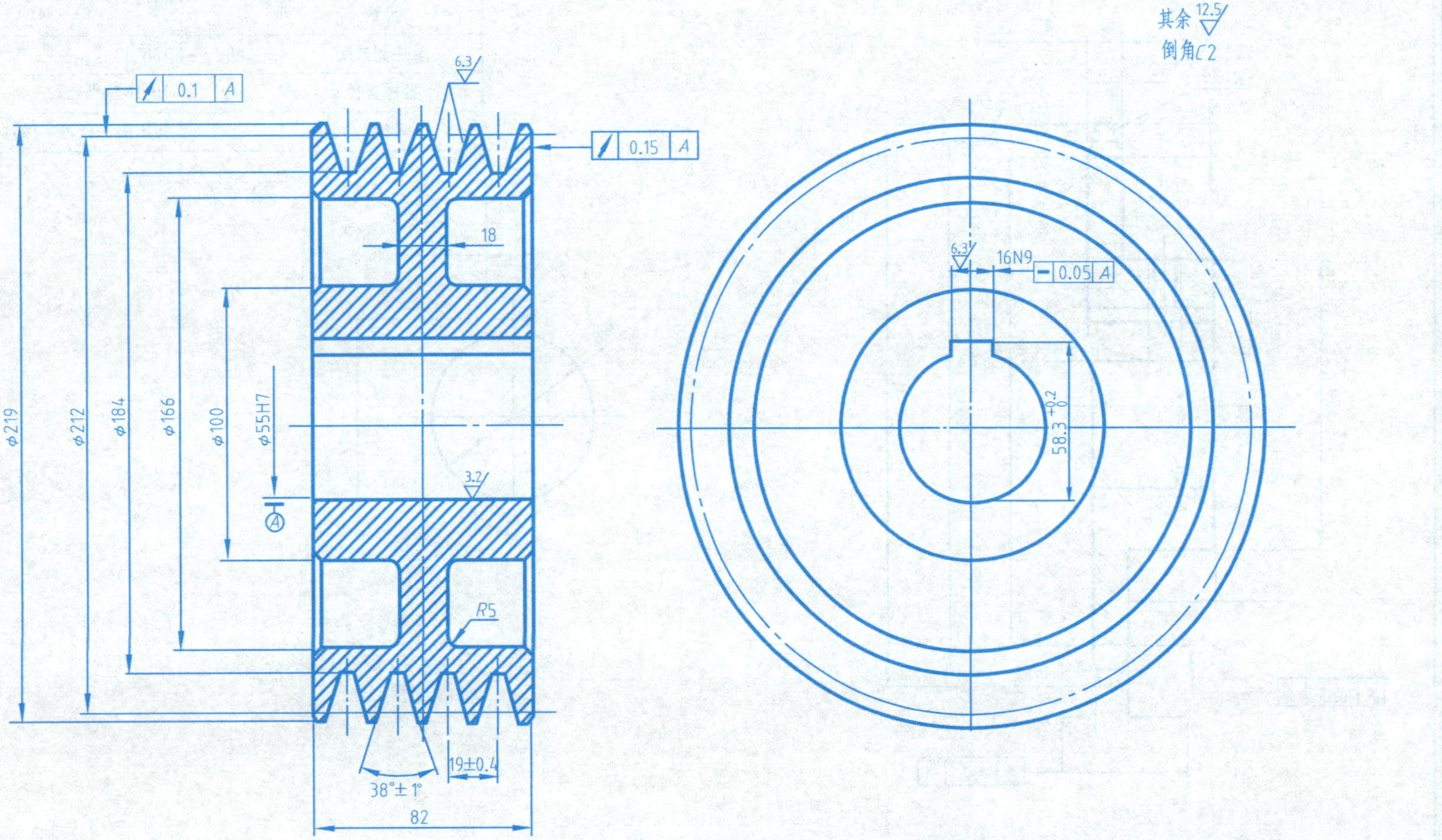
其余 12.5
倒角C2
6.3
0.1 A
0.15 A
18
6.3
16N9
0.05 A
φ219
φ212
φ184
φ166
φ100
φ55H7
58.3 +0.2 0
3.2
A
R5
38°±1°
19±0.4
82

标记	更改内容或依据	更改人	日期					
				设计			图样标记 S	
				制图			材料 / 比例	
				描图			HT200 / 1:1	
				校对			共 张 第 张	带轮
				工艺检查			上主针刺机	
				标准化检查				
标记	更改内容或依据	更改人	日期	审核				

裁

剪

线

 班级 姓名 学号 审核

4-12 运用计算机绘制零件图（三）

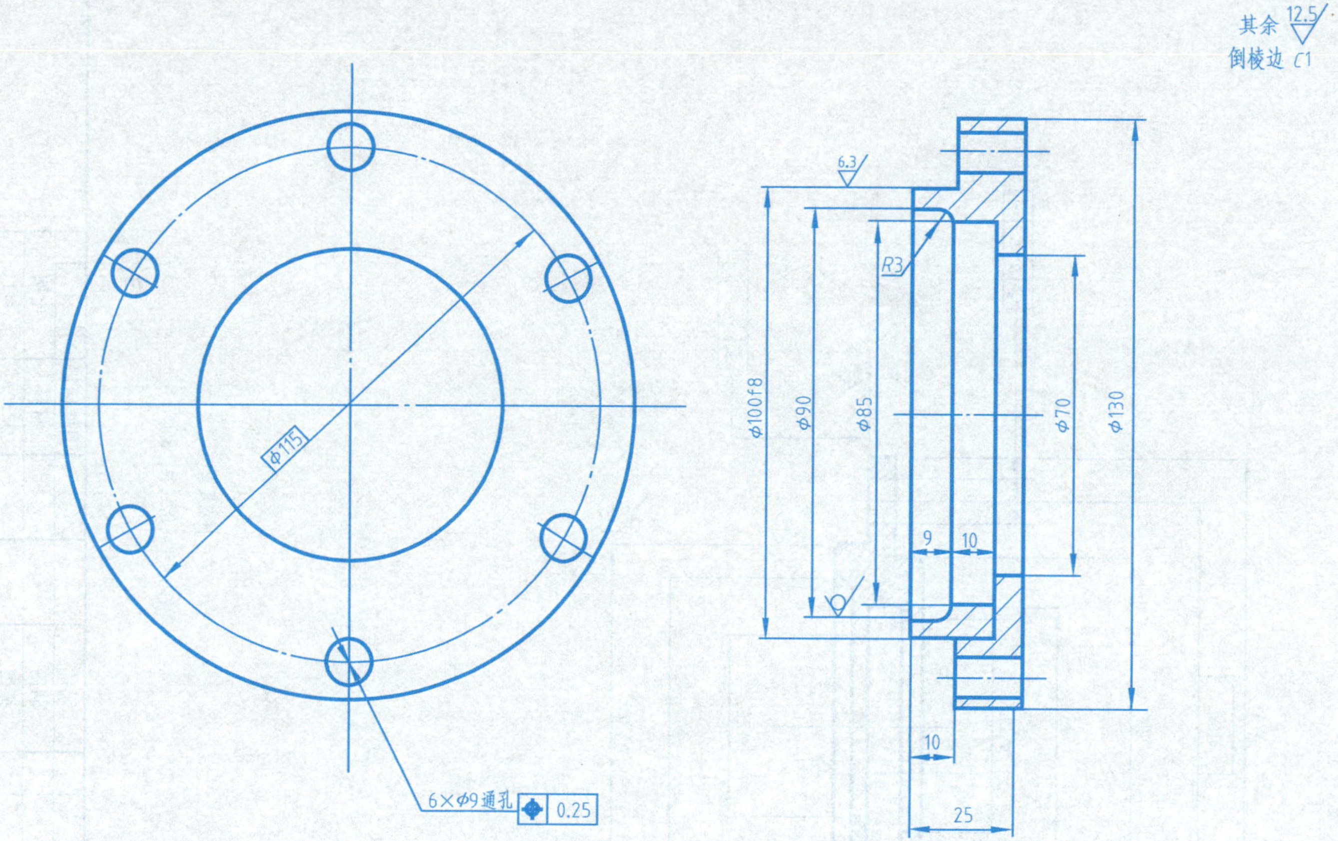

其余 12.5
倒棱边 C1
6.3
R3
ϕ100f8
ϕ90
ϕ85
ϕ70
ϕ130
9
10
10
25
ϕ115
6×ϕ9通孔
0.25

				设计			图样标记	S	
				制图			材料	比例	
				描图			HT200	1:1	
				校对			共 张 第 张		轴承盖
				工艺检查			上主针刺机		
				标准化检查					
标记	更改内容或依据	更改人	日期	审核					

班级　　姓名　　学号　　审核

裁　剪　线

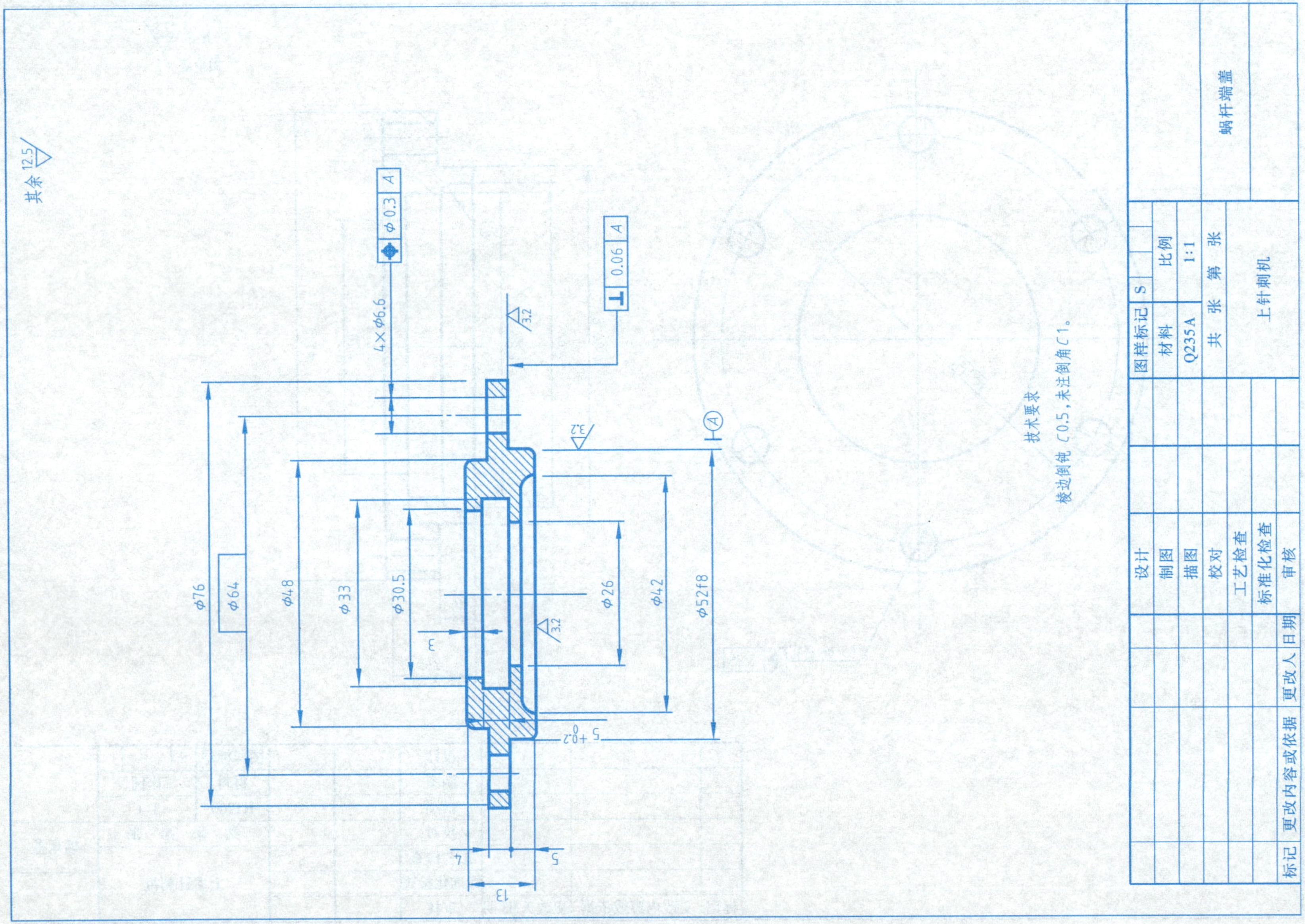
其余 12.5
4×φ6.6
φ0.3 A
⊥ 0.06 A
3.2
φ76
φ64
φ48
φ33
φ30.5
φ26
φ42
φ52f8
3
5 +0.2 0
4
5
13
A
技术要求
棱边倒钝 C0.5，未注倒角 C1。
蜗杆端盖
图样标记 S
材料 Q235A
比例 1:1
共 张 第 张
上针刺机
设计
制图
描图
校对
工艺检查
标准化检查
审核
标记
更改内容或依据
更改人
日期

裁剪线

班级 姓名 学号 审核

裁

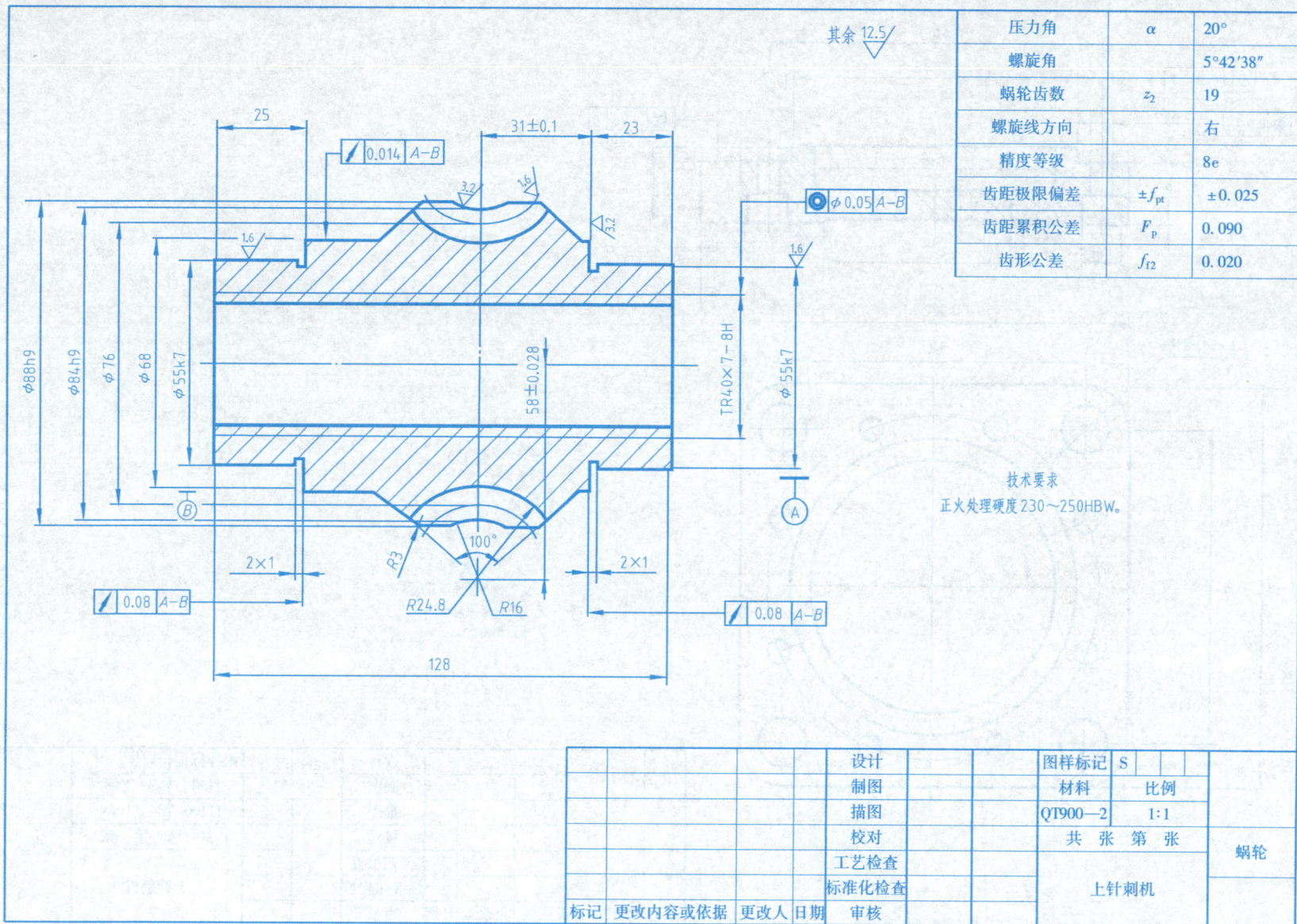

剪

线

4-12 运用计算机绘制零件图（五）

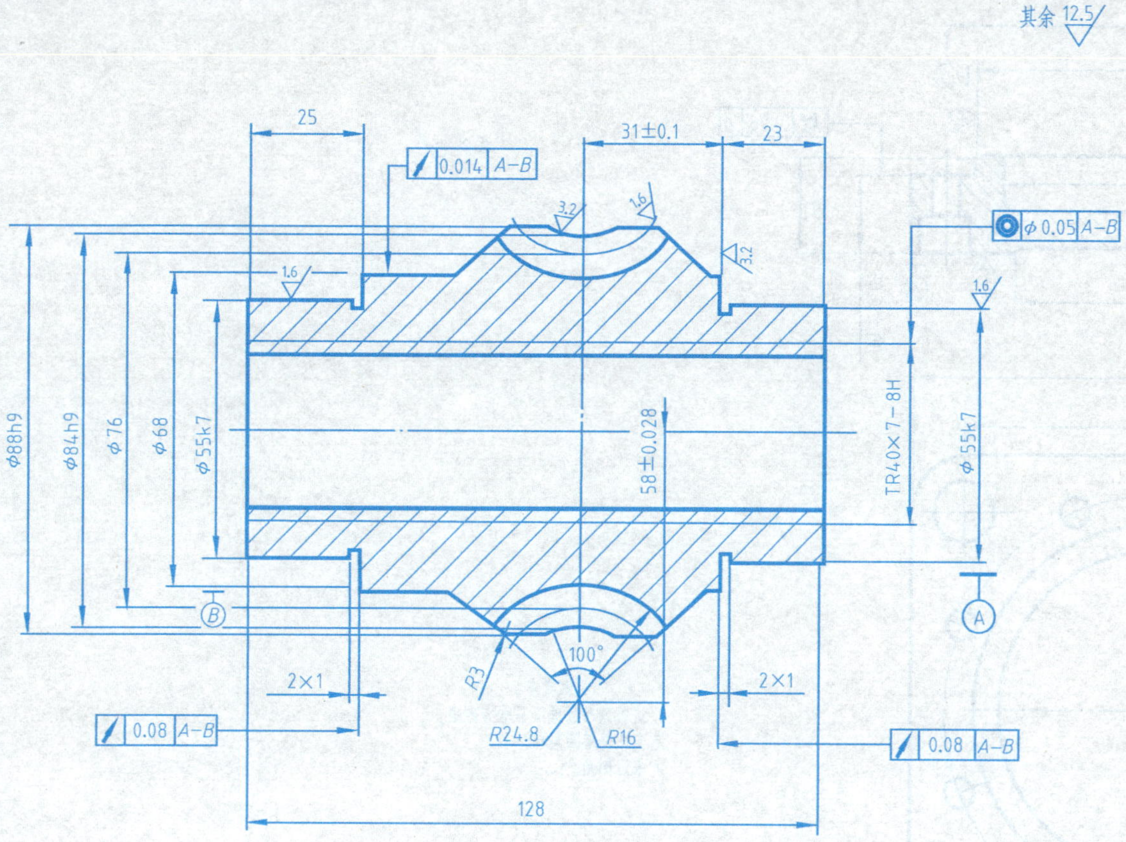

其余 12.5
25
31±0.1
23
0.014 A−B
ϕ 0.05 A−B
3.2
1.6
3.2
1.6
1.6
ϕ88h9
ϕ84h9
ϕ76
ϕ68
ϕ55k7
58±0.028
TR40×7−8H
ϕ55k7
B
A
100°
R3
2×1
2×1
R24.8
R16
0.08 A−B
0.08 A−B
128

压力角	α	20°
螺旋角		5°42′38″
蜗轮齿数	z_2	19
螺旋线方向		右
精度等级		8e
齿距极限偏差	$\pm f_{pt}$	±0.025
齿距累积公差	F_p	0.090
齿形公差	f_{f2}	0.020

技术要求

正火处理硬度230～250HBW。

				设计			图样标记	S		蜗轮
				制图			材料	比例		
				描图			QT900—2	1:1		
				校对			共 张 第 张			
				工艺检查						
				标准化检查			上针刺机			
标记	更改内容或依据	更改人	日期	审核						

4-12 运用计算机绘制零件图（六）

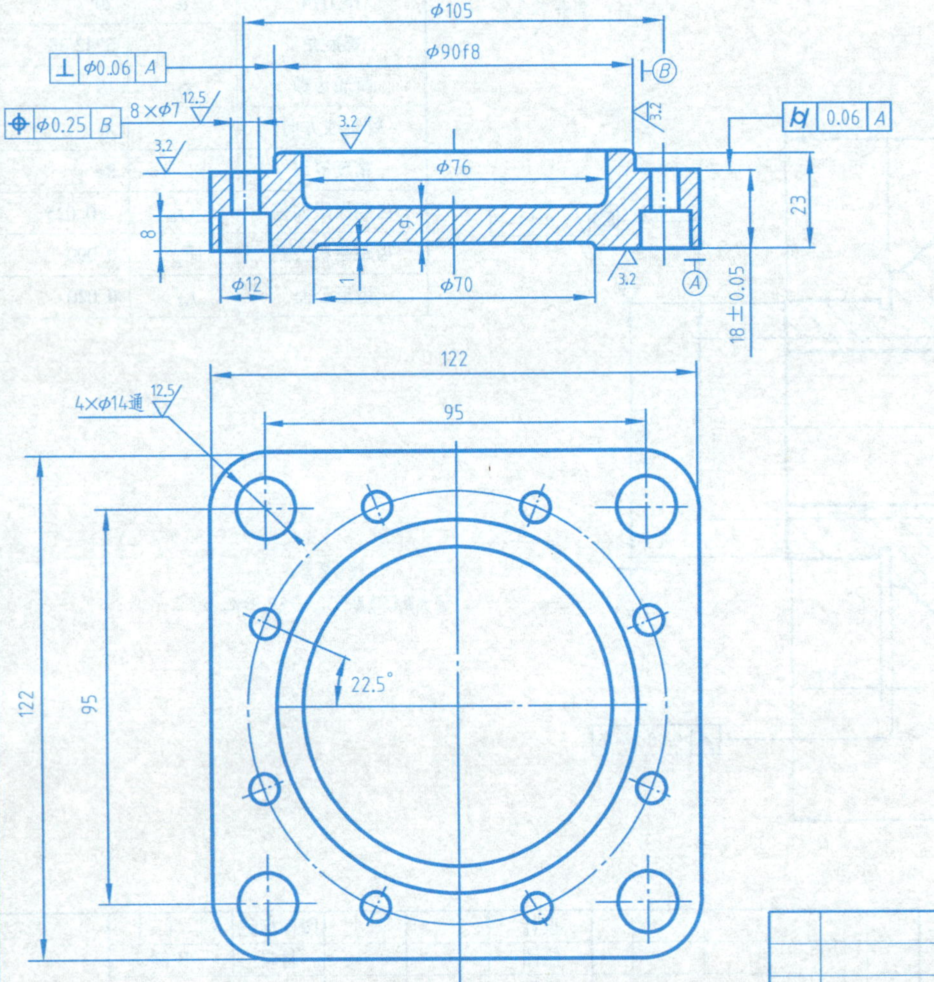

φ105
φ90f8
⊥ φ0.06 A
B
⌖ φ0.25 B
8×φ7
12.5
3.2
3.2
3.2
3.2
0.06 A
其余
φ76
9
23
8
φ12
1
φ70
A
18±0.05
122
4×φ14通
12.5
95
122
95
22.5°

技术要求

1. 进行清砂处理，不准有砂眼。
2. 未注铸造圆角$R3$。
3. 未注倒角$C1$。

				设计		图样标记 S	底座
				制图		材料 / 比例	
				描图		HT200 / 1:1	
				校对		共 张 第 张	
				工艺检查		上针刺机	
				标准化检查			
标记	更改内容或依据	更改人	日期	审核			

 班级 姓名 学号 审核

裁 剪 线

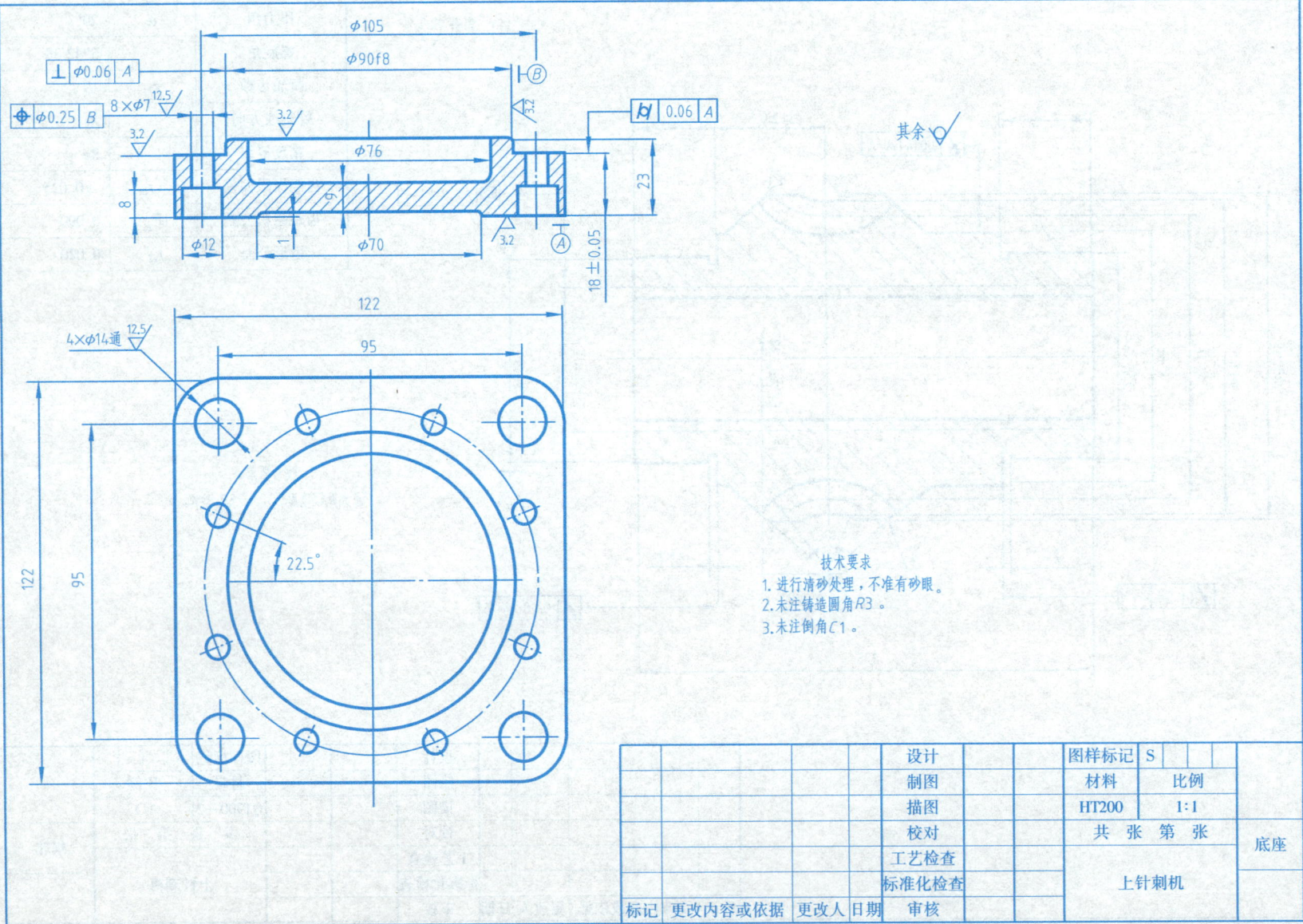

裁
剪
线

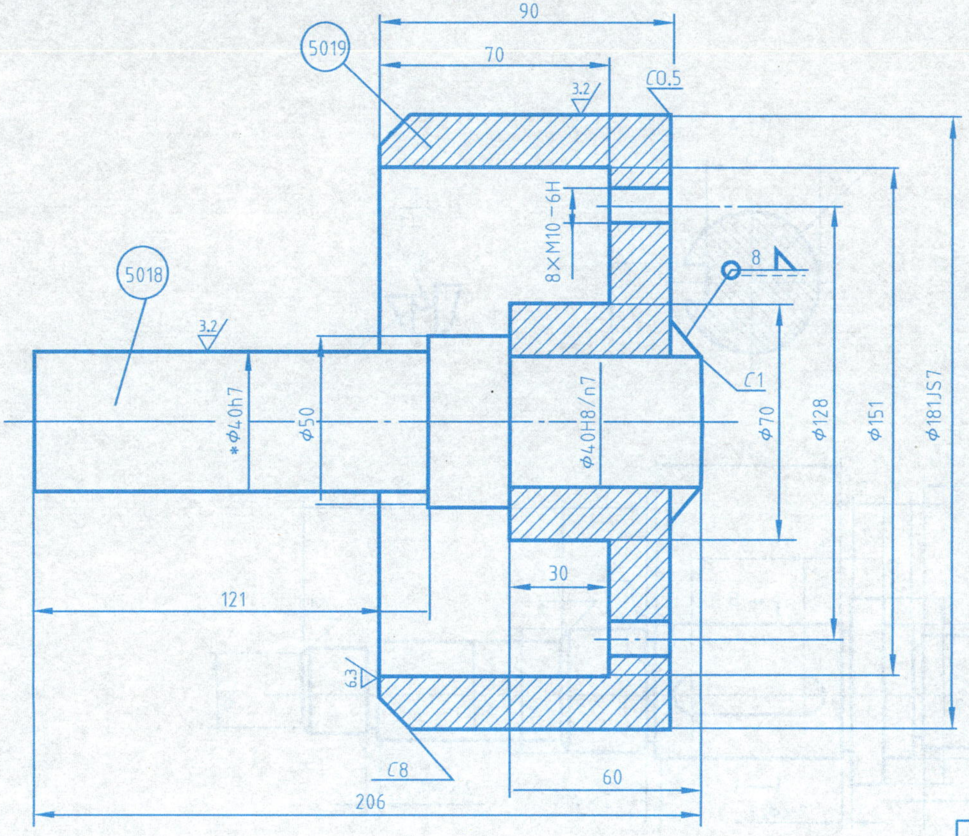

90
70
5019
3.2
C0.5
其余 12.5
8×M10-6H
8
5018
3.2
*φ40h7
φ50
φ40H8/n7
C1
φ70
φ128
φ151
φ181JS7
30
121
6.3
C8
60
206

技术要求

1. 锐边倒钝。
2. 焊缝不得有夹渣、气孔及裂纹等缺陷。
3. 带“*”尺寸与简体结合后加工。

代号	名称	数量	材料或规格	备注
QBG421-5019	堵头	1	Q235A	无图
QBG421-5019	喂入辊轴(1)	1	45	无图

				设计		图样标记	S
				制图		材料	比例
				描图			1:1
				校对		共 张 第 张	左堵头结合件
				工艺检查			
				标准化检查		上针刺机	
标记	更改内容或依据	更改人	日期	审核			

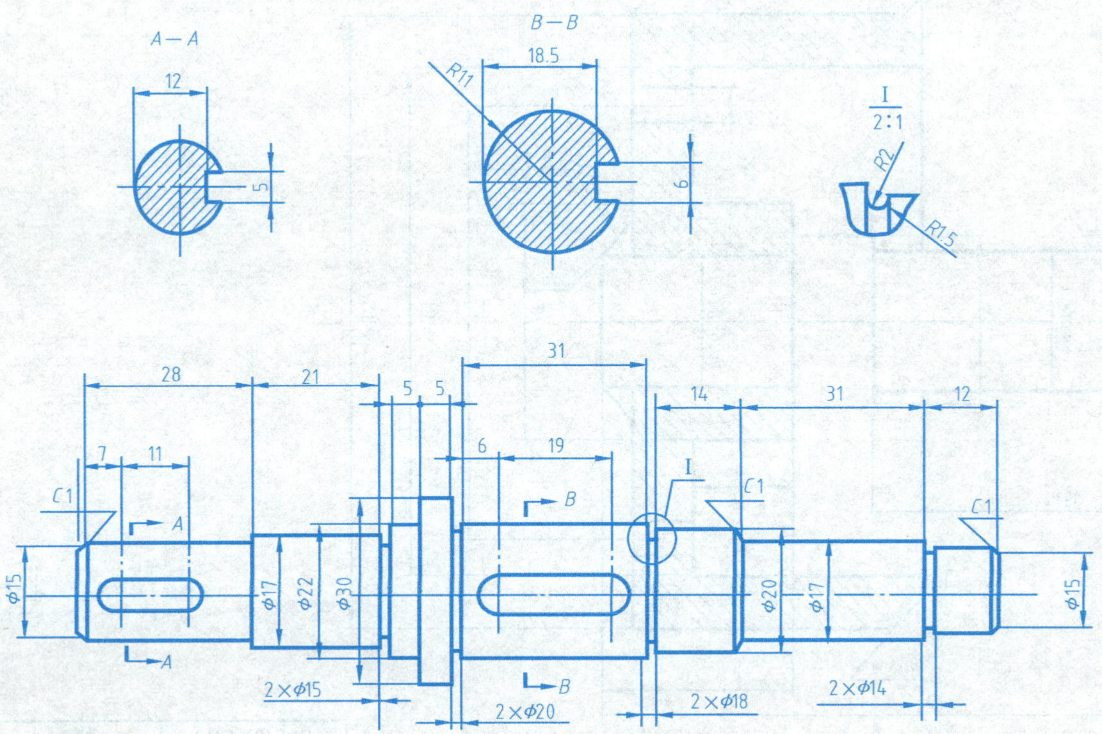
A—A
12
5
B—B
18.5
R11
6
I
2:1
R2
R1.5
28
21
5
5
31
14
31
12
7
11
6
19
C1
C1
C1
I
B
B
A
A
ϕ15
ϕ17
ϕ22
ϕ30
ϕ20
ϕ17
ϕ15
2×ϕ15
2×ϕ20
2×ϕ18
2×ϕ14

（图名）			比例		（图号）	
			件数			
制图		（日期）	质量		材料	
描图		（日期）		（校名）		
审核		（日期）				

 班级 姓名 学号 审核

裁剪线

裁

剪

线

项目五　零件的测绘

5-1　盘套类零件的测绘（一）

一、作业目的

1. 了解零件图的内容及其在生产中的作用；了解绘制一张零件工作图的全过程。

2. 学习掌握徒手画零件草图和工作图的方法、步骤。

3. 学习运用视图、剖视图及剖面图等表达零件形状的方法。

4. 学习对轴套类、轮盘类等典型零件的表达方法及典型结构的查表方法。

5. 了解表面粗糙度、尺寸公差等技术要求的选取，掌握其标注方法。

6. 学习掌握尺寸基准的选择和尺寸标注的方法。

二、作业内容

1. 根据轴套类零件实物画零件草图，并整理成一张工作图。

2. 根据轮盘零件实物画零件草图，并整理成一张工作图。

三、作业指导

1. 测量尺寸时要注意的问题

1）对零件的缺陷，如铸造加工时的弊病及使用所造成的磨损，测量时要复原、圆整。对孔、轴径等标准尺寸，测量后应圆整到标准值，依标准值选取。一些非加工表面的尺寸，往往制造误差较大，测量后要圆整为最接近的整数。

2）对有配合的尺寸，一般先测出它的基本尺寸。其配合性质和相应的公差值，应分析测量结果后，再查阅公差与配合标准确定。

3）对于零件上的倒角、退刀槽、螺纹及键槽等典型标准结构要素的尺寸，应把测量结果与标准值核对，一般采用标准尺寸，以利制造。

4）要根据零件的尺寸精度采用相应的测量工具。对精度较低的尺寸可用内、外卡钳及金属直尺，对精度较高的尺寸应用游标卡尺、千分尺等工具测量。要正确使用测量工具，注意保管。

5）要正确选择测量基准面，应由测量基准面开始测量尺寸量避免尺寸换算，以减少误差和差错。

6）测完后零件要妥善保管，避免丢失和损坏。

2. 轴套类零件测量时应注意的问题

1）轴套类零件的结构特点。轴套类零件包括传动轴、支承轴及各类套，主要作用是支承其他零件，并传递运动和动力。轴的形状是由轴的作用和加工工艺决定的，主要结构是具有公共轴线的回转体。为使传动件与轴装配时方便和确定传动件的轴向位置，故轴多加工成各段直径不同的阶梯状。为固定传动件，轴上还有键槽、螺纹等，此外还有一些工艺结构，如倒角、四角、退刀槽，中心孔等。套是和轴配合使用的。制造时，一般根据其直径选取圆钢型号（由钢厂生产的成型产品），主要经车床进行车削加工。

2）表达方案的特点。根据轴的结构特征和加工特点，一般采用一个基本视图（主视图）轴线横放，大端在左，小端在右，注以直径尺寸即可将轴的主体表达清楚。轴上的键槽深度或其他结构等多采用断面表示；对轴上的细小结构，为了清楚表示和便于注尺寸，常采用局部放大图。套常在主视图中采用剖视图。

3）尺寸标注。轴的径向（宽度方向和高度方向）的主要基准是回转轴线，轴向（长度方向）的主要基准是重要的定位面（轴肩）。因主要形体是同轴组成的，因而省略了一些定位尺寸。轴的重要段轴向尺寸必须由主要基准直接注出，注意避免形成封闭尺寸链。注意键槽深度的标注方法，宽及长度的标注方法。

4）技术要求方面的特点。由于轴与传动件装配后的松紧程度和同轴度都有一定的要求，故轴上与传动件装配段的直径均为重要尺寸，键槽工作面的距离尺寸（宽度尺寸），也是重要尺寸，对重要尺寸的精度一般要求较高。为保证重要尺寸的准确度，相应的表面粗糙度要求也较高。轴是在整个机器中精度要求较高的一种零件，根据其用途，加工方法，重要的轴段表面和定位端面的表面粗糙度 R_a 值大都小于 1.6μm。

5）测量轴套零件 V1 时应注意的问题：

① 轴套上有一内螺纹孔为M10×1-64，内孔中有一螺纹退刀槽，尺寸为直径 ϕ10.4mm，宽 2mm。

② 轴套表面精度最高表面为 ϕ20mm 外柱面和与其相邻并垂直的端面，R_a = 1.6μm。两面的过渡处有一槽，可采用局部放大表达。该端面为定位端面。

③ 定位端面对 ϕ20mm 孔轴线的垂直度不大于 0.05mm，ϕ20mm 外柱面的尺寸公差带为 h7。

④ 材料为 ZAlSi12。

3. 测量轮盘类零件时应注意的问题

1）轮盘类零件的结构特点。轮盘类零件包括各种端盖、法兰盘等盘形零件和手轮，带轮等轮形零件，盘形零件主要作用是密封箱体、支承其他零件和定位、主体多为回转体和由回转体形成的孔，常有止口、安装用的通孔、密封槽及四角、倒角、退刀槽等工艺结构。轮形零件的主要作用是传递动力和转矩，常有轮缘、轮辐、轮毂、轴孔和键槽等结构。制造时，先由铸造或锻造成毛坯，然后在车床上加工主要端面。

2）表达方法的特点。

① 主视图的选择。与轴类零件相同，选择主视图时，常按主要加工位置摆放零件，一般使主要轴线垂直于侧面（且主视剖开为多）。但当端面形状复杂时，应以突出结构特征为主要选择主视图。

② 一般需要两个基本视图，其他必需图形的选择，可根据结构特征而定，如轮辐可用移出剖面或重合剖面表示。

③ 根据轮盘类结构特点，各个视图具有对称平面时，可作半剖视；无对称平面时可作全剖视。

3）尺寸标注。

① 该类零件的主要工作面为回转面和端面，它们的宽度和高度方向的主要基准也是回转轴线，长度方向的主要基准是经加工的较大端面，一般是该零件在装配体中长度方向的定位面，是与箱体或其他相连零件的接触表面。

② 定形尺寸和定位尺寸都比较明显，尤其是在圆周上分布的小孔径，注以定位圆直径，是这类零件的典型定位尺寸，多个小孔一般采用孔数×ϕd 的形式标注，均布不必注角度定位尺寸。

③ 内外结构及形状尺寸应整体注出，以保证尺寸标注的清晰。

4）技术要求。

裁　剪　线

① 有配合的内、外表面粗糙值较小（$R_a \leq 1.6\mu m$），轴向定位的端面表面粗糙度值也较小。

② 有配合的孔和轴的尺寸公差较小；与其他运动零件相接触的表面常有不平行度的要求。主要定位端面常有对轴线垂直度的要求。

5）测量端盖零件 V2 时应注意的问题：

① 该盘凸台上一螺纹孔为 M4-7H，以 $R16$ 定位。

② 复习教材的简化画法。注意肋板如按纵向剖切时不画剖切符号，且用粗实线与其相邻部分分开。均布在盘盖上的孔，不在剖切平面上时，可旋转到剖切平面上，然后再剖切画出其剖视图，不加任何标注。

③ 在标注尺寸时，先分析出长度方向酌定位端面，再进行标注。

④ 主要定位端面对于较大轴孔的轴线垂直度误差不大于 0.05mm，较大轴孔的尺寸公差带为 H8。与相连零件接触的外圆柱面的公差代号为 ϕ42h10。

⑤ 材料为 ZAlSi12。

四、作业课时

约 12 学时。

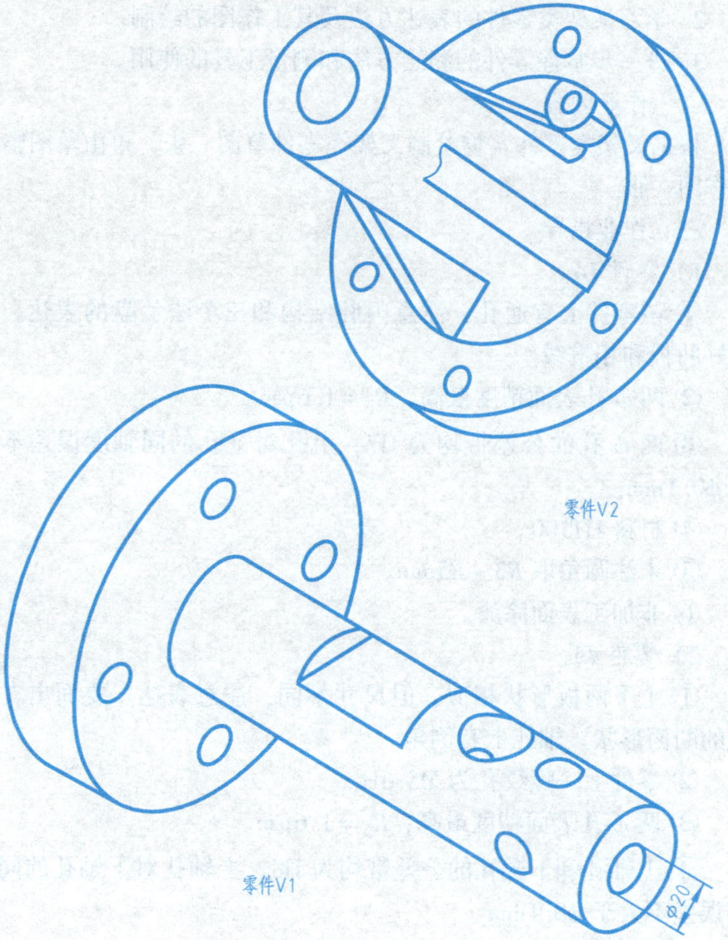

裁

剪

线

一、作业目的

1. 了解叉架类零件的用途、结构特点和加工制造方法。

2. 学习叉架类零件的表达方法及其工作图的绘制。

3. 进一步掌握零件的测绘方法和测量工具的使用。

二、作业内容

根据叉架类零件实物绘制叉架类零件草图一张，再由草图整理工作图一张。

三、作业指导

1）零件 *L4*。

① 该零件上有通孔，注意内腔结构和三个法兰盘的表达。处理好肋板和相贯线。

② 两 ϕ 孔表面精度最高，$R_a=1.6\mu m$。

③ 两 ϕ 孔的公差带均为 H7；上孔对下孔的同轴度误差不大于 ϕ0.1mm。

④ 材料 HT100。

⑤ 未注圆角取 *R*3 ~ *R*5mm。

⑥ 非加工表面涂漆。

2）零件 *L1*。

① 上下两板形状相似，但尺寸不同，注意表达。要画出支承板的断面形状。轴孔上有倒角。

② 零件上一螺纹孔为 M5-6H。

③ 两 ϕ 孔表面精度最高，$R_a=1.6\mu m$。

④ 上轴孔和下轴孔的公差带均为 H8，上轴孔对下轴孔的同轴度误差不大于 ϕ0.1mm。

⑤ 两圆柱结构的相邻表面距离误差不大于 ±0.3mm。

⑥ 材料 HT100。

3）零件 V8。

① 该零件要注意支承部分的形状、壁厚及底板形状的表达。

② 端面上各有四个螺纹孔，其尺寸为 M4-6H，螺纹深 10mm，注意不通孔螺纹的画法，光孔部分留有 2mm。

③ 区分加工表面与非加工表面，对称两中孔表面精度最高，$R_a=1.6\mu m$。

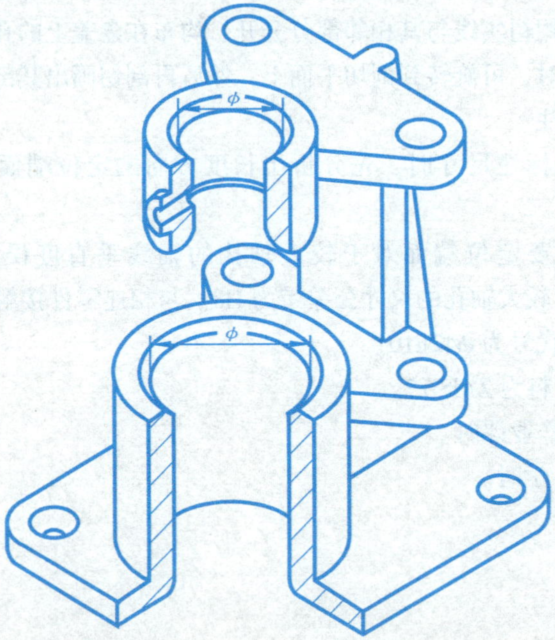

零件L1

裁 剪 线

裁

剪

线

④ 两 φ 孔的尺寸公差带均为 H8，两中孔轴线对底面的平行度误差均不大于 0.1mm，两孔的同轴度不大于 φ0.1mm。

⑤ 材料为 ZAlSi12。

四、作业课时

每个约 8 学时。

零件L4

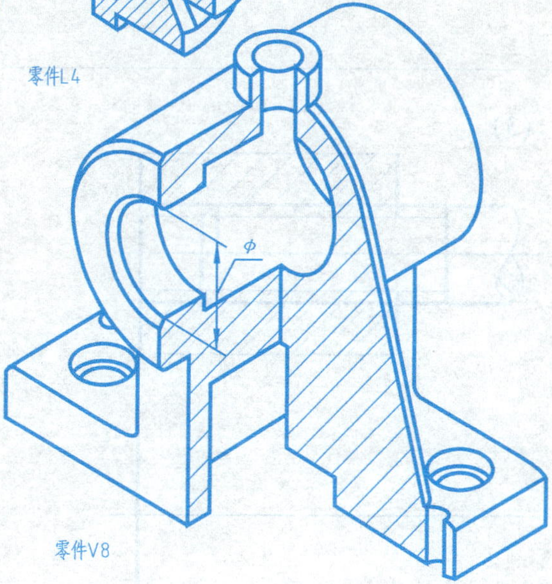

零件V8

1. 分析下列螺纹规定画法中的错误，将正确的画法画在下面位置上

(1)

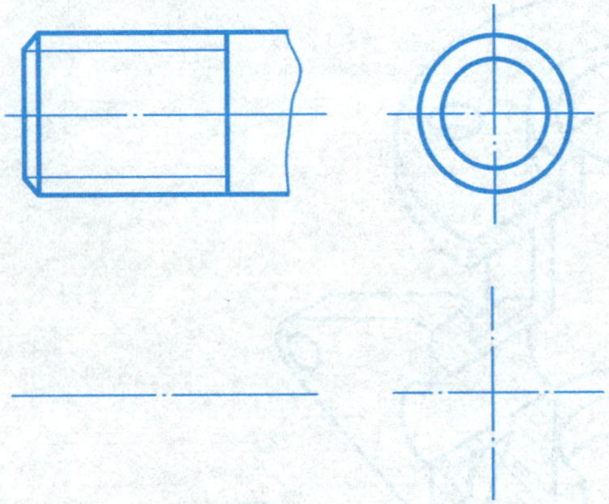

(2)

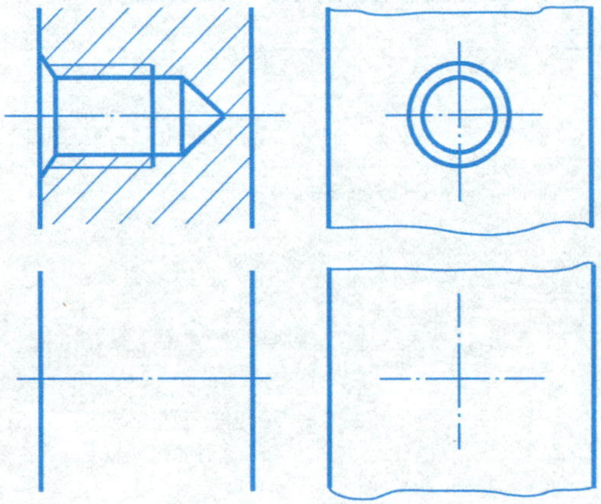

(3)

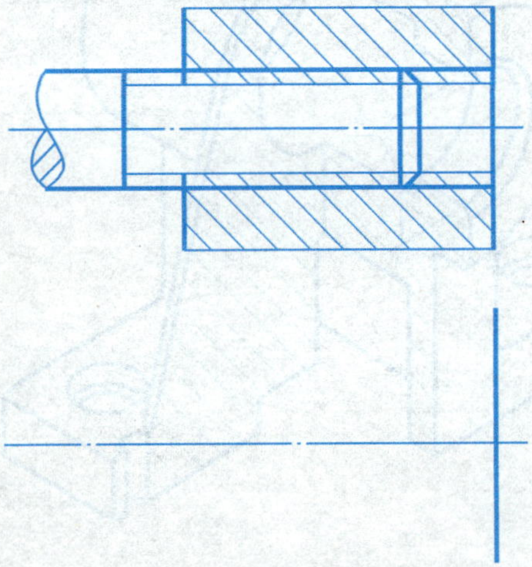

(4)

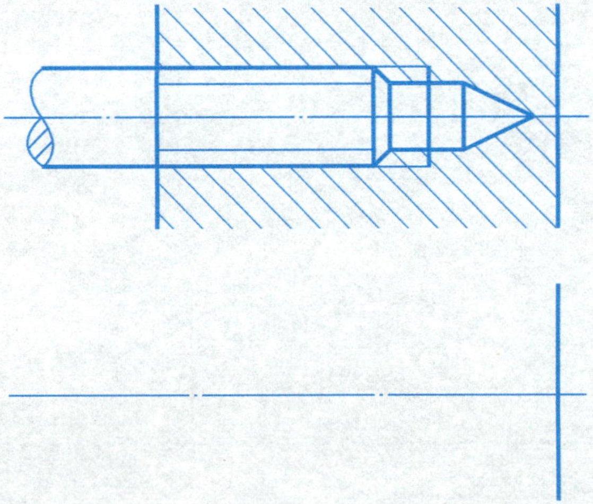

 班级 姓名 学号 审核

裁 剪 线

裁剪线

2. 根据给出的螺纹要素，标注螺纹的尺寸

（1）细牙普通螺纹，大径 30mm，螺距 1.5mm，单线，右旋，中径及顶径公差带代号 6g，短旋合长度

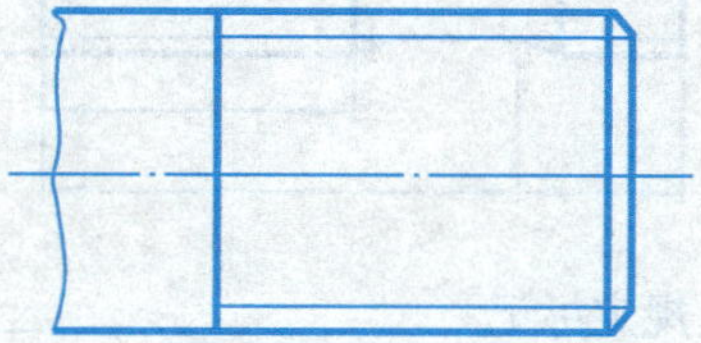

（2）圆柱管螺纹，尺寸代号 3/4

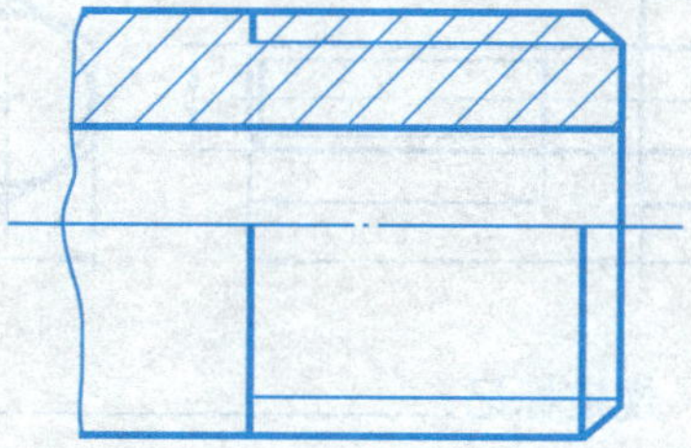

（3）梯形螺纹，大径 32mm，导程 8mm，双线，左旋

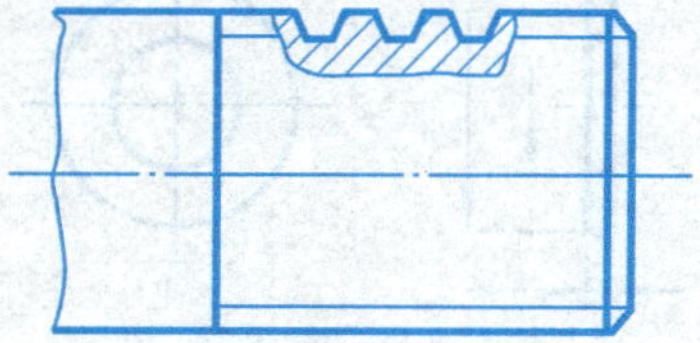

（4）粗牙普通螺纹，大径 24mm，螺距 3mm，单线，右旋，螺纹公差带：中径、小径均为 6H

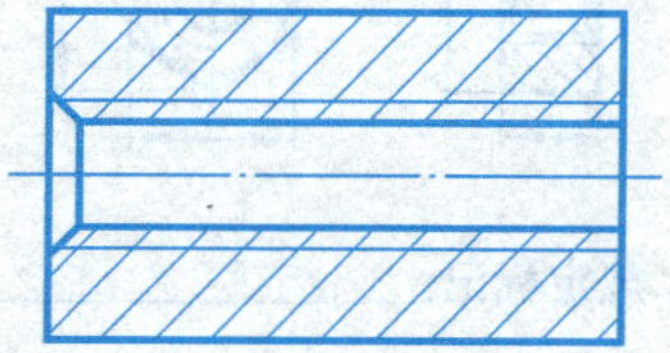

班级　　姓名　　学号　　审核

3. 根据已知条件查表填写螺纹连接件的尺寸并标注

（1）六角螺栓，公称直径为 12mm，公称长度为 40mm

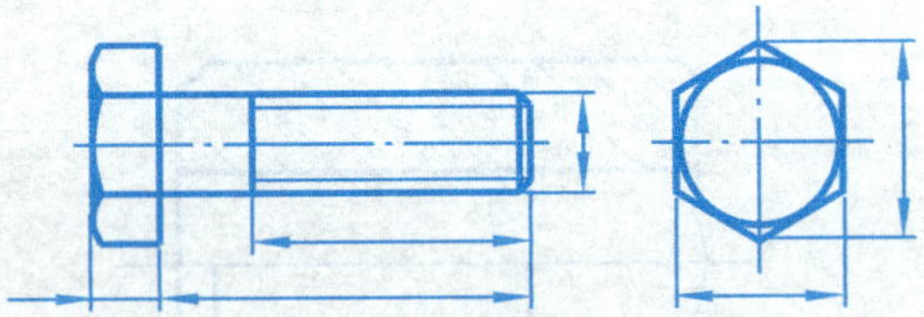

规定标记:________________

（2）B 型双头螺柱，公称直径为 12mm，公称长度为 50mm

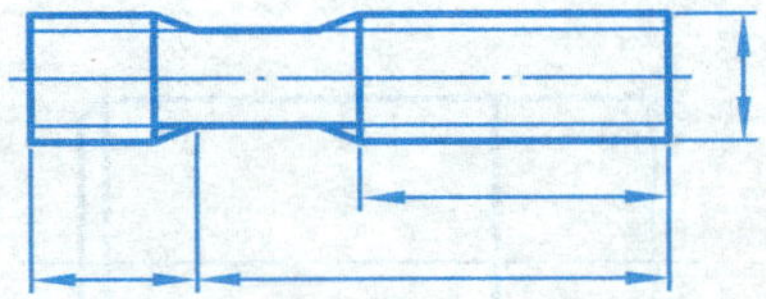

规定标记:________________

（3）Ⅰ型 A 级六角螺母，公称直径为 12mm

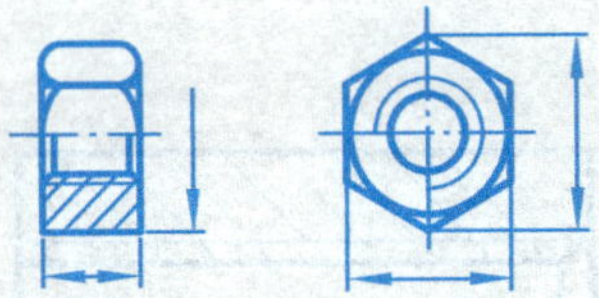

规定标记:________________

（4）平垫圈——A 级。公称直径 12mm

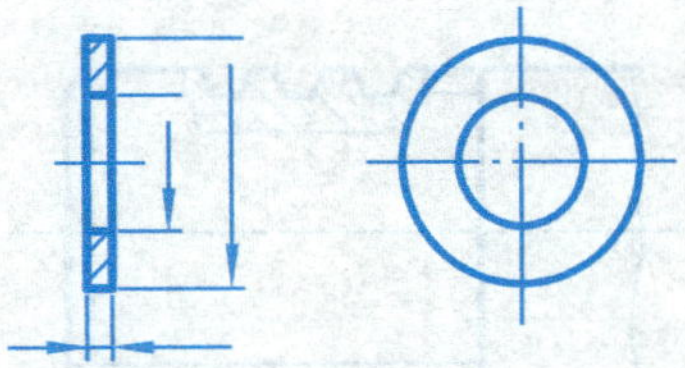

规定标记:________________

裁 剪 线

4. 已知下列螺纹的代号，试识别其意义并填表

螺纹代号	螺纹种类	大径	螺距	导程	线数	旋向	中径公差带代号	顶径公差带代号	旋合长度(种类)
M20-5g6g-S									
M20×1LH-6H									
Tr50×24(P4)									
G1/2									

5. 已知螺栓 M16×L、垫圈 16、螺母 M16，板厚 $t_1=t_2=15$mm。用比例画法作螺栓联接的三视图（主视图全剖，俯、左视图画外形）

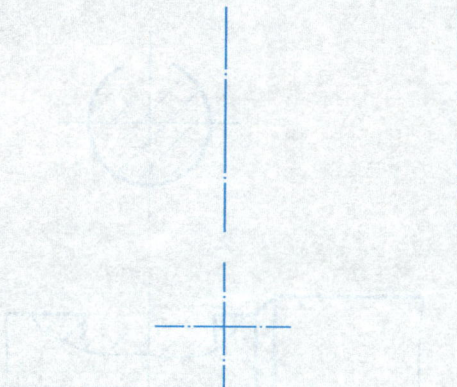

6. 已知螺栓 M16×L、螺母 M16、垫圈 16，板厚 $t_1=18$mm，铸铁底座，用比例画法作出联接后的主、左视图（主视图全剖，俯视图画外形）

7. 已知螺钉 M8×L、板厚 $t_1=10$mm，铸铁底座，$t_2=25$mm，查表并按 1:1 比例作螺钉联接的三视图（主视图全剖，俯、左视图）

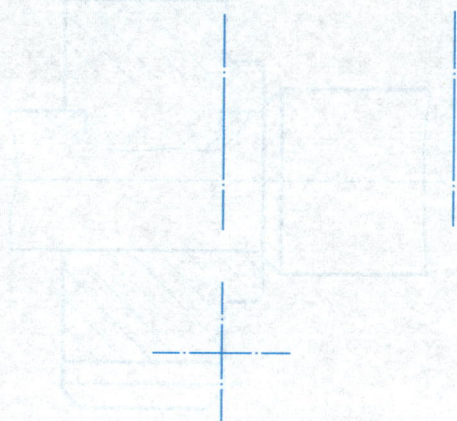

8. 已知齿轮和轴，用普通 A 型平键联接，轴孔直径 26mm，键的长度为 28mm。(1) 写出键的规格标记；(2) 查表确定键和键槽的尺寸，用 1:1 画全下列各剖视图和断面图

键的规定标记为＿＿＿＿＿＿＿＿＿＿

裁

剪

线

裁

剪

线

9. 销连接

（1）选出适当长度的 ϕ5mm 圆锥销，画出销联接的装配图，并写出销的规定标记

规定标记为________

（2）选出适当长度的 ϕ6mm 圆柱销，画出销联接的装配图，并写出销的规定标记

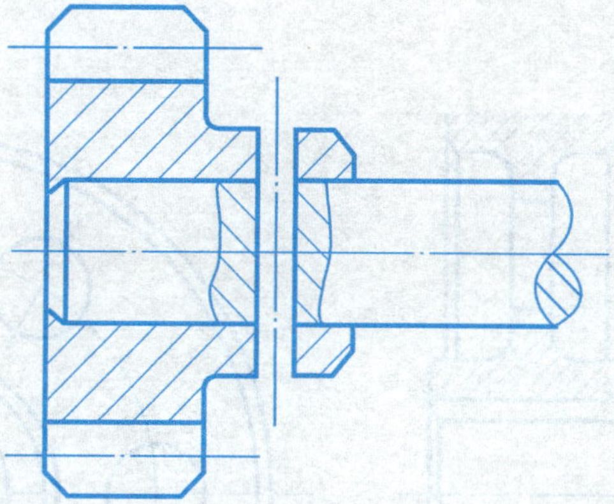

规定标记为________

10. 用简化画法，1:1 的比例，在齿轮轴的 ϕ30m6 轴颈处画 6206 深沟球轴承一对（轴承端面要靠紧轴肩）

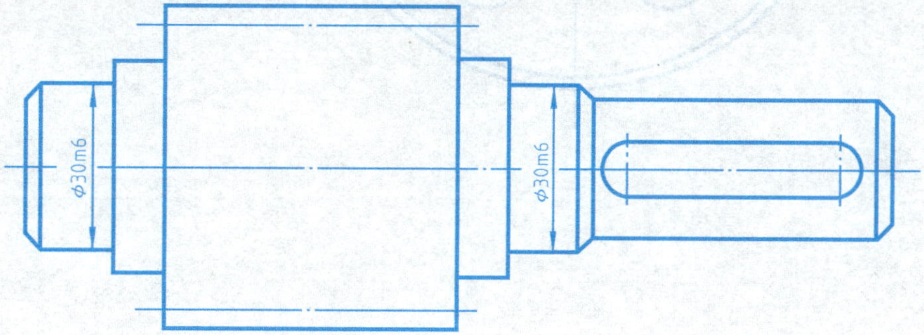

11. 已知直齿圆柱齿轮模数 $m=3$，$Z=25$，试计算该齿轮的分度圆、齿顶圆和齿根圆的直径，用 1:2 的比例完成下列两视图，并标注尺寸

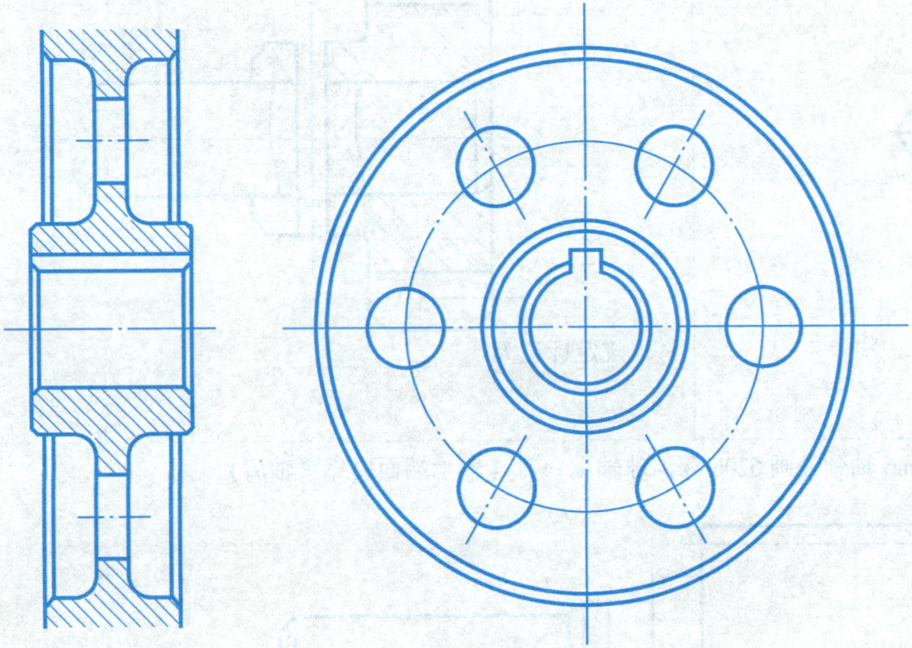

裁

剪

线

12. 已知大齿轮的模数 $m=6$，齿数 $Z=25$，两齿轮的中心距 $a=108$，试计算大小两齿轮的分度圆、齿顶圆和齿根圆直径及传动比，用 1:2 的比例完成两齿轮啮合的视图

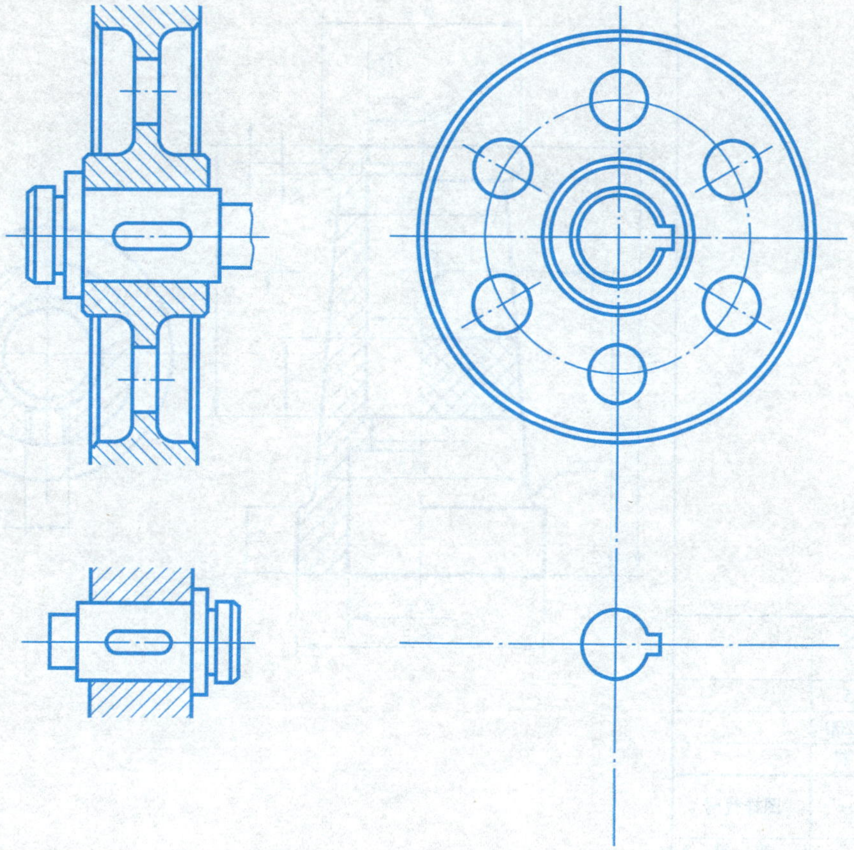

裁　剪　线

班级　　　　姓名　　　　学号　　　　审核

6-1 装配图（一）

1. 根据装配示意图和零件图，画出装配图（A3）

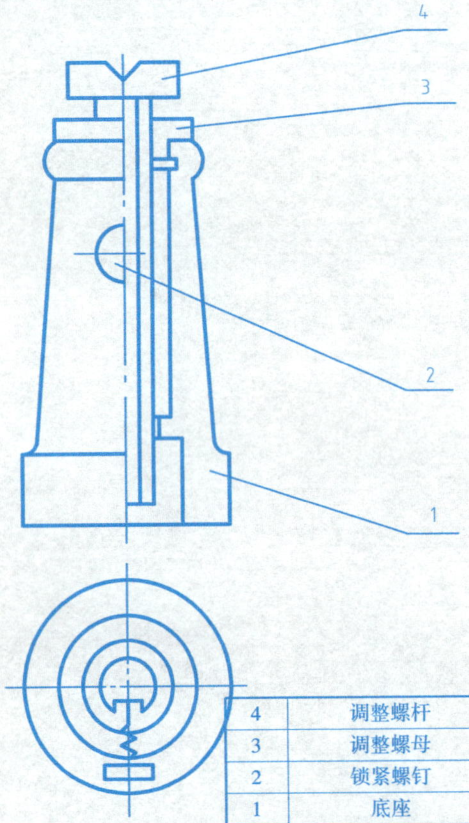
4
3
2
1

4	调整螺杆	1	45	
3	调整螺母	1	45	
2	锁紧螺钉	1	35	
1	底座	1	HT200	
序号	名称	数量	材料	

千斤顶		比例		（图样代号）
		件数		
制图	（签名）	（年月日）	质量	共 张 第 张
描图			（学校名称）	
审核				

(1)

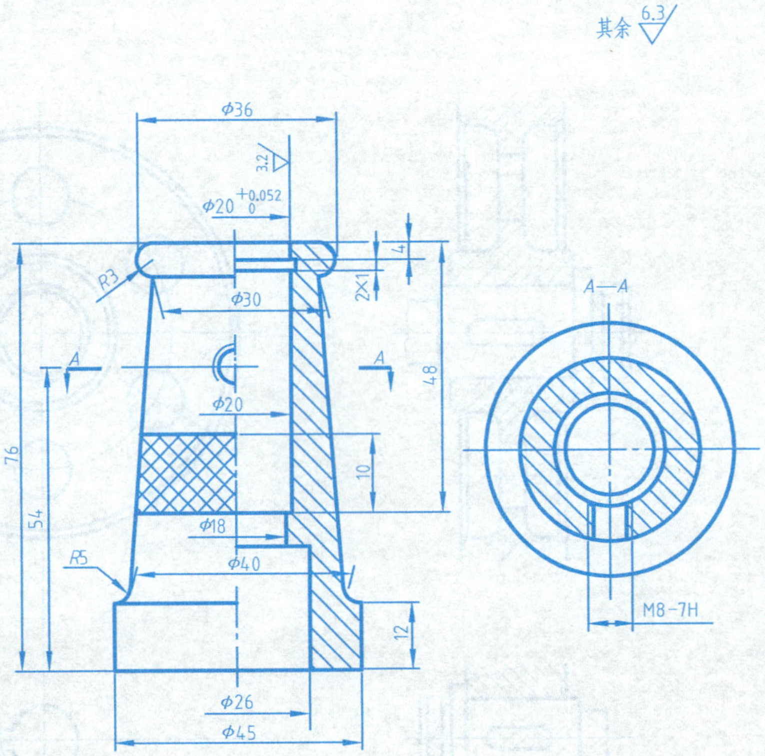
其余 6.3
Φ36
3.2
Φ20 +0.052 0
R3
Φ30
4
2X1
A
A
Φ20
48
76
10
54
Φ18
R5
Φ40
12
Φ26
Φ45
A—A
M8-7H

序号	名称	数量	材料
1	底座	1	HT200

 班级 姓名 学号 审核

裁 剪 线

裁

剪

线

（2）

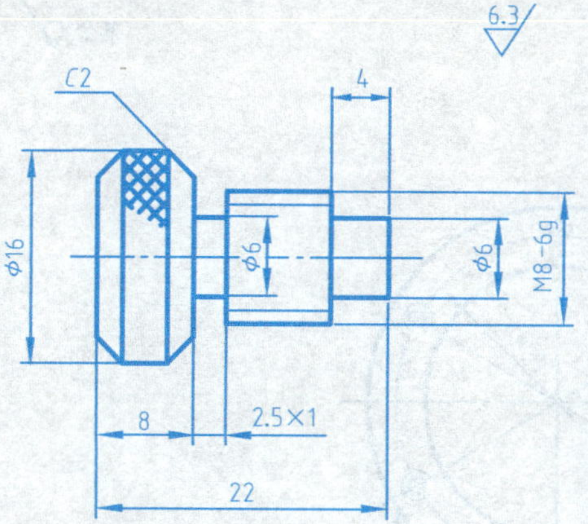
6.3
C2
4
φ16
φ6
φ6
M8-6g
8
2.5×1
22

序号	名称	数量	材料
2	锁紧螺钉	1	35

（3）

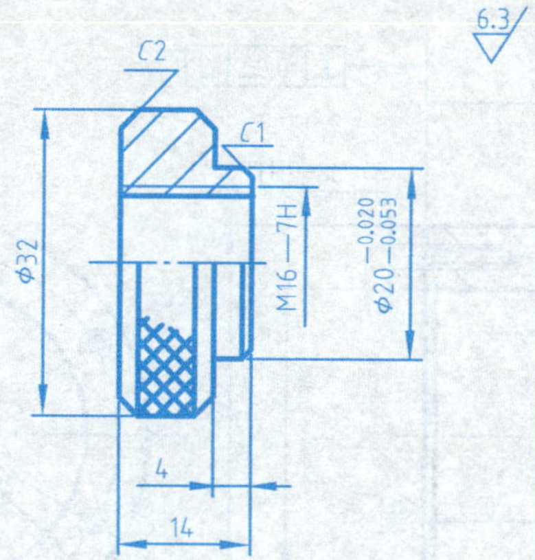
6.3
C2
C1
φ32
M16—7H
φ20 −0.020 −0.053
4
14

序号	名称	数量	材料
3	调整螺母	1	45

（4）

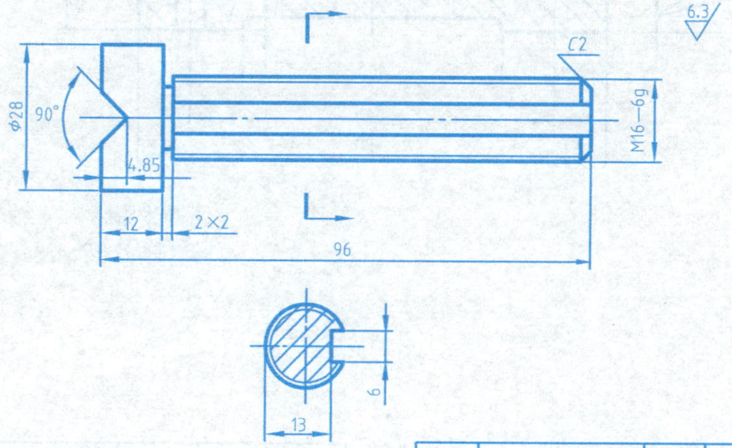
6.3
C2
φ28
90°
4.85
M16—6g
12
2×2
96
6
13

序号	名称	数量	材料
4	调整螺杆	1	45

2. 根据装配示意图和零件图，画出铣刀头装配图

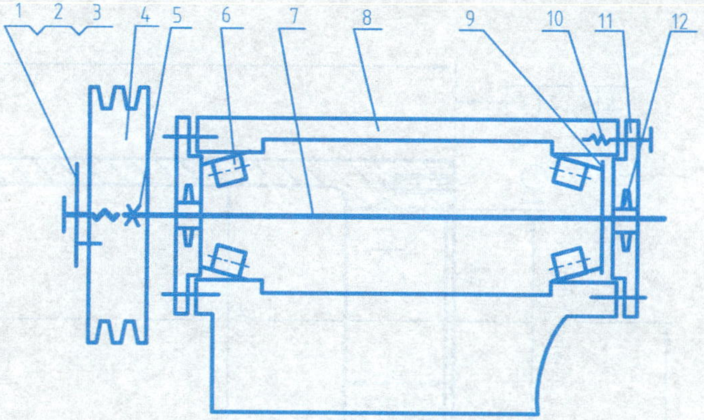
1
2
3
4
5
6
7
8
9
10
11
12

序号	名称	件数	材料	备注
12	毡圈	2	羊毛毡	
11	端盖	2	HT200	
10	螺钉	12	35	GB/T 70—M8
9	调整环	1	35	
8	座体	1	HT200	
7	轴	1	45	
6	轴承	2	GCr15	30307 GB/T 297
5	键	1	45	GB/T 1096—8
4	带轮 A 型	1	HT150	
3	销	1	35	GB/T 119—φ6
2	螺钉	1	35	GB/T 68—M6
1	挡圈	1	35	GB/T 891—35

铣刀头			比例		（图样代号）
			件数		
制图	（签名）	（年月日）	质量		共 张 第 张
描图			（学校名称）		
审核					

(1)

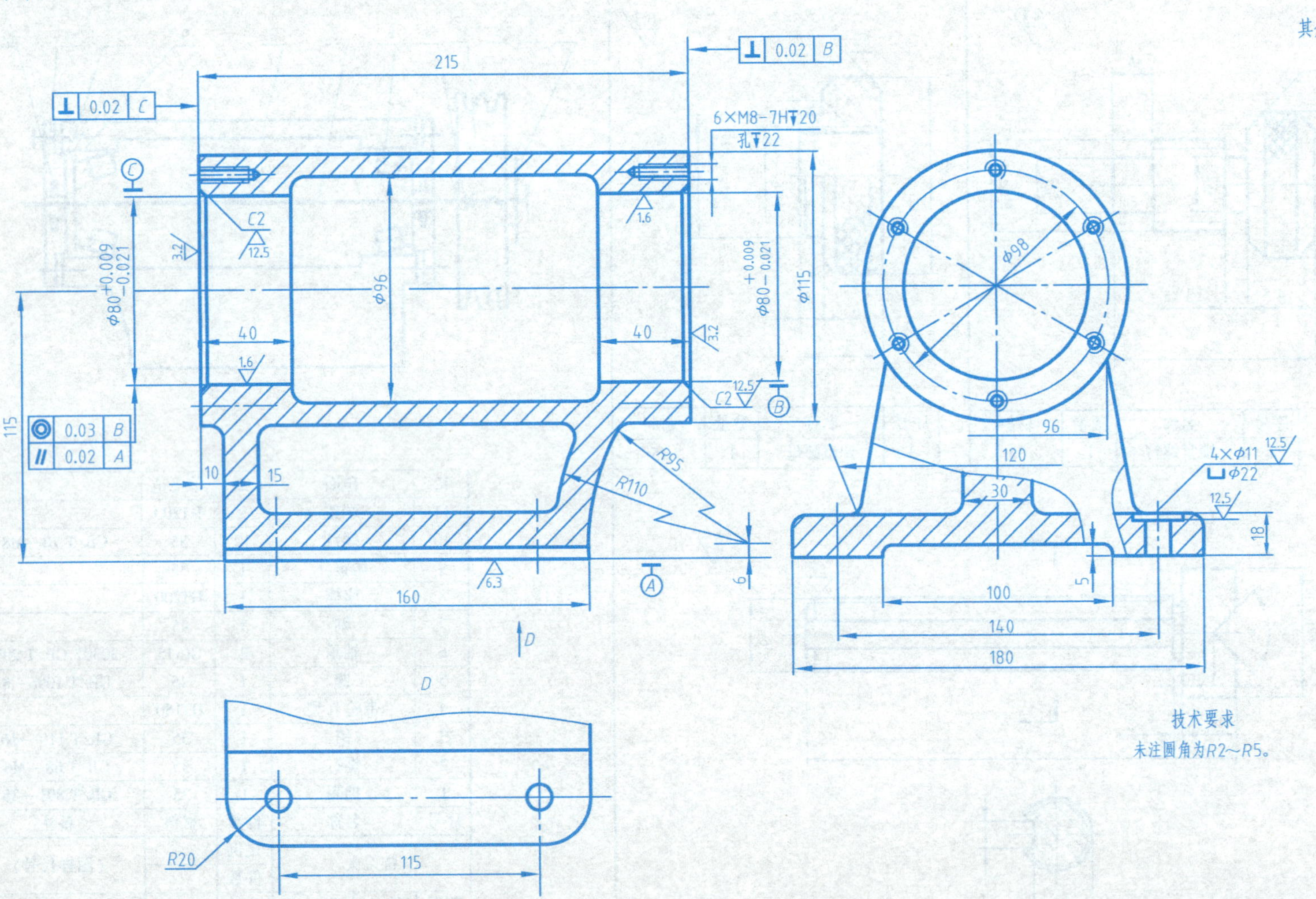
其余
215
⊥ 0.02 B
⊥ 0.02 C
6×M8-7H↧20
孔↧22
C
C2
12.5
1.6
3.2
φ80+0.009−0.021
φ96
φ115
40
40
B
115
◎ 0.03 B
// 0.02 A
10
15
R95
R110
6.3
A
6
160
D
D
R20
115
φ98
96
120
30
4×φ11
⌴φ22
18
5
100
140
180

技术要求
未注圆角为R2～R5。

序号	名称	数量	材料
8	座体	1	HT200

 班级 姓名 学号 审核

裁 剪 线

裁

剪

线

(2)

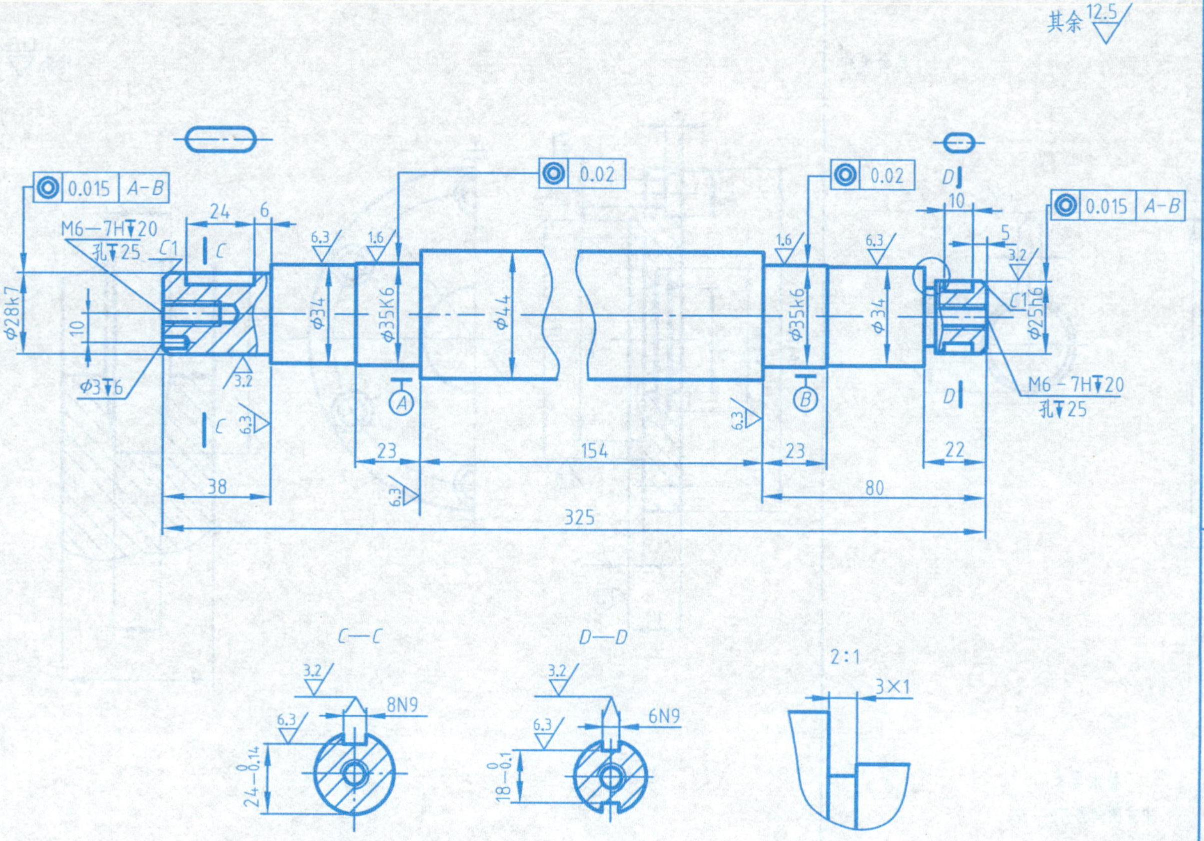

序号	名称	数量	材料
7	轴	1	45

(3)

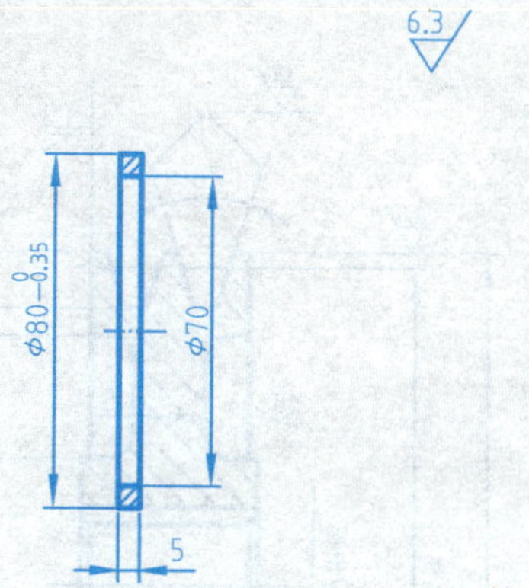

序号	名称	数量	材料
9	调整环	1	35

(4)

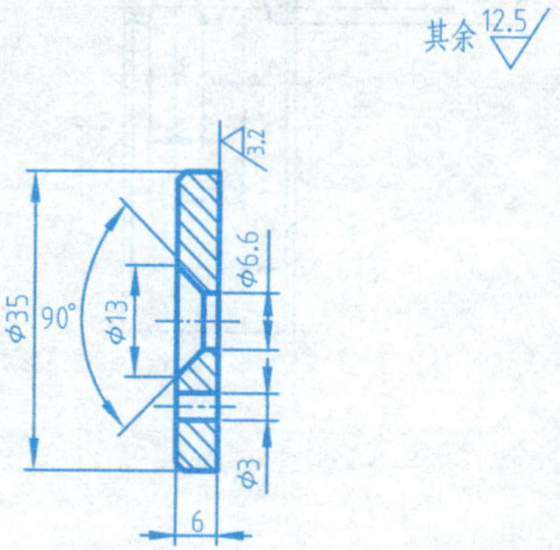

序号	名称	数量	材料
1	挡圈	1	35

班级　姓名　学号　审核

(5)

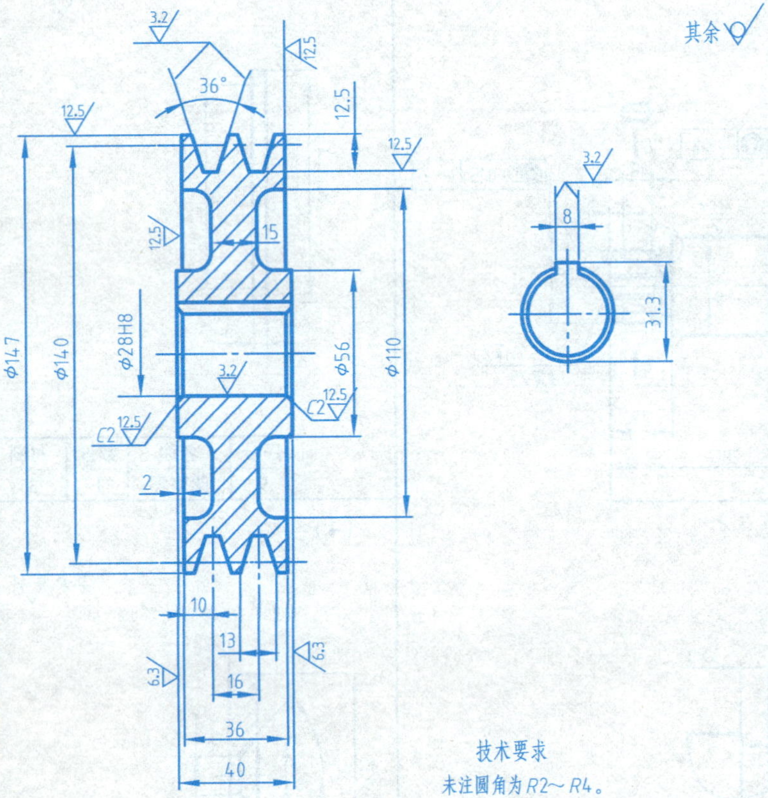
其余
3.2
12.5
36°
15
φ147
φ140
φ28H8
φ56
φ110
C2
2
10
13
16
36
40
6.3
8
31.3

技术要求

未注圆角为$R2\sim R4$。

序号	名称	数量	材料
4	带轮 A 型	1	HT150

(6)

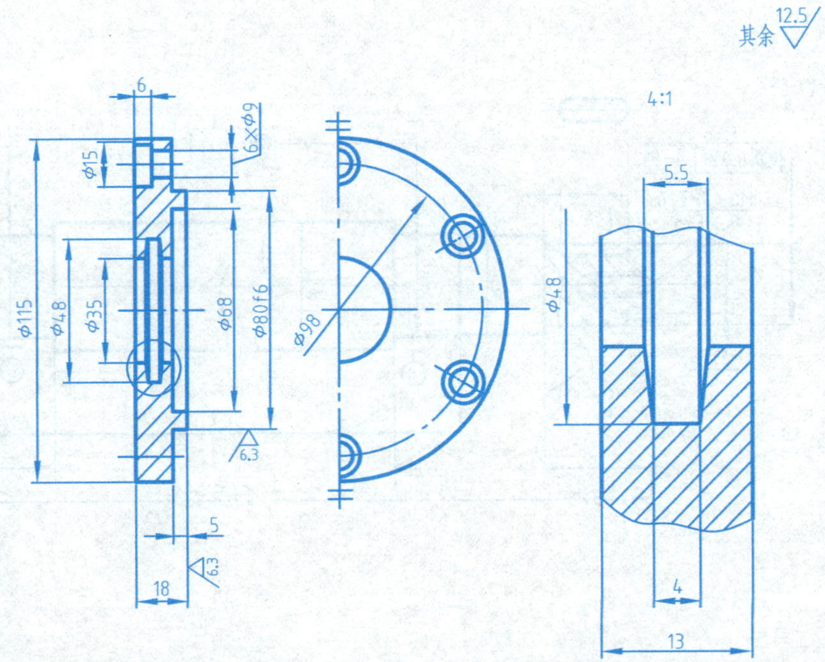
其余
12.5
6
6×φ9
φ15
φ115
φ4.8
φ35
φ68
φ80f6
φ98
6.3
5
18
4:1
5.5
4
13

序号	名称	数量	材料
11	端盖	2	HT200

班级 姓名 学号 审核

裁 剪 线

6-2 根据钻模零件图和装配轴测图，用计算机绘制其装配图（一）

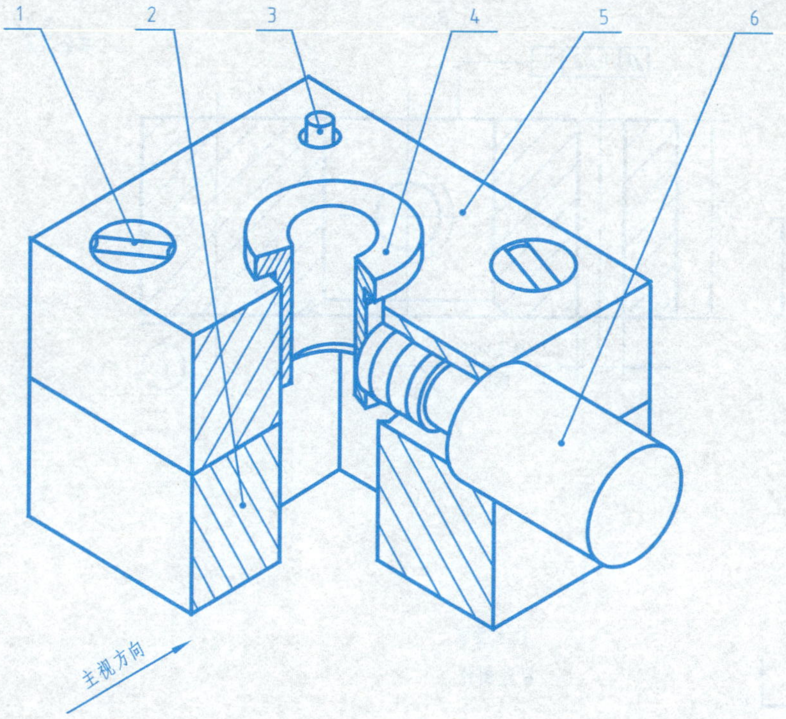

6	ZM-06	手把	1	Q235			
5	ZM-05	模体	1	HT150			
4	ZM-04	套筒	1	40Cr			
3	ZM-03	圆柱销	2	Q235			
2	ZM-02	模座	1	HT150			
1	ZM-01	螺钉	2	Q235			
序号	代号	名称	数量	材料	单件 质量	总计 质量	备注

参照钻模的轴测图，看懂全部零件图，画出其装配图。

一、钻模的用途

在零件的凸出结构或杆类零件的端面钻孔时，用该钻模进行对中定位。

二、工作原理

手持手把6将钻模下面的孔套于被钻孔的凸出结构上，钻头以套筒4的孔对中，进行钻孔加工。根据被加工零件的不同结构和形状，可更换模座2，使模座孔与被钻孔结构形状一致。根据钻孔大小更换套筒4。模体5与模座2用圆柱销3定位，通过开槽沉头螺钉1联接在一起。

三、作业要求

1. 图纸

采用A3幅面图纸

2. 表达方案

主视图的投影方向应垂直于手把6的轴线，主视图采用单一剖的全剖视图；俯视图为基本视图；左视图为局部剖视图，主要表达螺钉、销的联接结构；此外，还要用局部视图来表达模座方孔的形状。手把可采用断开的简化画法。

3. 尺寸标注

1）性能尺寸。模座方孔尺寸20H9、24H9，套筒的内径尺寸14H7

2）装配尺寸。套筒4与模体5的配合尺寸（22H7/h6，手把6与模体5的螺纹联接尺寸M12-6H/5，圆柱销3与模体5的配合尺寸（6H7/m6，圆柱销3与模座2的配合尺寸（6H7/m6）。

3）总体尺寸（自行计算）。

4. 技术要求

1）装配时注意避免碰伤零件。

2）装配后手把应转动灵活。

裁 剪 线

班级　　姓名　　学号　　审核

6-2 根据钻模零件图和装配轴测图，用计算机绘制其装配图（二）

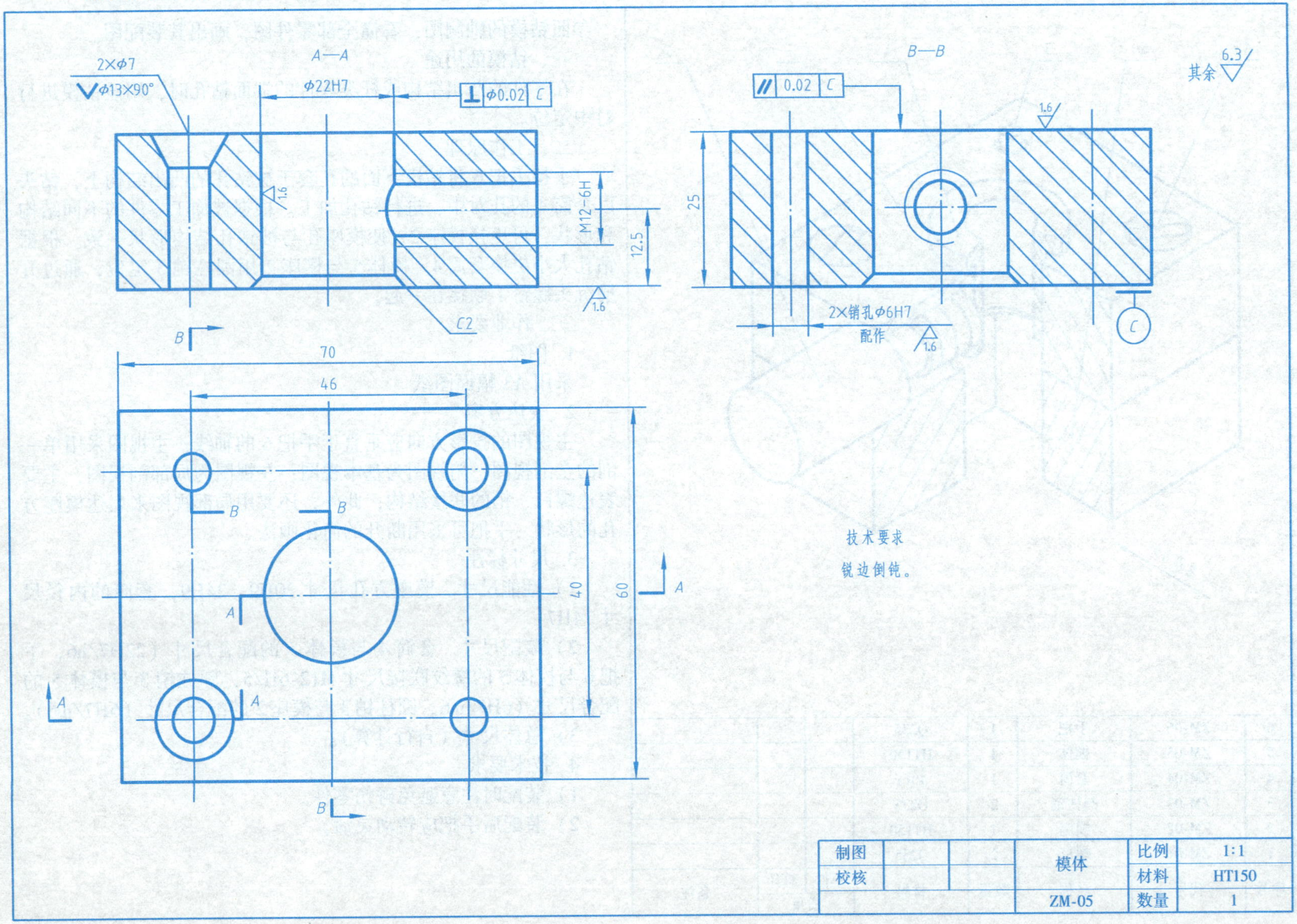

A—A
2×ϕ7
ϕ13×90°
ϕ22H7
⊥ ϕ0.02 C
M12-6H
12.5
1.6
C2
B—B
// 0.02 C
25
2×销孔ϕ6H7
配作
其余 6.3
70
46
40
60
技术要求
锐边倒钝。
制图
校核
模体
ZM-05
比例 1:1
材料 HT150
数量 1

裁剪线

 班级 姓名 学号 审核

裁剪线

6-2 根据钻模零件图和装配轴测图，用计算机绘制其装配图（三）

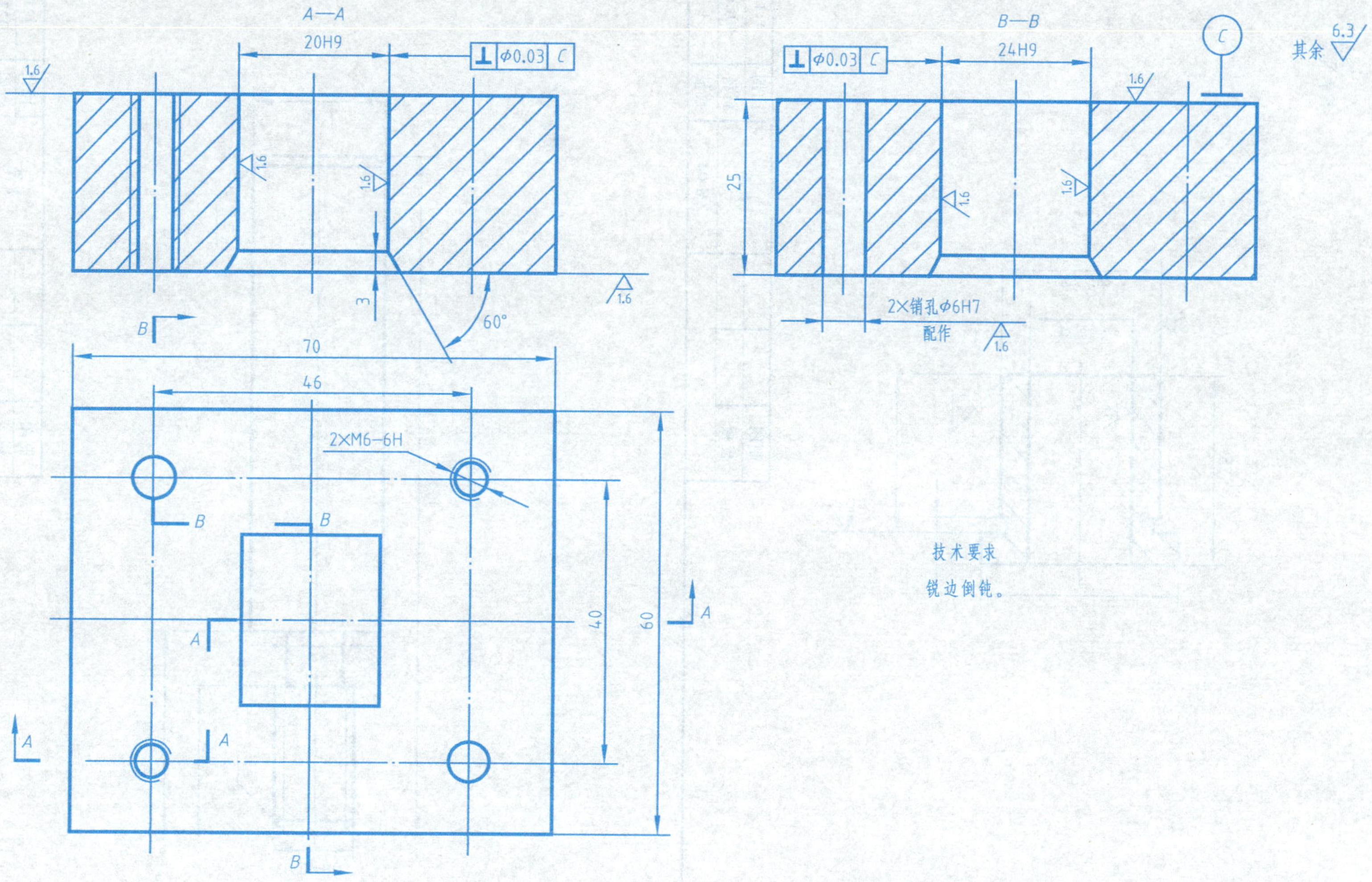
A—A
20H9
⊥ Φ0.03 C
1.6
3
60°
B—B
24H9
25
2×销孔Φ6H7
配作
其余 6.3
70
46
2×M6-6H
40
60
A
B

技术要求

锐边倒钝。

制图			模座	比例	1:1
校核				材料	HT150
			ZM-02	数量	1

6-2 根据钻模零件图和装配轴测图，用计算机绘制其装配图（四）

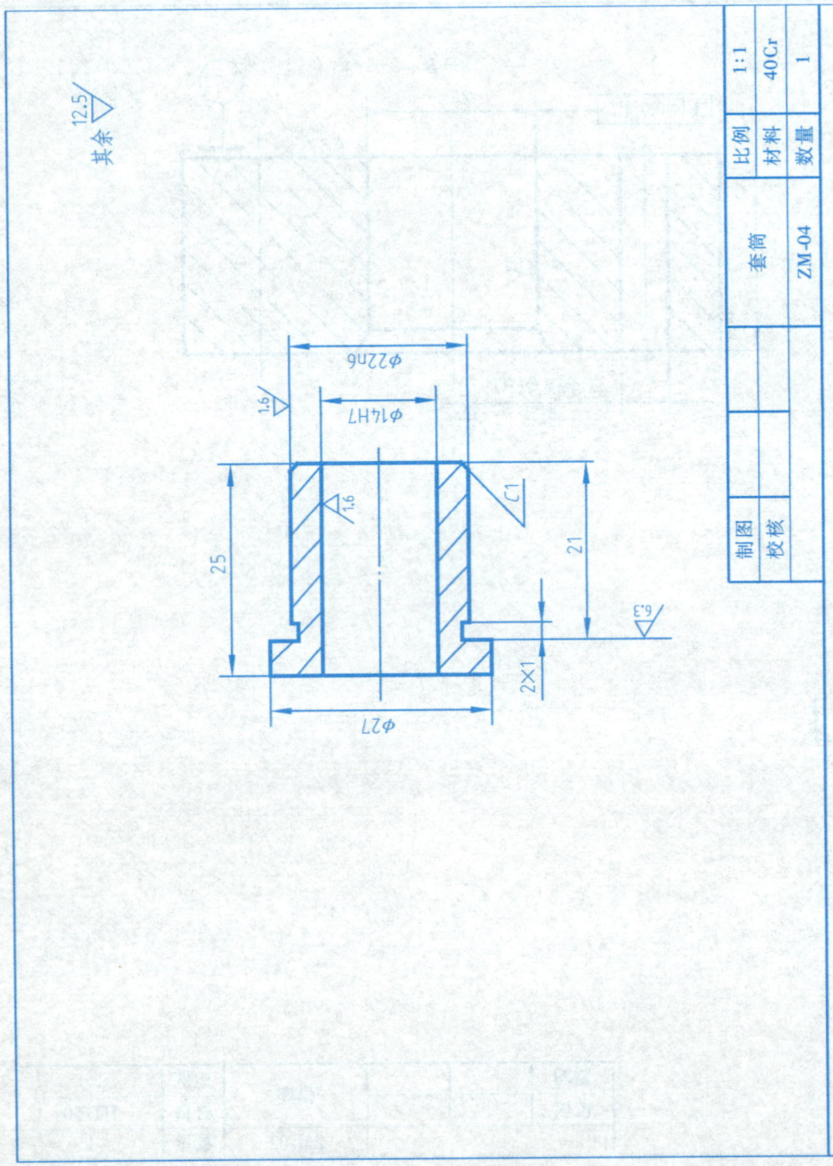

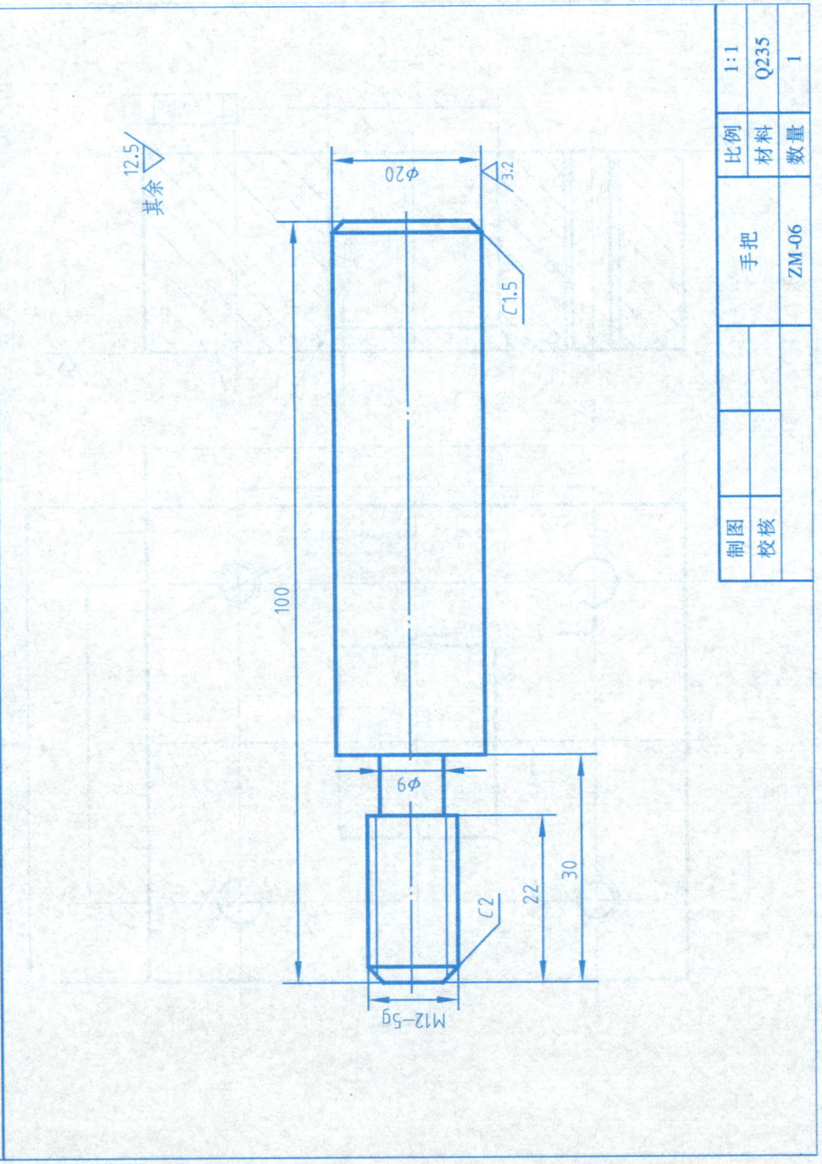

裁剪线

班级 姓名 学号 审核

裁剪线

6-3 按照装配示意图和零件图，拼画出齿轮泵的装配图（一）

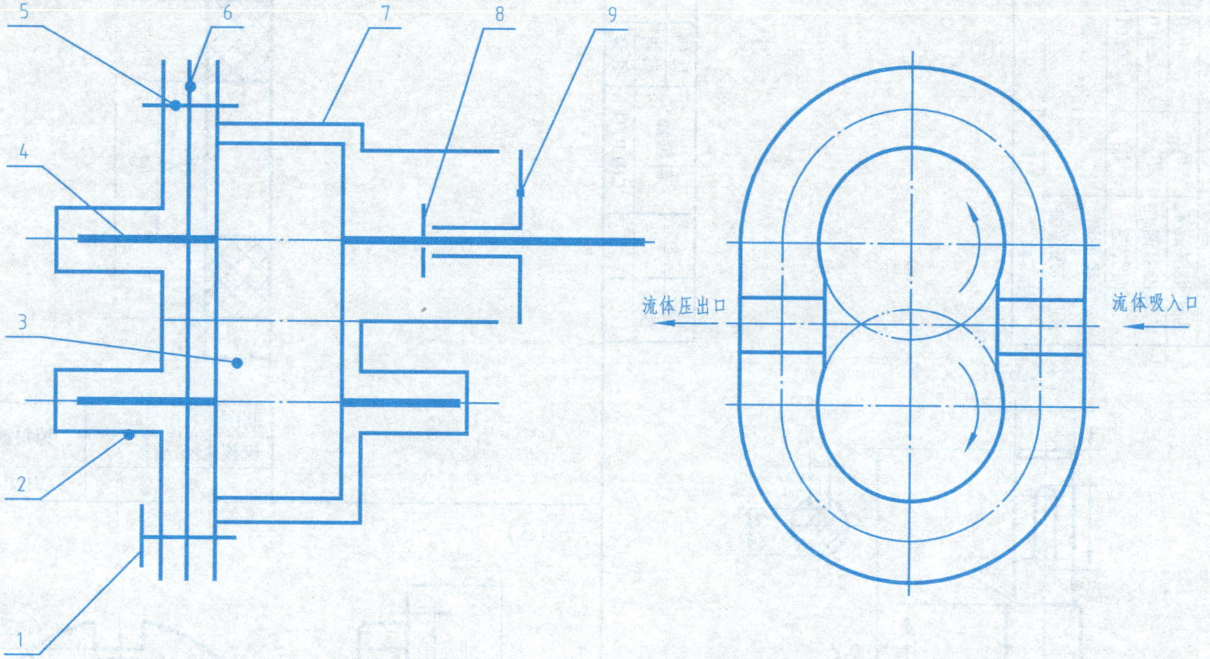

齿轮泵工作原理：

运动由齿轮轴4传入，通过与齿轮3的啮合，使齿轮3转动。当齿轮按左视示意图图示方向运动时，泵体内部前端容积变大，压力减小，形成真空，则流体在大气压力作用下，被源源不断地吸入；经由齿轮与泵体内腔的间隙挤压流体且甩带到出口处。这一过程中，流体提高了压力，排出泵体到需要润滑的位置。

9	CHLB-09	螺塞	1	35			
8	CHLB-08	毡封油圈	1	半粗毛毡			
7	CHLB-07	泵体	1	HT200			
6	CHLB-06	纸垫	1	牛皮纸			
5	CHLB-05	销	2	35			
4	CHLB-04	齿轮轴	1	45			
3	CHLB-03	齿轮	1	45			
2	CHLB-02	泵盖	1	HT200			
1	CHLB-01	螺钉	6	35			
序号	代号	名称	数量	材料	单件	总计	备注
					质量		

班级 姓名 学号 审核

6-3 按照装配示意图和零件图，拼画出齿轮泵的装配图（二）

（1）

模数	m	3
齿数	z	9
压力角	α	20°
精度等级	IT7	
齿圈径向跳动	F_r	0.036
公法线长度变动公差	F_w	0.028
齿距极限偏差	F_{pt}	±0.014
基节极限偏差	F_{pb}	±0.013
齿向公差	l_β	0.011
公法线平均长度极限偏差		$11.35^{-0.012}_{-0.21}$
跨齿数	k	2

制图		齿轮轴	比例	1:1
校核	1		材料	45
		CHLB-04	数量	1

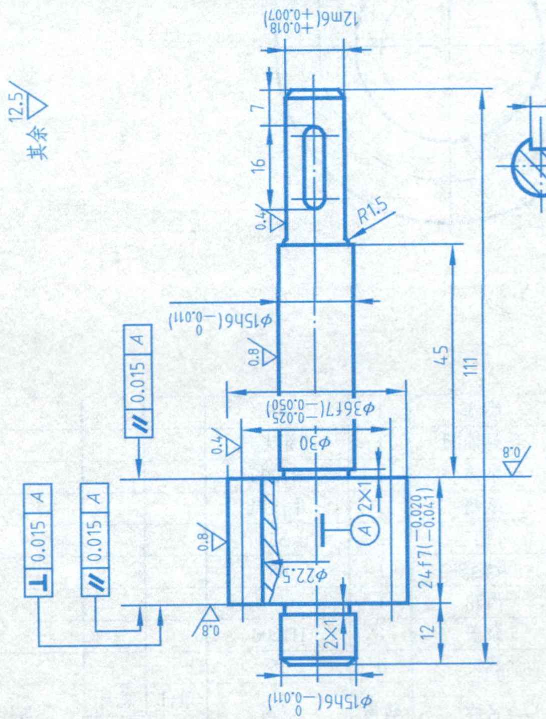

其余 12.5
12m6($^{+0.018}_{+0.007}$)
7
16
R1.5
0.4
φ15h6($^{0}_{-0.011}$)
0.8
45
111
φ36f7($^{-0.025}_{-0.050}$)
φ30
0.4
0.015 A
0.015 A
0.015 A
0.8
2×1
A
24f7($^{-0.020}_{-0.041}$)
φ22.5
12
2×1
φ15h6($^{0}_{-0.011}$)
4$^{0}_{-0.03}$
9$^{0}_{-0.2}$

技术要求

1.齿部淬火硬度40～45HRC。

2.未注倒角C1.5。

（2）

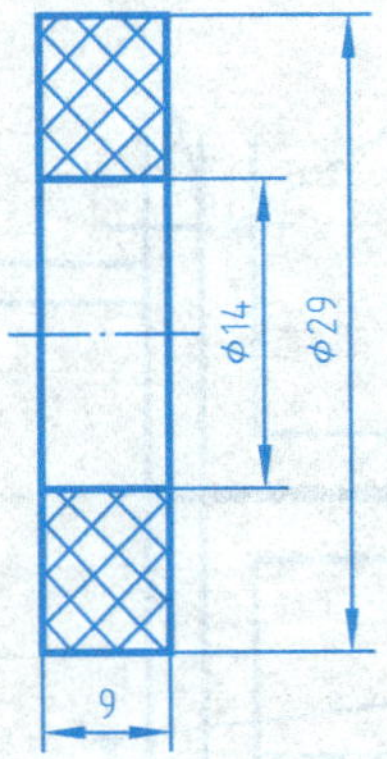

φ14
φ29
9

制图		毡封油圈	比例	2:1
校核			材料	半粗毛毡
		CHLB-08	数量	1

（3）

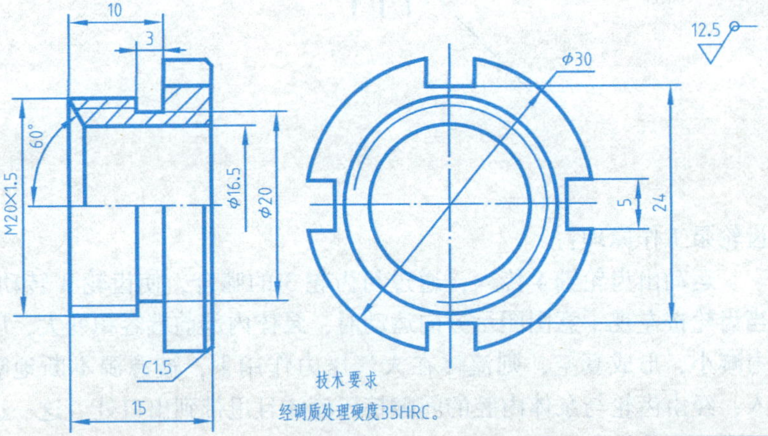

10
3
60°
M20×1.5
φ16.5
φ20
C1.5
15
12.5
φ30
5
24

技术要求

经调质处理硬度35HRC。

制图		螺塞	比例	2:1
校核			材料	35
		CHLB-09	数量	1

 班级 姓名 学号 审核

裁剪线

裁

剪

线

6-3 按照装配示意图和零件图，拼画出齿轮泵的装配图（三）

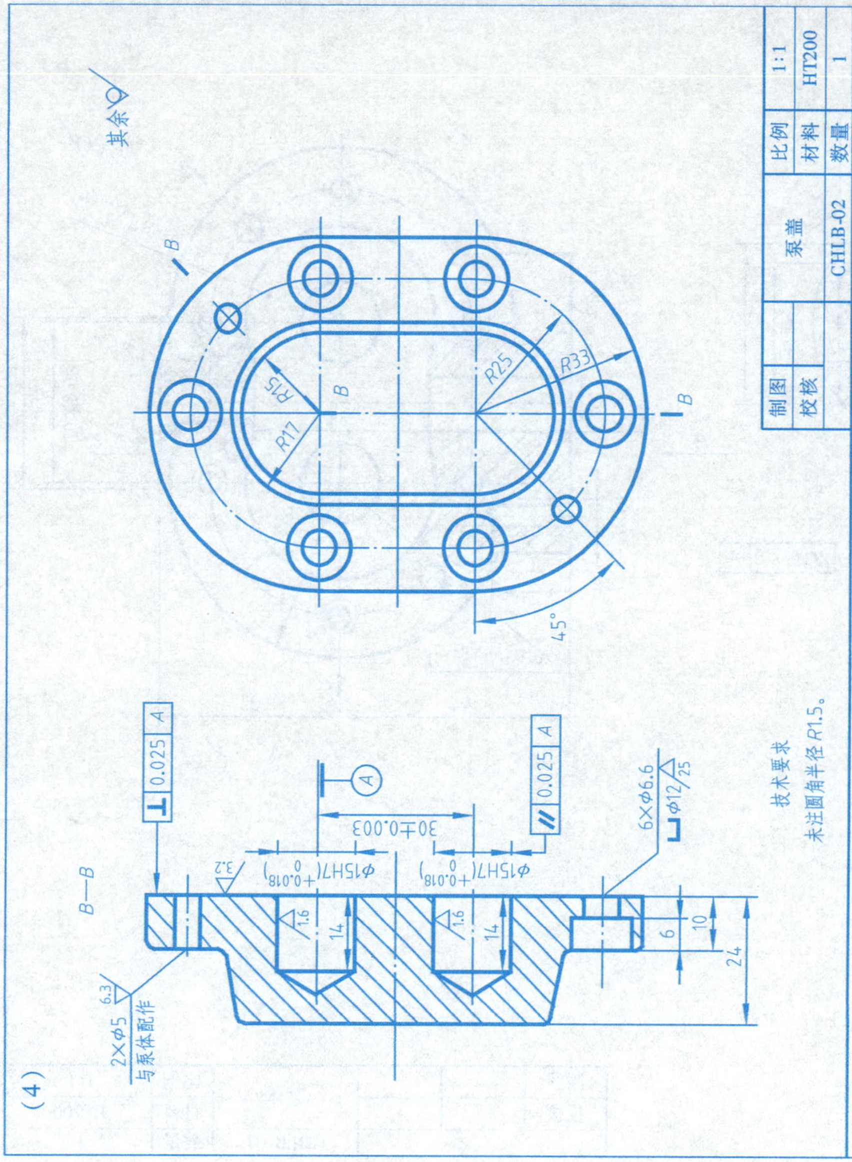

(4)
其余
B—B
2×φ5
与泵体配作
技术要求
未注圆角半径R1.5。
30±0.003
φ15H7
6×φ6.6
φ12
制图
校核
泵盖
CHLB-02
比例 1:1
材料 HT200
数量 1

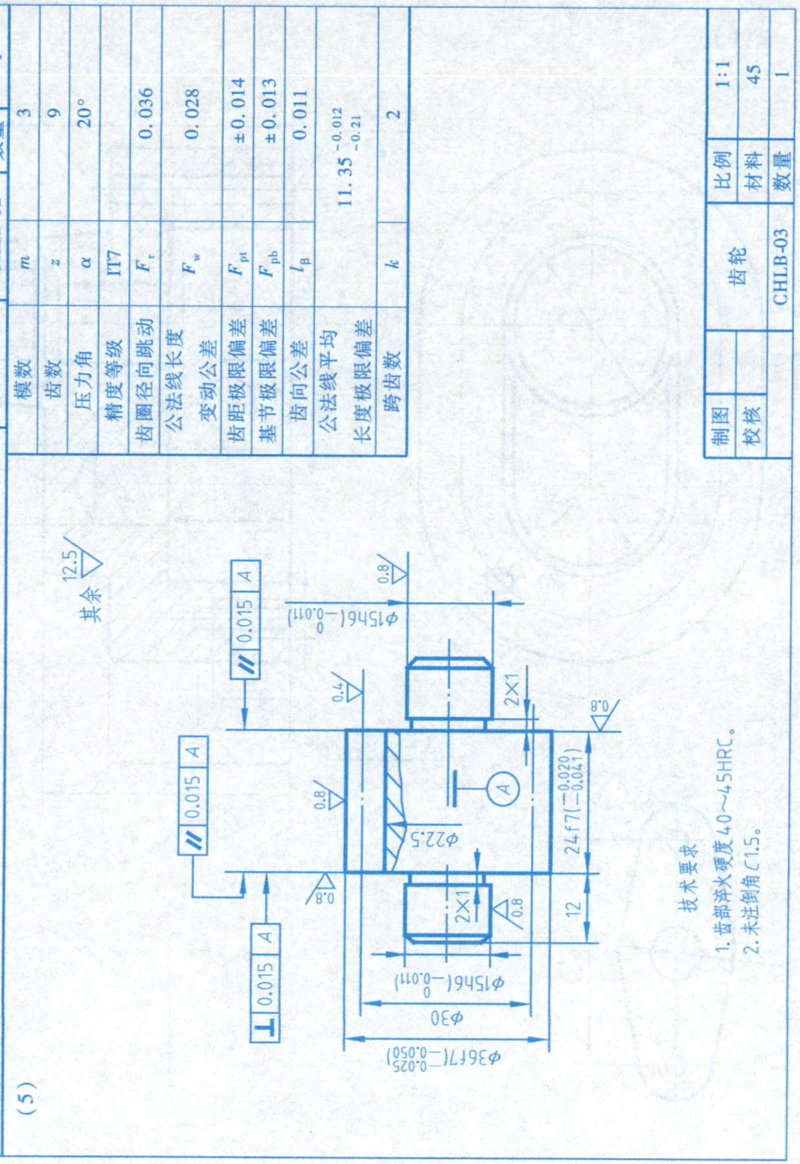

(5)
其余
技术要求
1. 齿部淬火硬度40～45HRC。
2. 未注倒角C1.5。
φ15h6
φ22.5
φ30
φ36f7
24f7
2×1
模数 m 3
齿数 z 9
压力角 α 20°
精度等级 IT7
齿圈径向跳动 F_r 0.036
公法线长度变动公差 F_w 0.028
齿距极限偏差 F_{pt} ±0.014
基节极限偏差 F_{pb} ±0.013
齿向公差 l_B 0.011
公法线平均长度极限偏差 $11.35^{-0.012}_{-0.21}$
跨齿数 k 2
制图
校核
齿轮
CHLB-03
比例 1:1
材料 45
数量 1

（6）

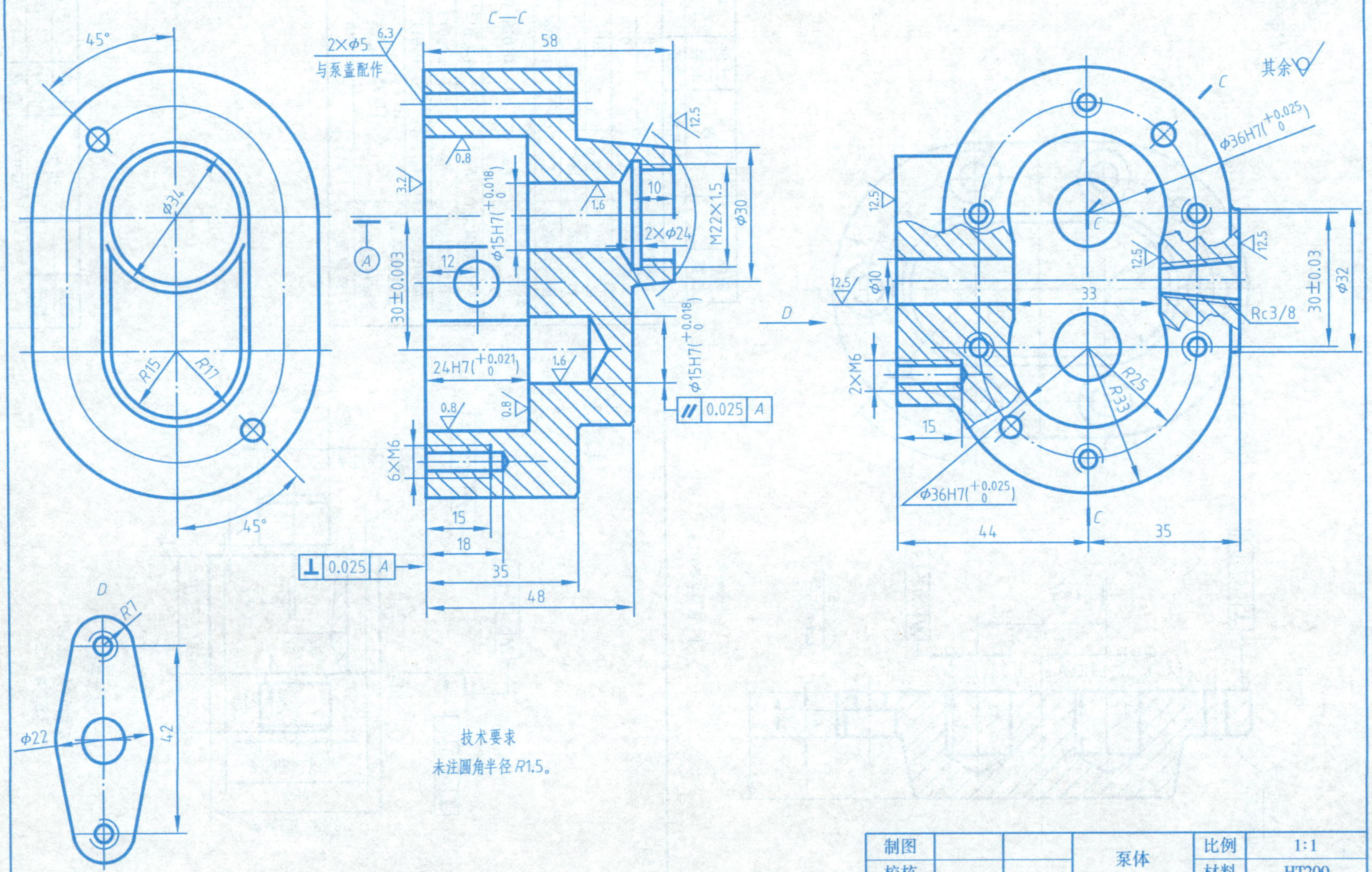
C—C
58
2×ϕ5
与泵盖配作
45°
ϕ34
R15
R17
30±0.003
12
ϕ15H7
24H7
6×M6
15
18
35
48
M22×1.5
ϕ30
10
2×ϕ24
0.025 A
其余
ϕ36H7
33
Rc3/8
30±0.03
ϕ32
R25
R33
2×M6
15
44
35
D
R7
ϕ22
42
技术要求
未注圆角半径R1.5。

制图			泵体	比例	1:1
校核				材料	HT200
			CHLB-07	数量	1

裁 剪 线

裁

剪

线

6-4 读泄气阀的装配图，回答问题

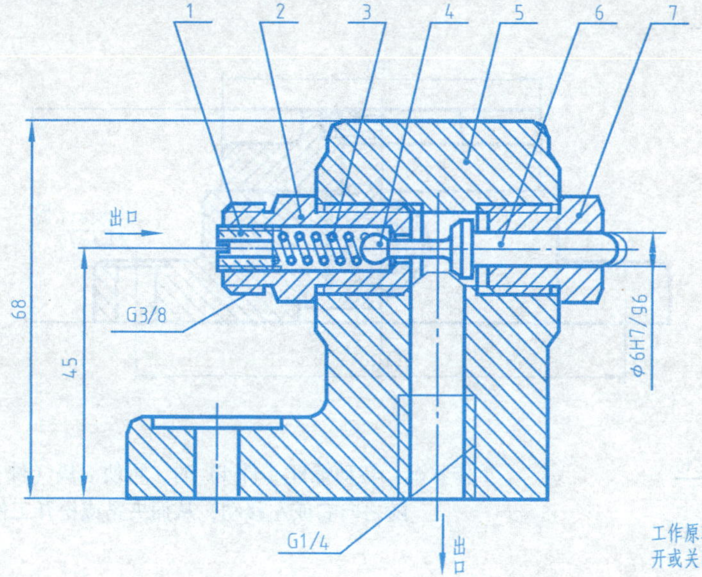

工作原理：推动阀杆6，顶起钢球4打开或关闭阀口，从而达到泄气。

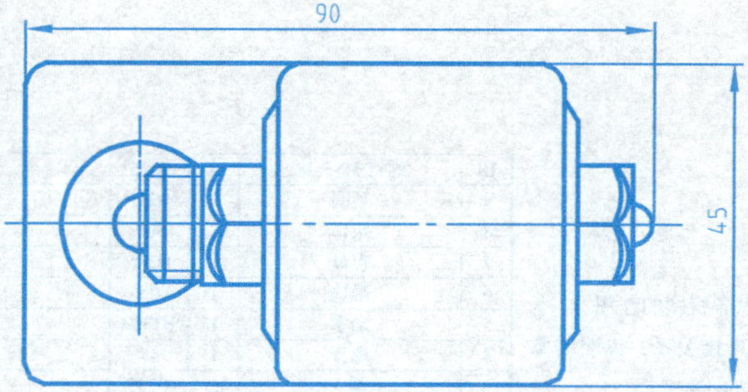

序号	名称	数量	材料	备注
7	阀杆套	1	35	
6	阀杆	1	35	
5	阀座	1	HT200	
4	钢球	1	45	
3	弹簧	1	55Si2Mn	
2	阀套	1	Q235	
1	调整螺套	1	Q235	

泄气阀		比例		
		数量		
制图		质量		第　张 共　张
校对				
审核				

1. 用适当的表达方法拆画阀杆套的零件图。

2. 要求在零件图上标注有配合要求的尺寸公差，并注出 $\phi6$ 内表面的表面粗糙度，该表面的 R_a 上限值为6.3μm。

6-5 读台虎钳的装配图，回答问题

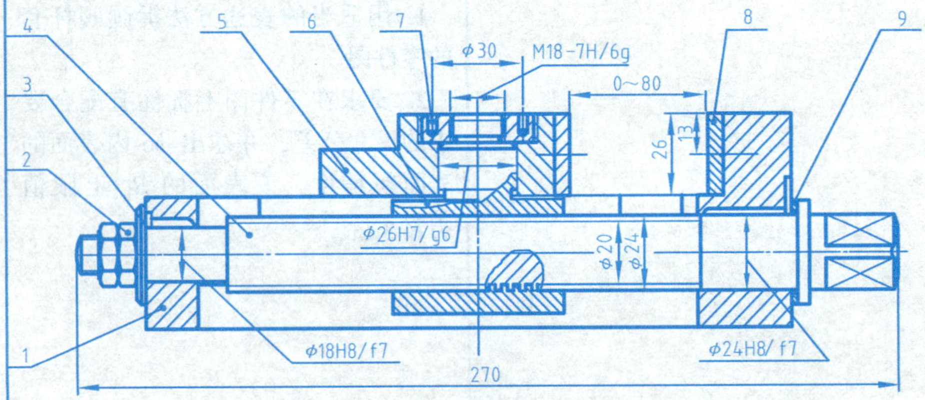

1
2
3
4
5
6
7
8
9
φ30
M18-7H/6g
0~80
26
13
φ26H7/g6
φ20
φ24
φ18H8/f7
φ24H8/f7
270

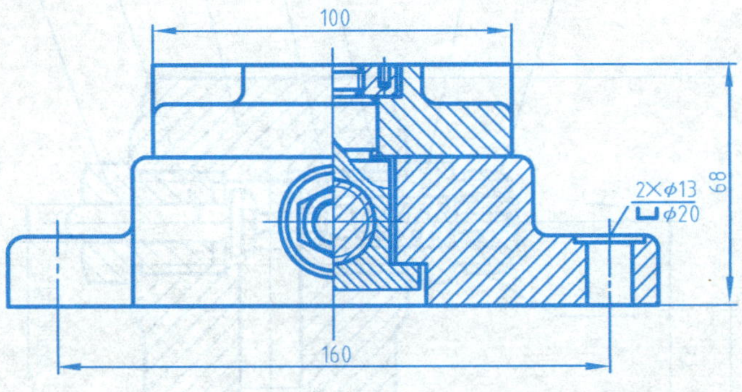

100
68
2×φ13
φ20
160

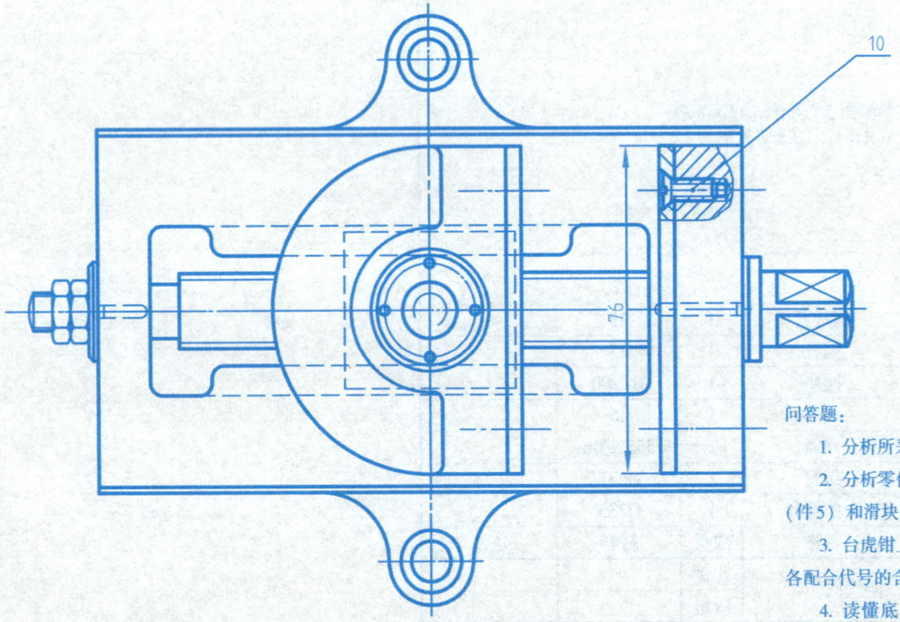

10
76

工作状况：转动螺杆（件4）时，可使滑块（件6）随之向右或左移动，从而夹紧或松开工件。

问答题：

1. 分析所采用的视图及各视图的作用。
2. 分析零件间的装配连接关系，说明动掌（件5）和滑块（件6）的拆卸顺序。
3. 台虎钳上哪些表面有配合要求？试说明各配合代号的含义。
4. 读懂底座（件1）、螺杆（件4）、动掌（件5）和滑块（件6）等零件的形状，分别画出它们的零件图。

序号	名称	件数	材料	备注
10	螺钉 M6×18	4	Q235	
9	垫圈	1	Q235	
8	钳口	2	45	
7	螺母	1	Q235	
6	滑块	1	Q255	
5	动掌	1	HT300	
4	螺杆	1	45	
3	垫圈 A18	1	Q235	
2	螺母 M12	2	Q235	
1	底座	1	HT300	

台虎钳			比例		（图样代号）
			件数		
制图	（签名）	（年 月 日）	质量		共 张 第 张
描图			（学校名称）		
审核					

裁 剪 线

 班级 姓名 学号 审核

6-6 读截止阀的装配图，回答问题（一）

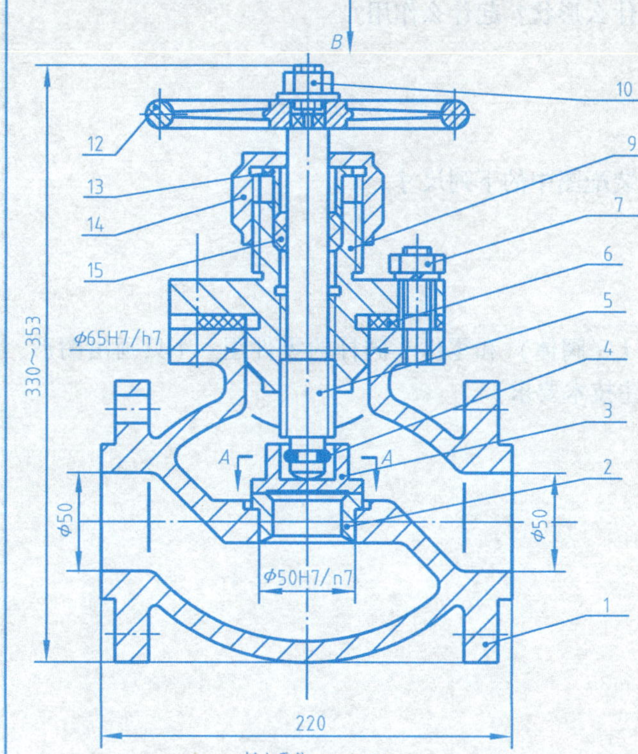

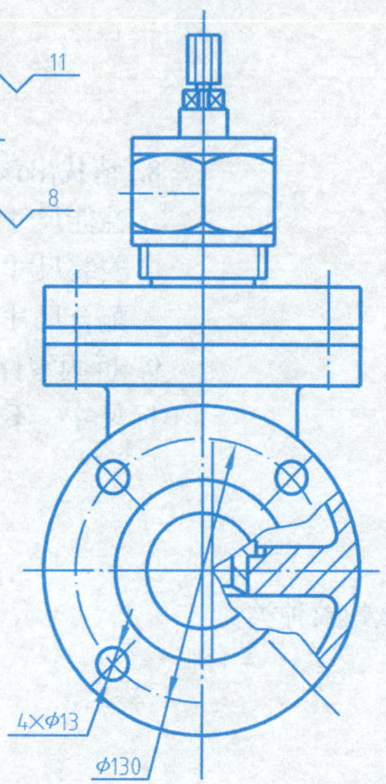

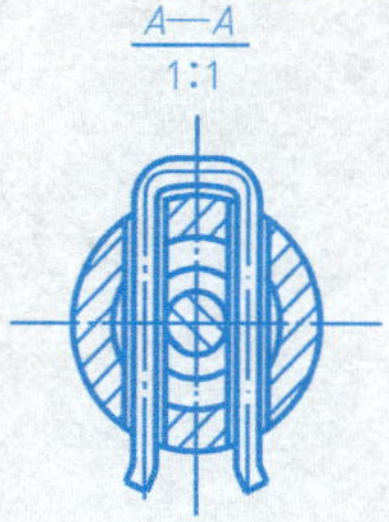

拆去零件10，11，12

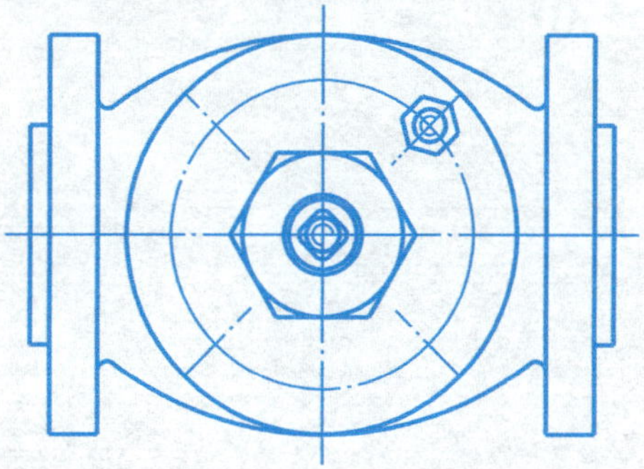

技术要求

1. 公称压力 $P=157\times10^4$ Pa。
2. 装配后进行水压试验和密封性试验。

序号	名称	数量	材料	单件质量	总计质量	备注
15	填料	1	麻			
14	盖螺母	1	QSn6. 5-0. 1			
13	压盖	1	QSn6. 5-0. 1			
12	手轮	1	HT150			
11	螺母 M12	1				
10	垫圈 12	1	Q235A			
9	阀盖	1	QSn6. 5-0. 1			
8	螺母 M10	4				
7	螺柱 M10×30	4				
6	垫片	1	橡胶			
5	阀杆	1	H96			
4	插销	1	Q235			
3	阀盘	1	QSn6. 5-0. 1			
2	阀座	1	QSn6. 5-0. 1			
1	阀体	1	QSn6. 5-0. 1			

制图		截止阀	比例	1:3
校核			质量	
			件数	

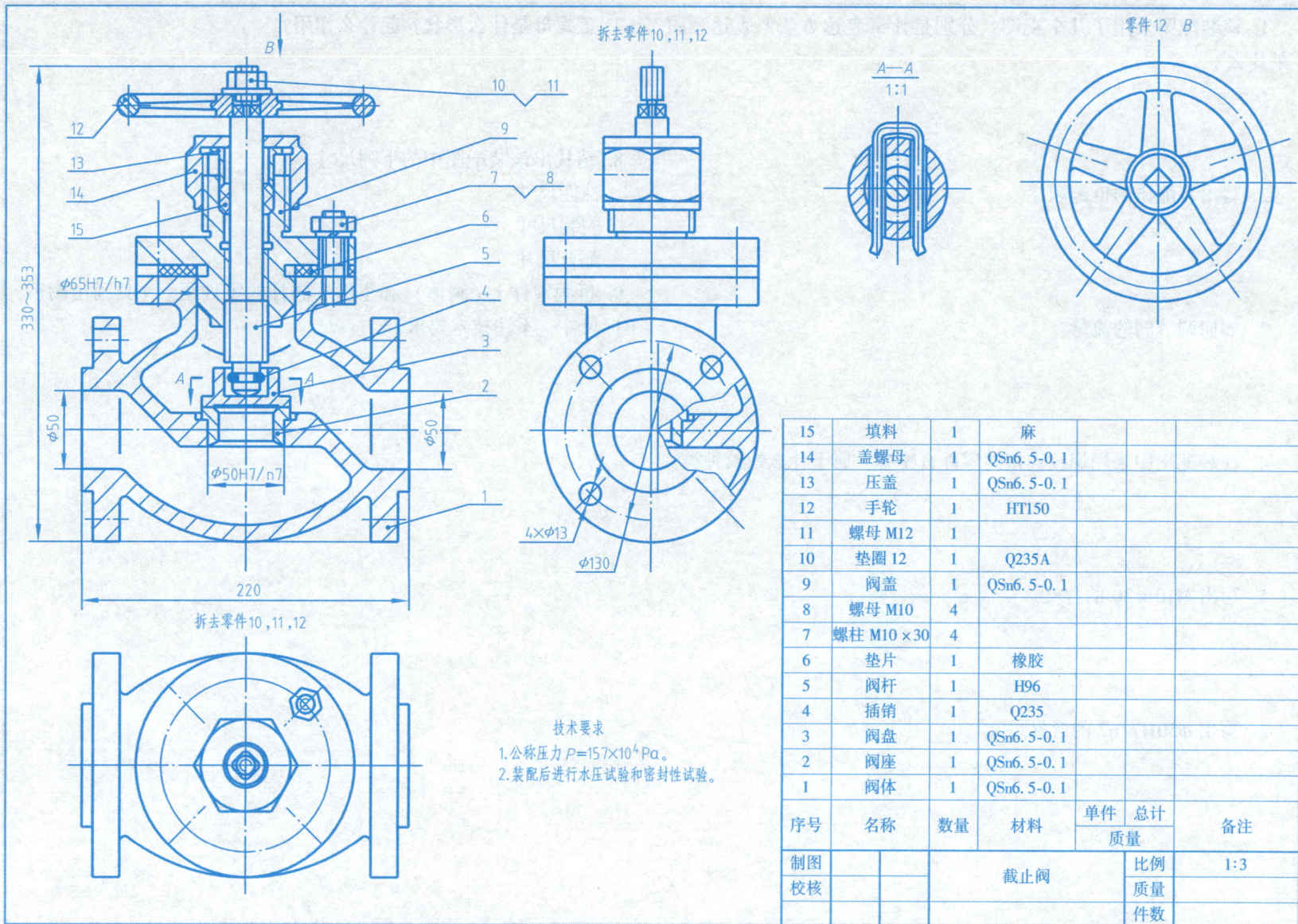

6-6 读截止阀的装配图，回答问题（二）

1. 该装配图采用了几个视图？分别是什么表达方法？表达意图是什么？

2. 写出装配体的拆卸顺序。

3. 如何调节阀的流量？

4. 在装配图中采用螺纹连接的零件有哪些？属于什么螺纹种类？

5. 写出 M10×30 的含义。

6. 写出 ϕ50H7/n7 的含义。

7. 盖螺母是什么形状？起什么作用？

8. 请找出该装配图中的下列尺寸。

性能尺寸

安装尺寸

配合尺寸

9. 拆画零件 1（阀体）和零件 5 阀杆的零件图。（只画出图形，不标尺寸，不注技术要求）

裁剪线

班级　姓名　学号　审核

6-7 读柱塞泵的装配图，回答问题（一）

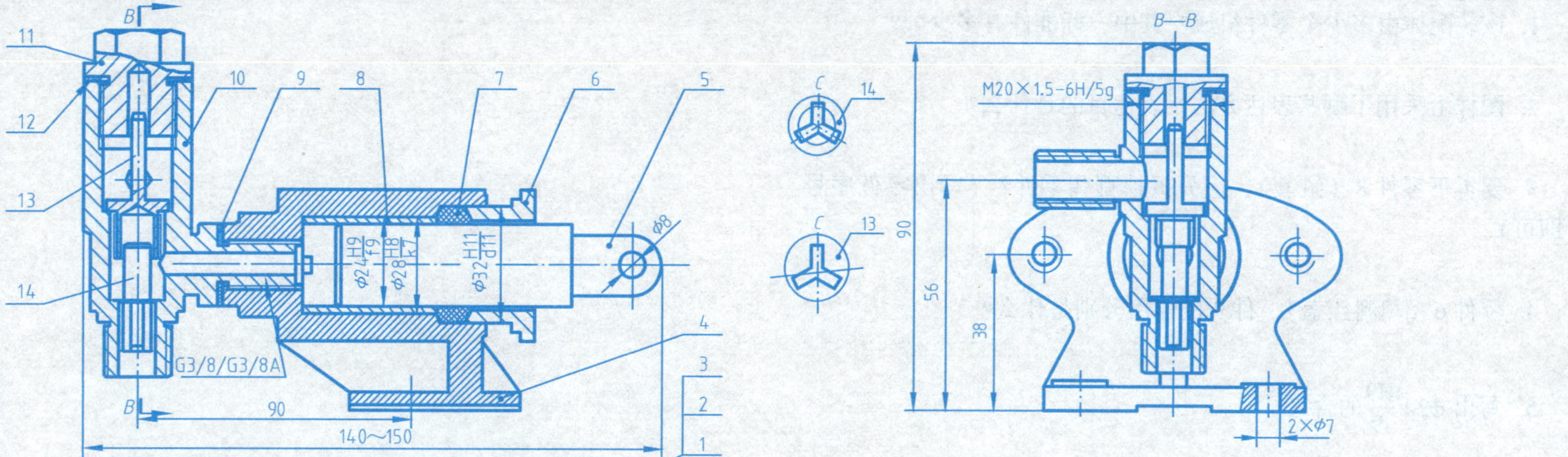
B
11
12
13
14
10
9
8
7
6
5
4
3
2
1
φ24 H9/f9
φ28 H8/k7
φ32 H11/d11
φ8
G3/8/G3/8A
90
140～150
B—B
M20×1.5-6H/5g
C
90
56
38
2×φ7

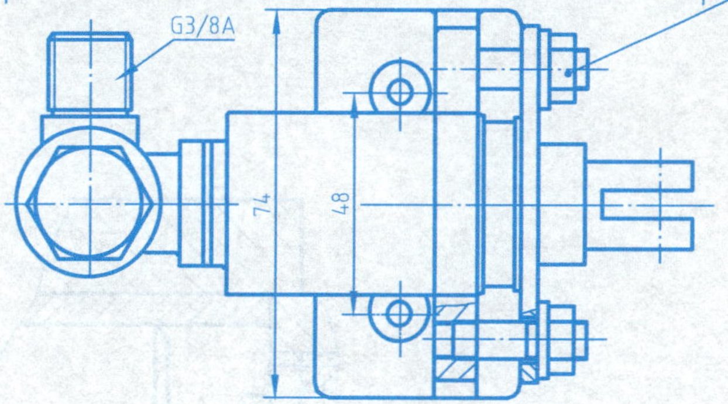
G3/8A
74
48

技术要求

1. 试验压力0.6MPa，工作压力0.5MPa。
2. 试验压力为0.6MPa时无打滑现象。

14		阀瓣	1	ZCuZn38Sn2Pb2			
13		阀瓣	1	ZCuZn38Sn2Pb2			
12		垫片	1	橡胶			
11		落塞	1	ZCuZn38Sn2Pb2			
10		管接头	1	ZCuZn38Sn2Pb2			

序号	代号	名称	数量	材料	单件质量	总计质量	备注
9		垫片	1	橡胶			
8		缸套	1	ZCuZn38Sn2Pb2			
7		填料	1	石棉			
6		填料压盖	1	ZCuZn38Sn2Pb2			
5		柱塞	1	ZCuZn38Sn2Pb2			
4		泵体	1	HT250			
3		螺母	2	35			
2		螺柱 M6×20	2	35			
1		垫圈 6-140HV	2	Q235A			

标记	处数	分区	更改文件号	签名	年、月、日	柱塞泵	ZHSB-00
设计			标准化			阶段标记	质量	比例
审核								1:1
工艺			批准			共 张 第 张	

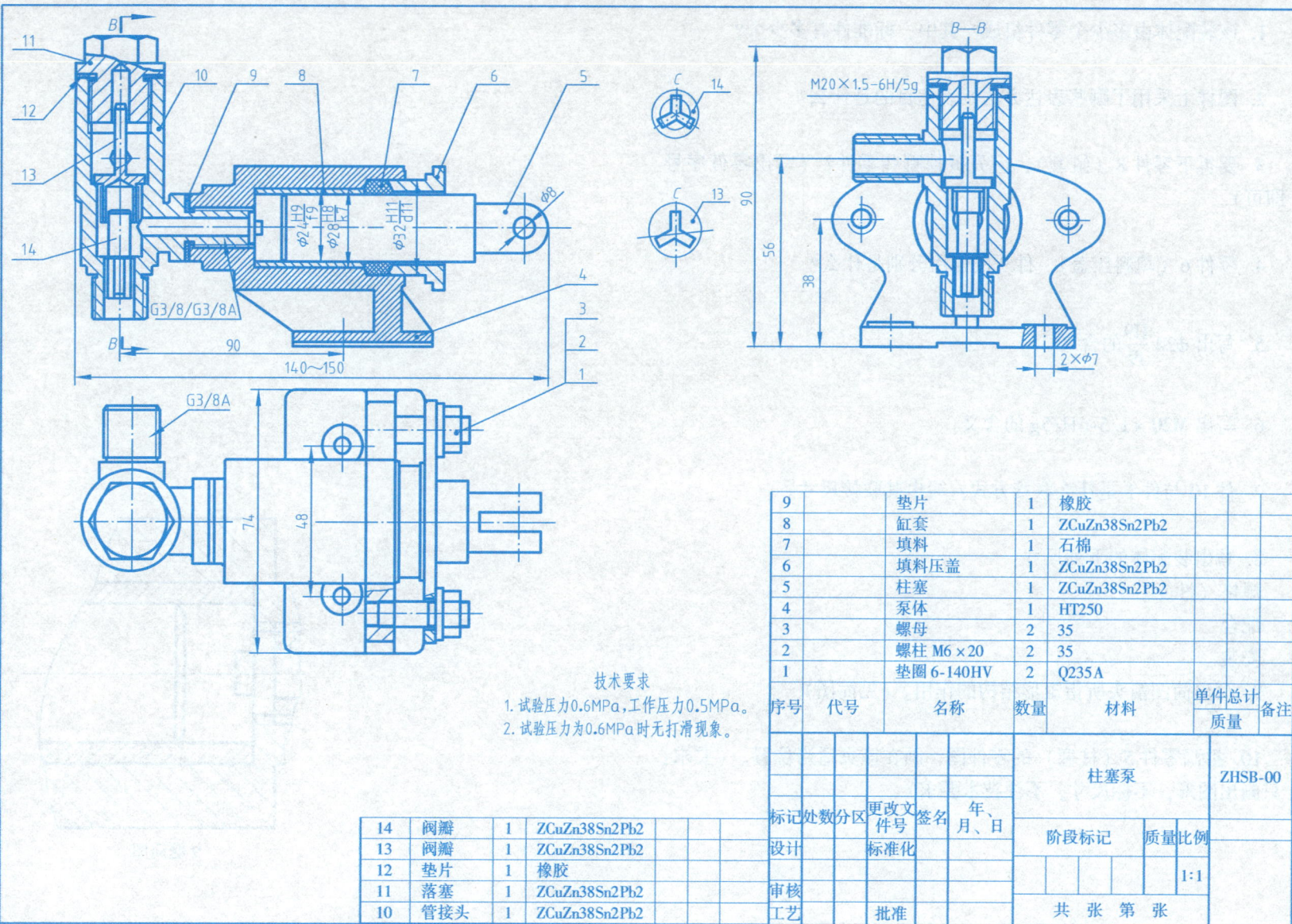

6-7 读柱塞泵的装配图，回答问题（二）

1. 该装配体由多少个零件组成？其中，标准件有多少个？

2. 图样上采用了哪些表达方法？表达目的是什么？

3. 要拆下零件 8（缸套），应先拆掉哪些零件？（写出零件序号即可）

4. 零件 6（填料压盖）、件 9 的作用分别是什么？

5. 写出 $\phi 24\frac{H9}{f9}$ 的含义。

6. 写出 M20×1.5-6H/5g 的含义。

7. 件 10 与件 1 是什么联接方式？写出其联接尺寸。

8. 写出装配体的下列尺寸：

规格（性能）

配合

安装

9. 写出简图箭头所指矩形结构的作用。（见简图）

10. 拆画零件 5（柱塞）的零件图，画在该页适当位置。（要求：只画出图形，不标尺寸，不注技术要求）

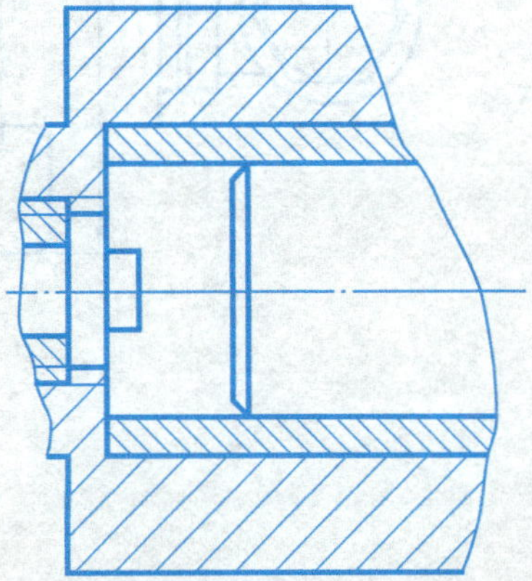

9 题简图

 班级 姓名 学号 审核

裁 剪 线

裁 剪 线

6-8 读微动机构的装配图，回答问题（一）

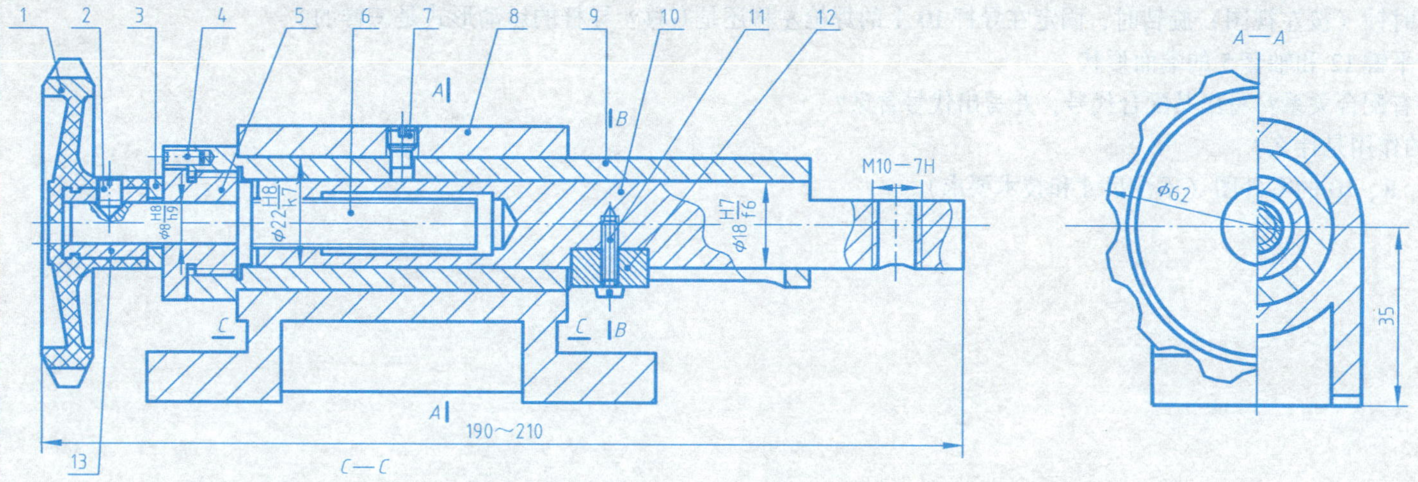

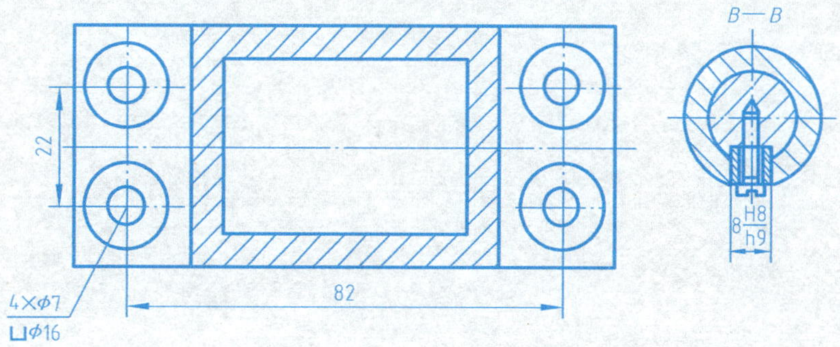

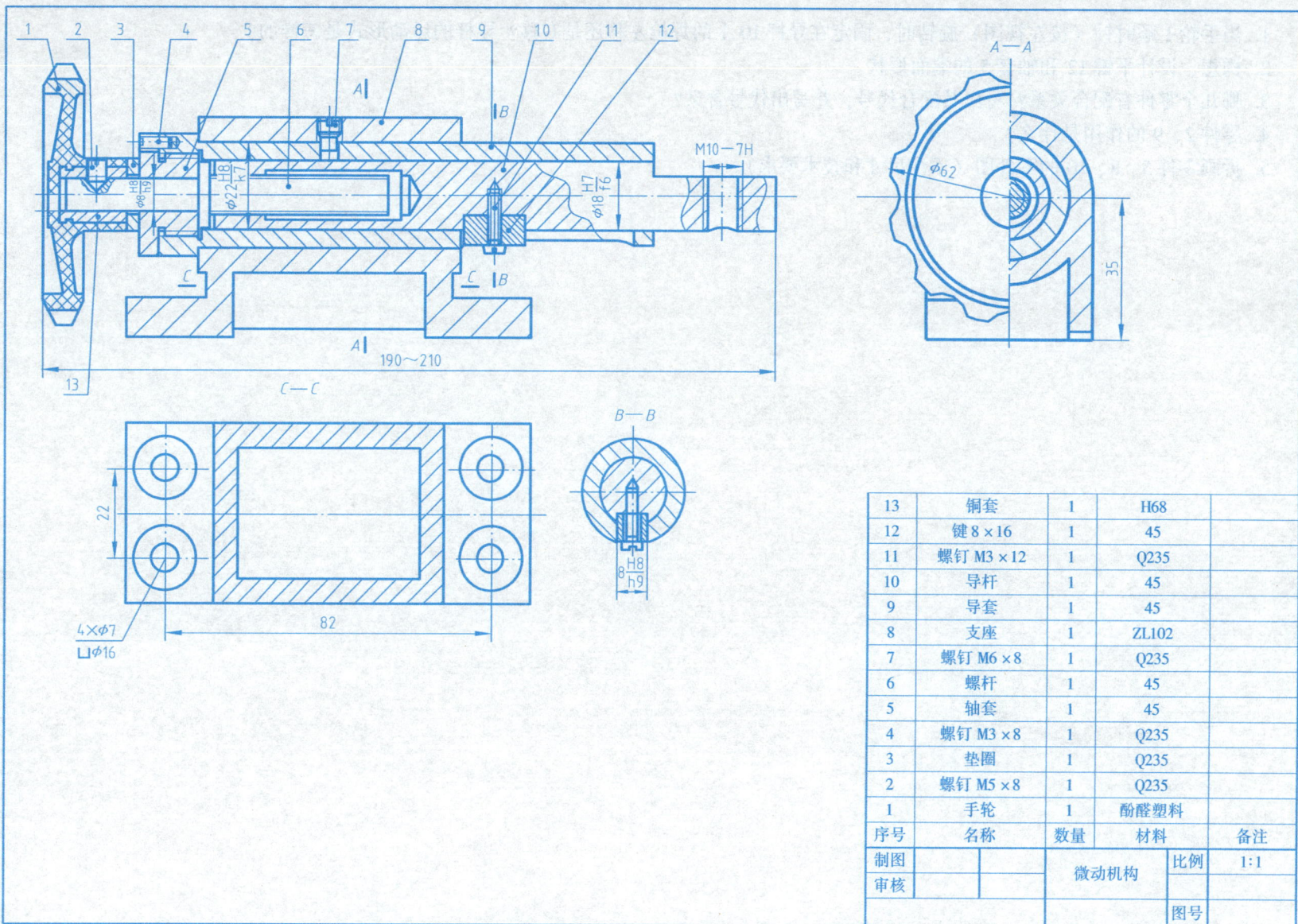

序号	名称	数量	材料	备注
13	铜套	1	H68	
12	键 8×16	1	45	
11	螺钉 M3×12	1	Q235	
10	导杆	1	45	
9	导套	1	45	
8	支座	1	ZL102	
7	螺钉 M6×8	1	Q235	
6	螺杆	1	45	
5	轴套	1	45	
4	螺钉 M3×8	1	Q235	
3	垫圈	1	Q235	
2	螺钉 M5×8	1	Q235	
1	手轮	1	酚醛塑料	

制图		微动机构	比例	1:1
审核			图号	

6-8 读微动机构的装配图，回答问题（二）

1. 当手轮 1 顺时针（按左视图）旋转时，固定在导杆 10 上的焊枪左移还是右移？导杆的运动形式是怎样的？
2. 构想、设计平键 12 和轴套 5 的端面形状。
3. 哪几个零件有配合关系？写出其配合代号，并写出代号含义？
4. 零件 2、9 的作用是什么？
5. 拆画零件 5、8、10 的零件图（不注尺寸和技术要求）。

 班级 姓名 学号 审核

裁 剪 线

裁

剪

线

机械制图自测试卷（1）

班级________姓名________学号________得分________

题号	一	二	三	四	五	六	七	八	九	总分
得分										
阅卷人										

一、已知点 *A* 距 *H* 面为 12，距 *V* 面为 15，距 *W* 面为 10，点 *B* 在点 *A* 的左方 5，后方 10，上方 8，试作 *A*、*B* 两点的三面投影。(10 分)

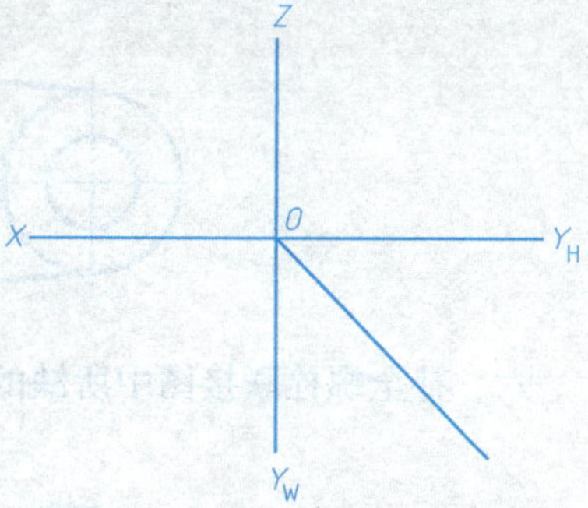

二、作平面四边形 *ABCD* 的投影。(10 分)

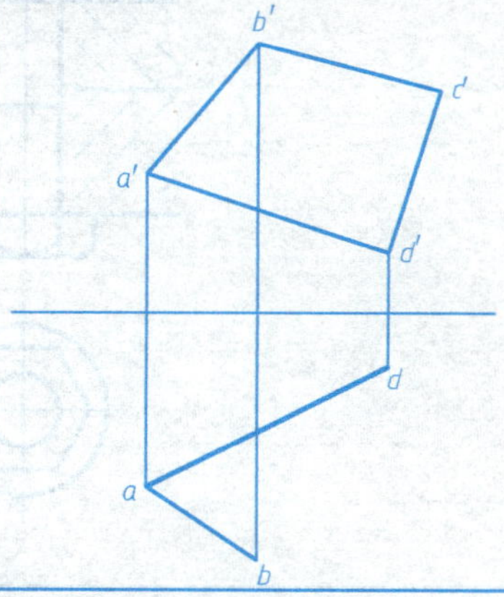

三、完成下列各形体的投影。(12 分，每题 6 分)

1.

2.

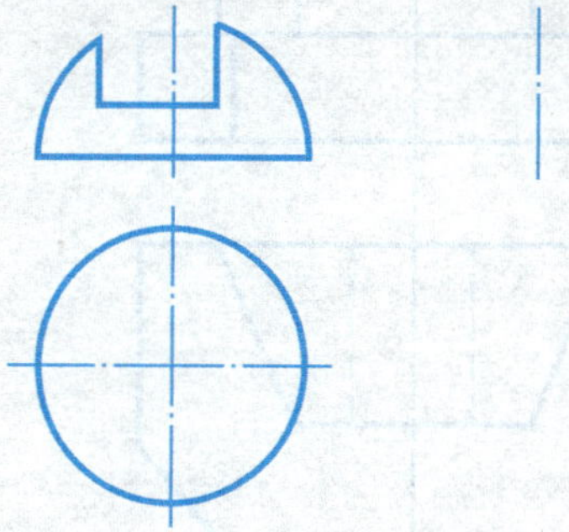

四、根据给出的视图，补画第三视图（或视图所缺的图线）。（12 分，每题 6 分）

1.

2.

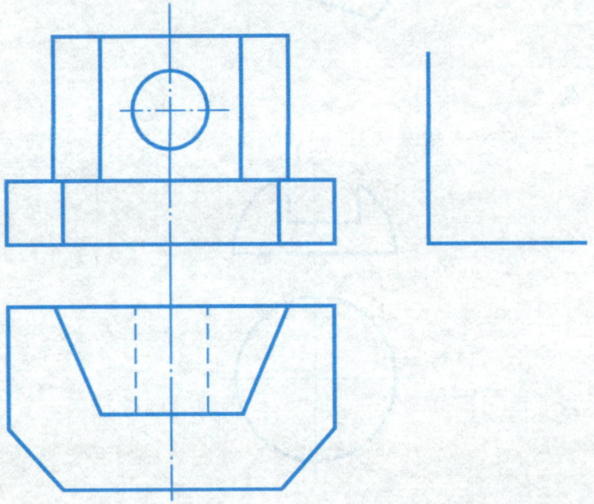

五、在指定位置将主视图画成全剖视图。（10 分）

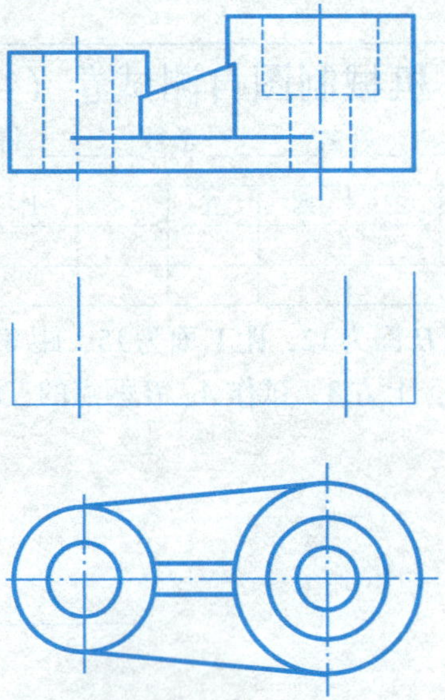

六、补全螺栓联接图中所缺的图线。（10 分）

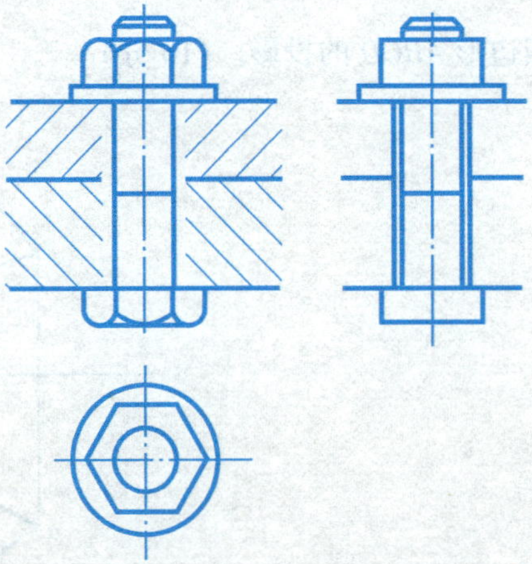

裁 剪 线

班级　姓名　学号　审核

裁剪线

七、在指定位置将主视图画成剖视图。(10 分)

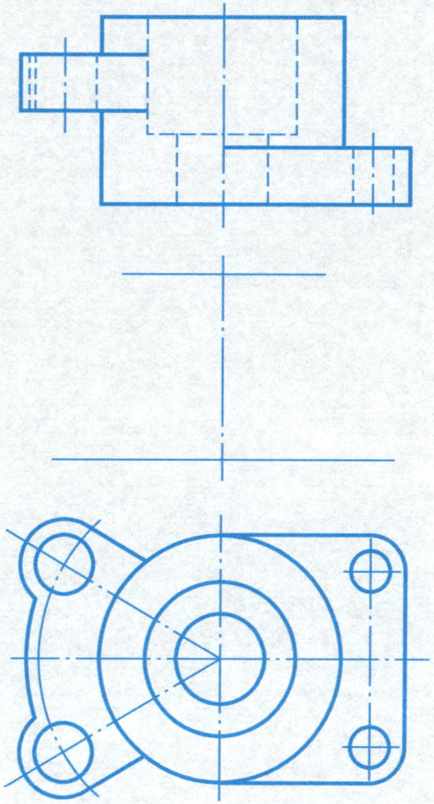

八、已知两平板齿轮啮合，$m_1=m_2=4\text{mm}$，$z_1=20$，$z_2=35$，分别计算其齿顶圆、分度圆、齿根圆直径，并画出其啮合图（比例 1:2）。(10 分)

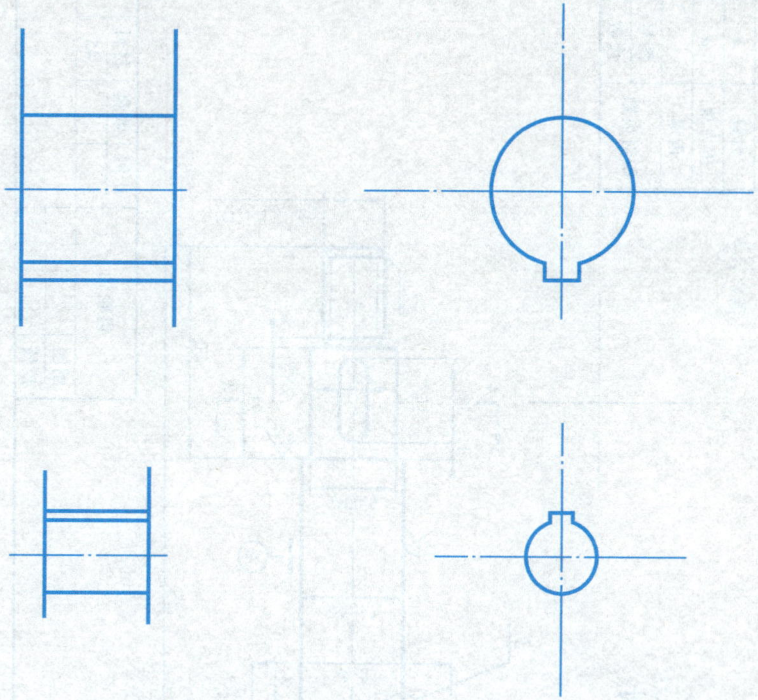

九、读齿轮轴零件图，在指定位置补画断面图，并完成填空题。(16 分)

（1）说明 ϕ20f7 的含义：ϕ20 为________，f7 是________。

（2）说明 [⊥|0.03|A] 含义：符号⊥表示________，数字 0. 03 是________，A 是________。

（3）指出图中的工艺结构：它有________处倒角，其尺寸分别为________，有________处退刀槽，其尺寸为________。

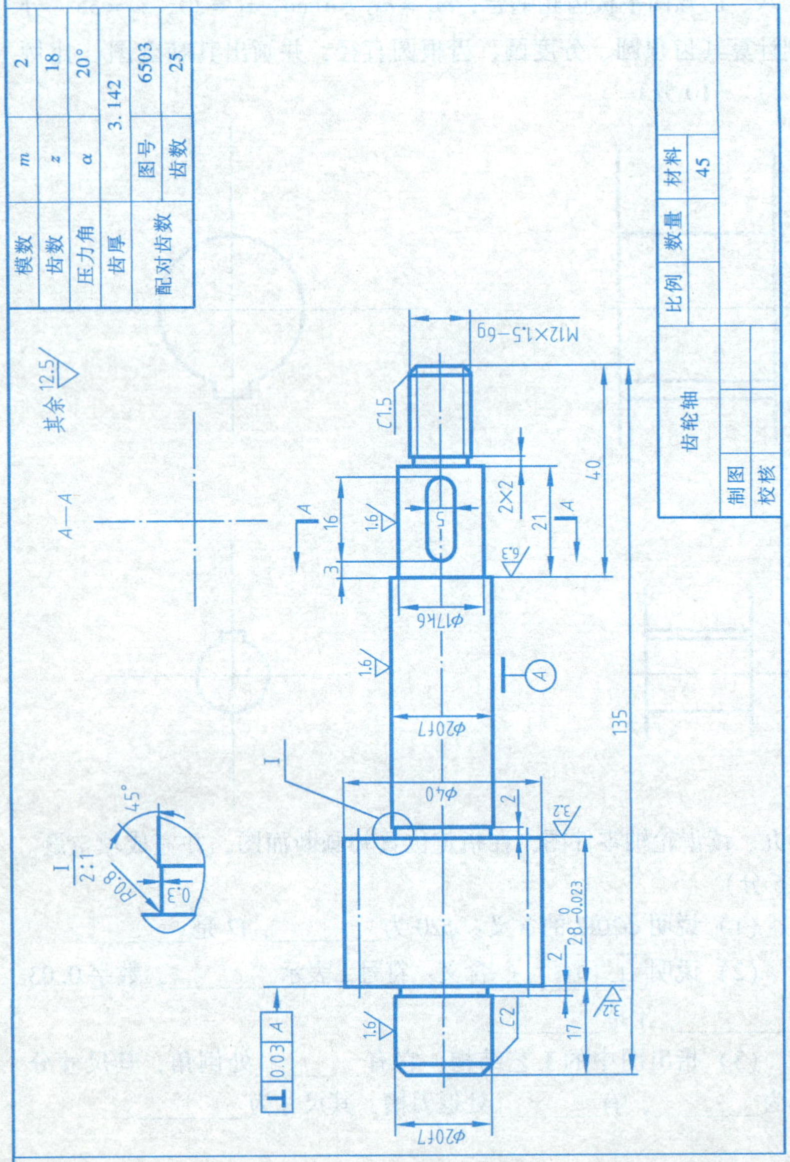
模数 m 2
齿数 z 18
压力角 α 20°
齿厚 3.142
配对齿数 图号 6503
齿数 25
比例
数量
材料 45
齿轮轴
制图
校核
其余 12.5
A—A
M12×1.5−6g
C1.5
2×2
16
3
21
40
A
1.6
6.3
φ17k6
φ20f7
A
135
I
φ40
2
3.2
28−0.023
17
C2
0.03 A
I 2:1
45°
R0.8
0.3

裁

剪

线

班级 姓名 学号 审核

裁剪线

机械制图自测试卷（2）

班级________姓名________学号________得分________

题号	一	二	三	四	五	六	七	八	九	总分
得分										
阅卷人										

一、在平面 *ABC* 内作一条水平线，使其到 *H* 面的距离为 10mm。(10 分)

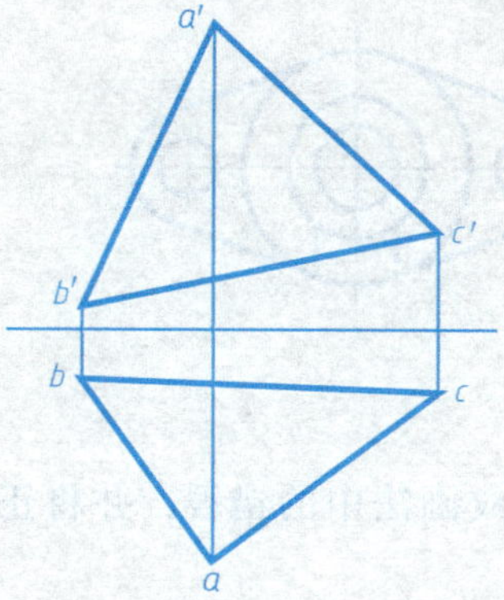

二、作一直线 *MN*，使 *MN*//*AB*，且与直线 *CD*、*EF* 相交。(10 分)

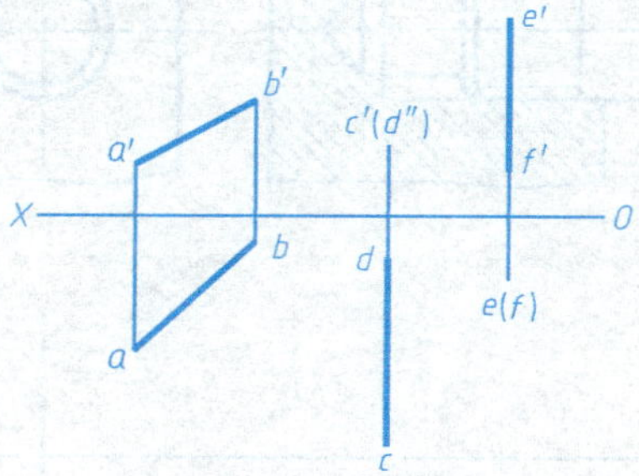

三、根据给出的视图，补画第三视图或视图中所缺的图线。(14 分，每题 7 分)

1.

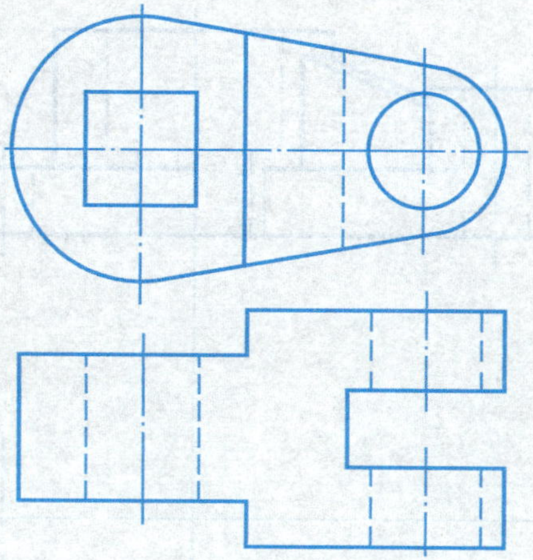

2.

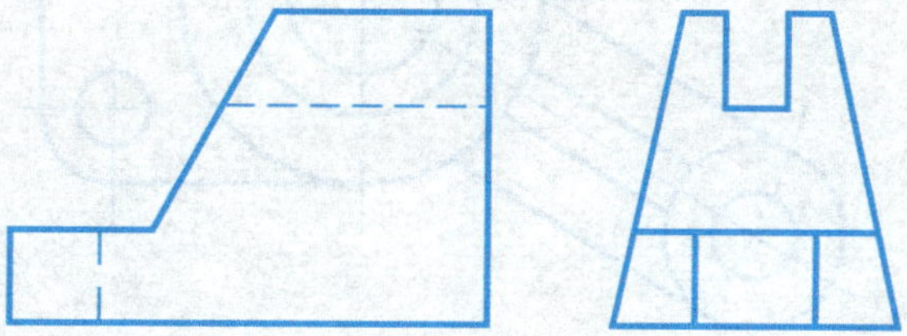

四、在指定位置将主视图画成剖视图。(12 分)

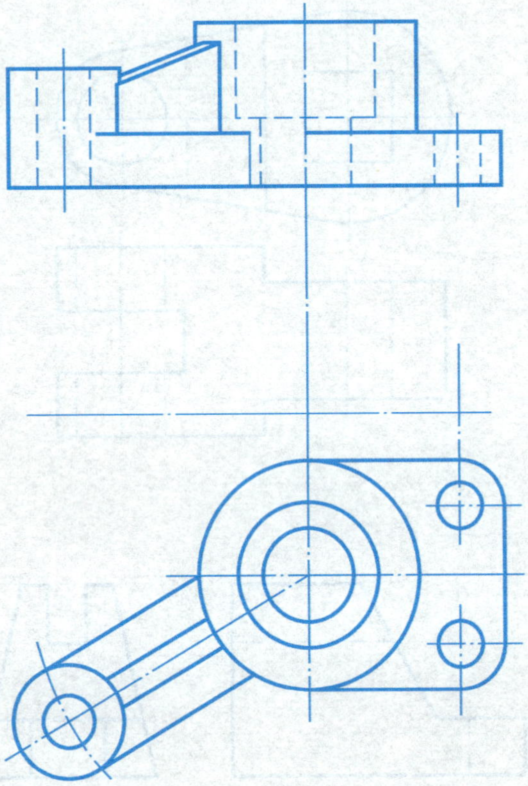

五、补画视图中的缺线。(12 分)

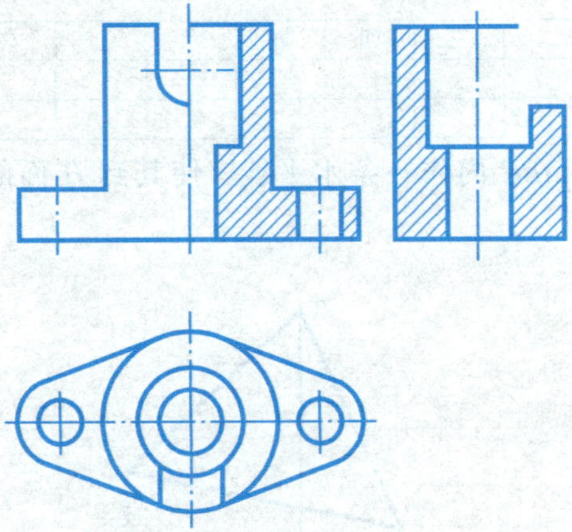

六、指出下列螺纹画法中的错误，并将正确的画在指定位置。(8 分)

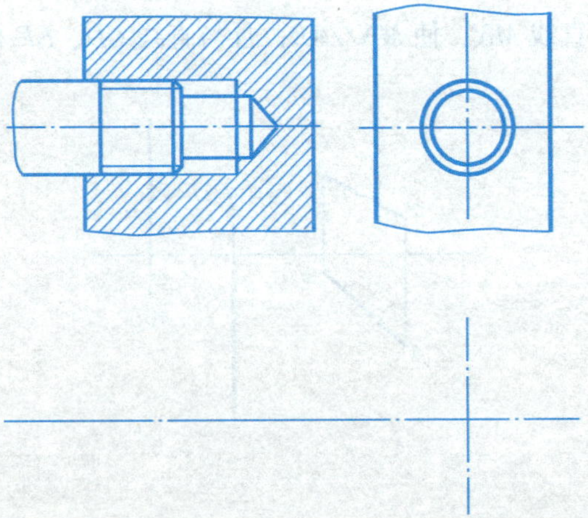

裁 剪 线

裁 剪 线

七、在指定位置画出移出断面图（键槽深为3mm）。(8分)

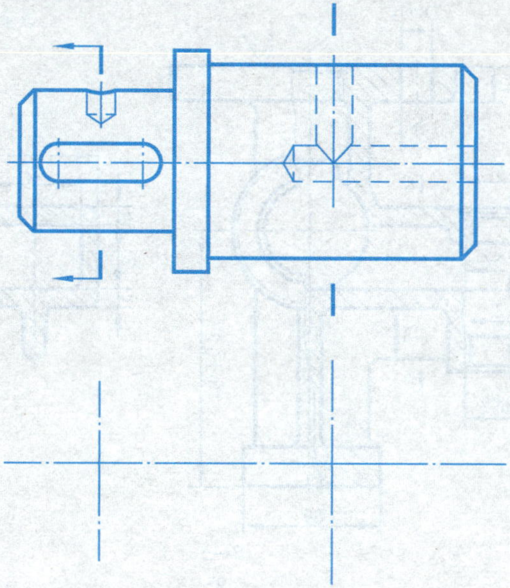

八、解释轴承 304 的含义，并在图中画出其与孔和轴的装配结构。(8分)

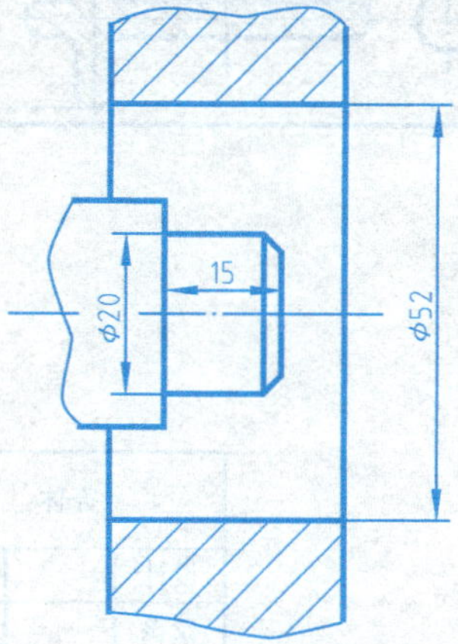

九、读零件图，并回答问题（18分）

(1) 该零件采用了哪些视图、剖视图或其他表达方法？说明数量和名称。

(2) 指出该零件在长、宽、高三个方向的主要尺寸基准。

(3) 说明 φ40H7 的意义。

(4) 说明 M68×2 的含义。

(5) 画出左视图的外形。

(6) 说明符号 $\sqrt{6.3}$ $\circ\!\!\sqrt{}$ 的含义

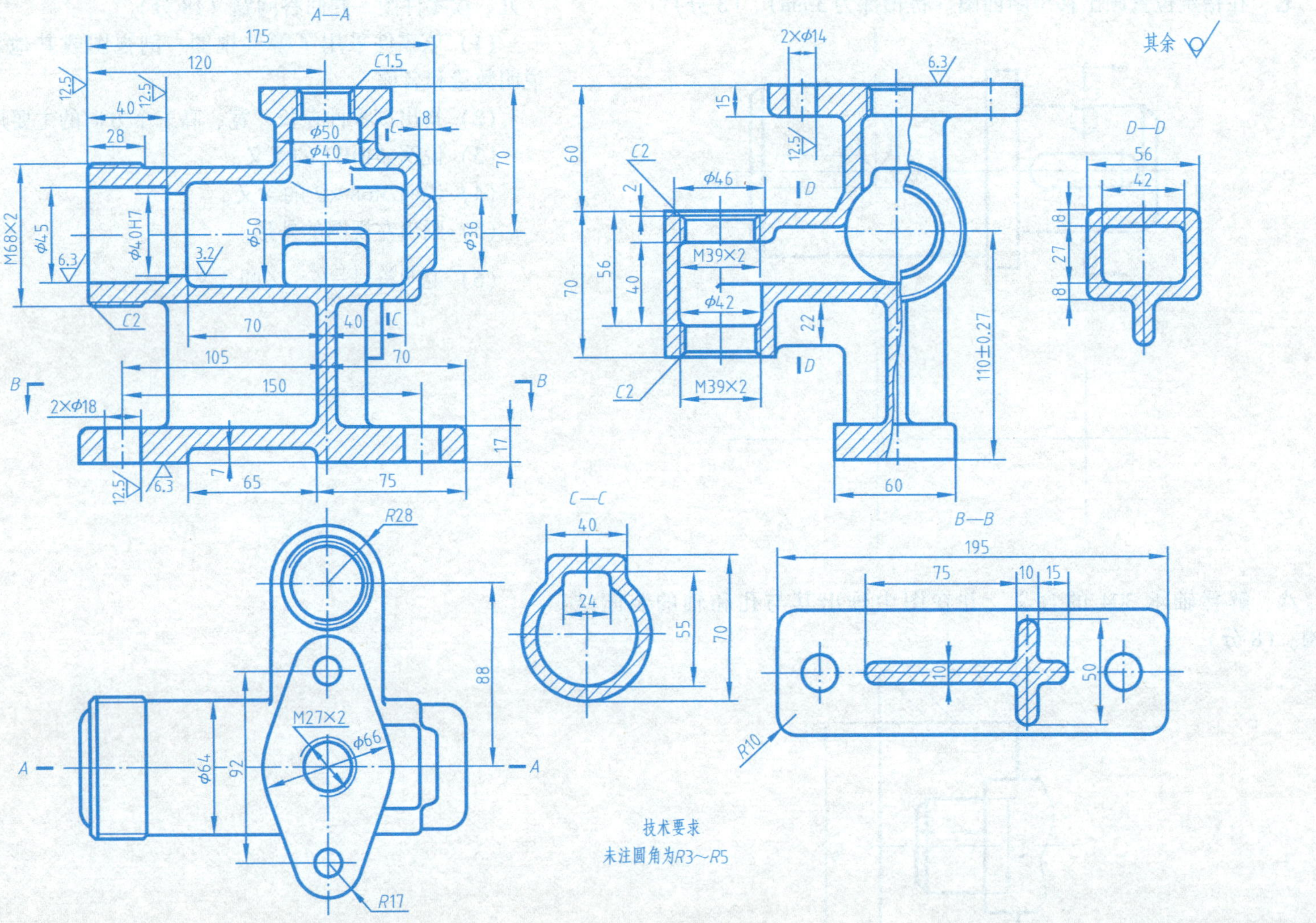

技术要求
未注圆角为R3～R5

壳体		比例		材料
		1:2		HT200
设计				
校核				

班级　　姓名　　学号　　审核

裁
剪
线

裁 剪 线

机械制图自测试卷（3）

班级________姓名________学号________得分________

题号	一	二	三	四	五	六	七	八	总分
得分									
阅卷人									

一、已知直线 AB 的两面投影，设直线 AB 上一点 C 将 AB 分成 2∶3，求 C 点的三面投影。(12 分)

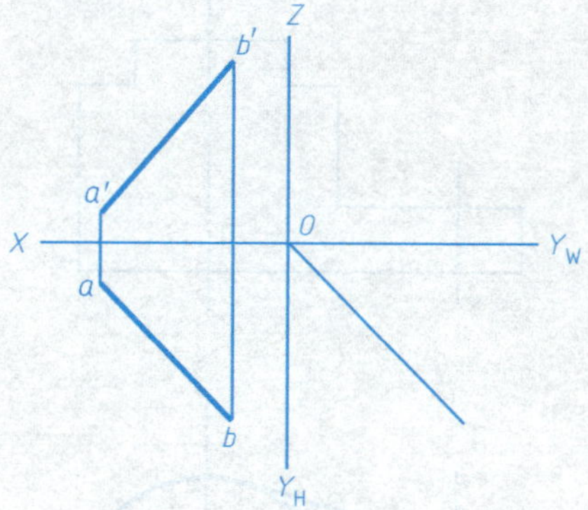

二、已知平面的两面投影，完成其第三面投影。(10 分)

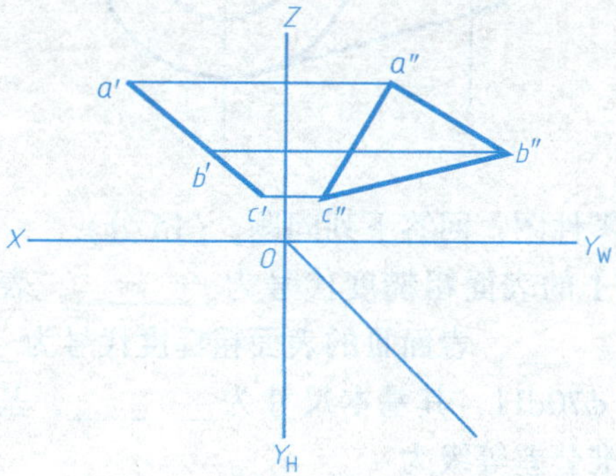

三、已知两视图，求作第三视图。(15 分)

四、求作立体的相贯线。(12 分)

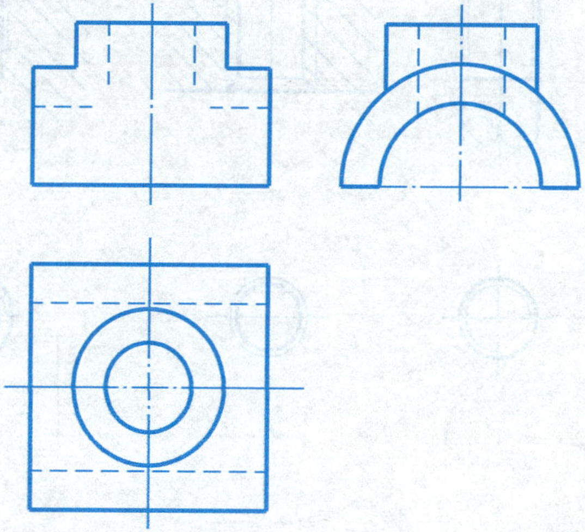

五、根据两视图补画第三视图。(12 分)

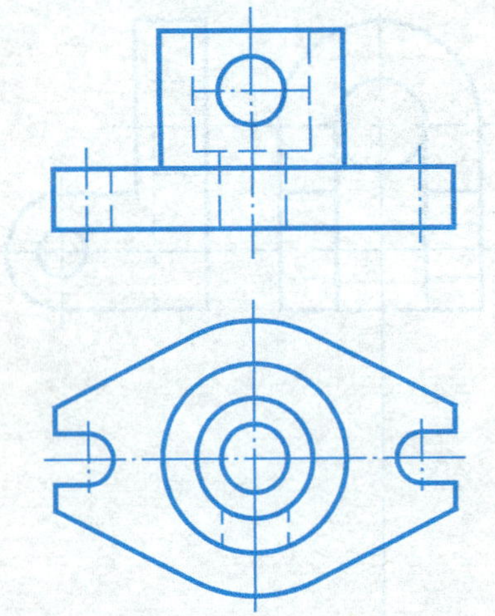

六、分析下列螺纹画法的错误，正确的打“√”，错误的打“×”。(8 分)

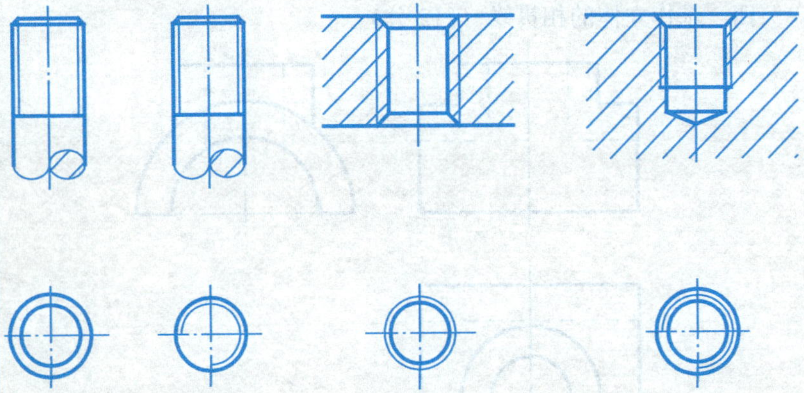

(　)　(　)　(　)　(　)

七、在指定位置将主视图画成全剖视图。(16 分)

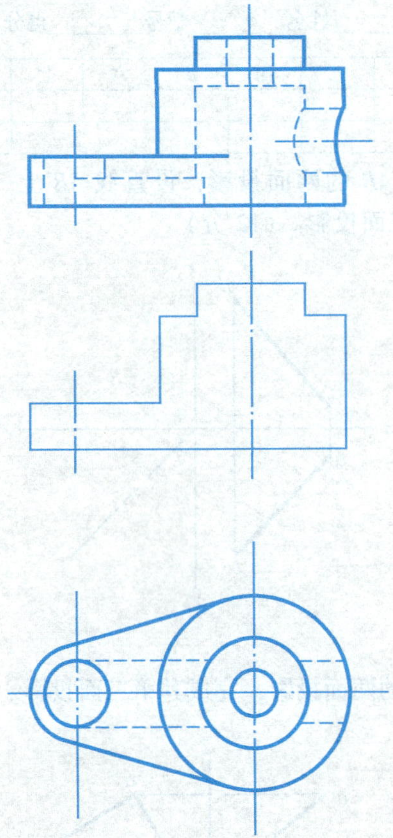

八、读端盖零件图，回答下列问题。(15 分)

(1) 表面Ⅰ的表面粗糙度代号为________，表面Ⅱ的表面粗糙度代号为________，表面Ⅲ的表面粗糙度代号为________。

(2) 尺寸 ϕ70d11，其基本尺寸为________，基本偏差代号为________，标准公差等级为________。

裁剪线

班级　姓名　学号　审核

裁剪线

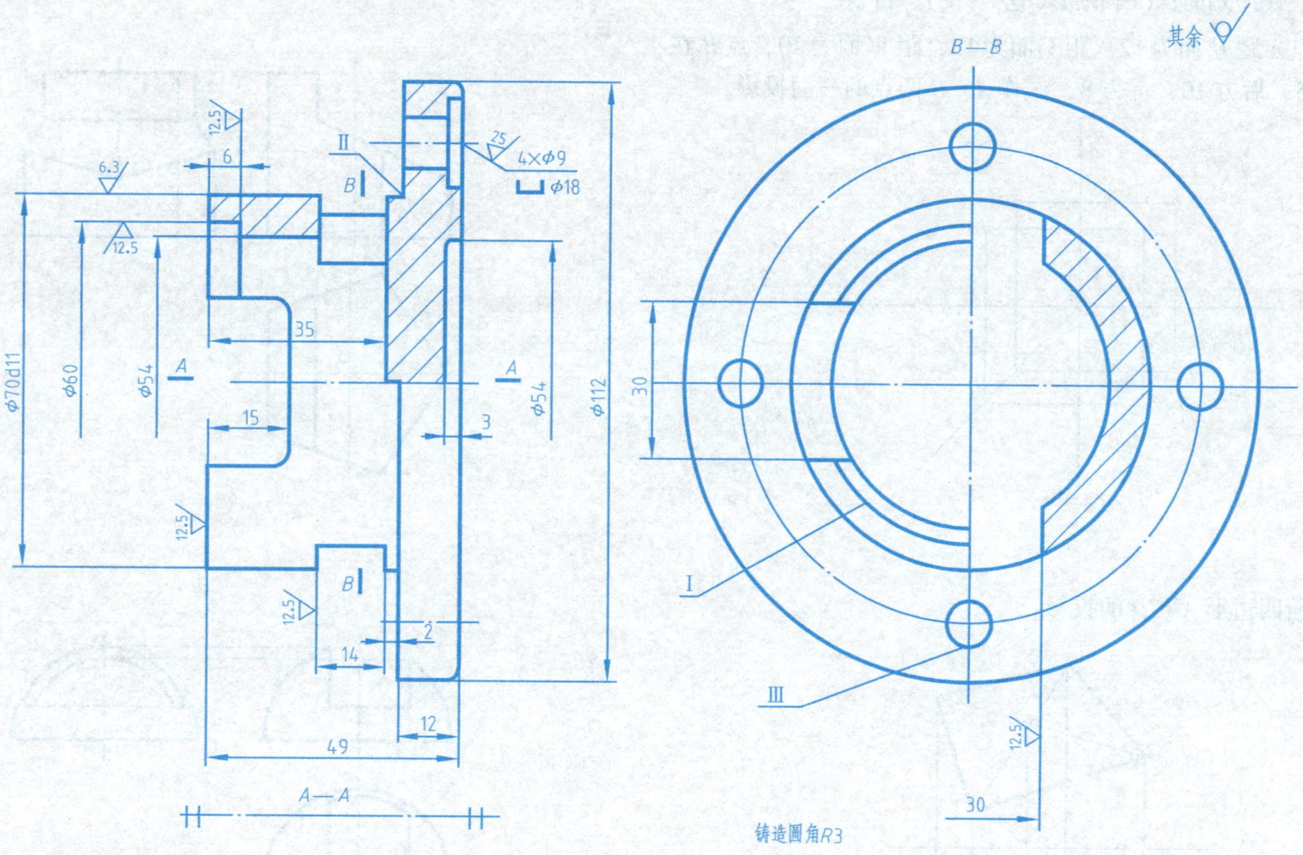

制图			端盖		图号	
校核						
	制图		数量	1	比例	1:2

机械制图自测试卷　答案

机械制图自测试卷（1）答案

一、已知点 *A* 距 *H* 面为 12，距 *V* 面为 15，距 *W* 面为 10，点 *B* 在点 *A* 的左方 5，后方 10，上方 8，试作 *A*、*B* 两点的三面投影。

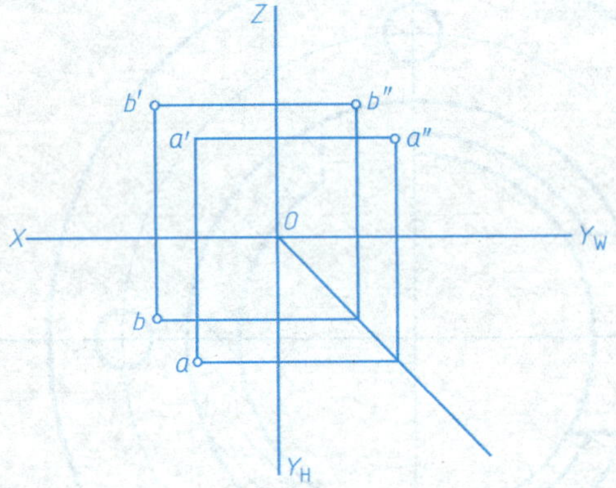

二、作平面四边形 *ABCD* 的投影。

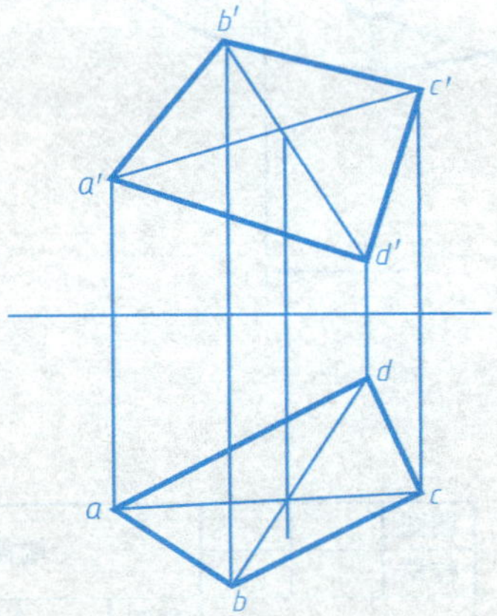

三、完成下列各形体的投影。

1.

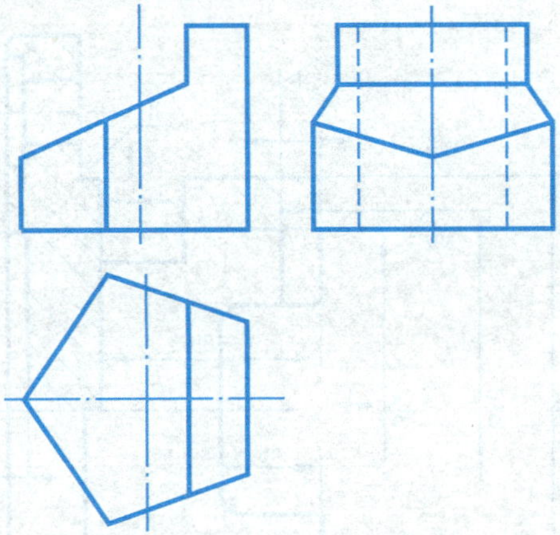

2.

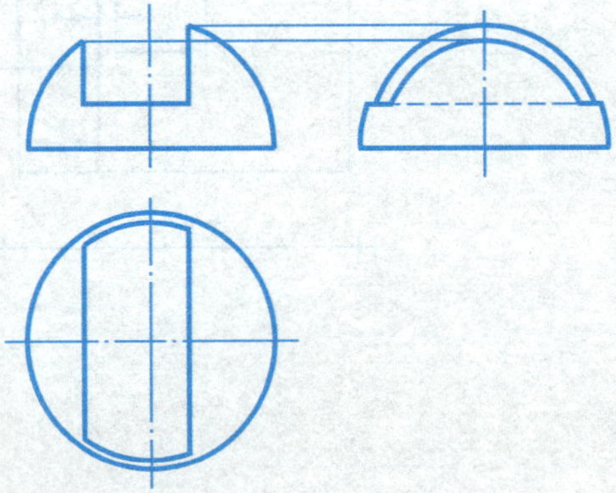

裁

剪

线

四、根据给出的视图，补画第三视图（或视图所缺的图线）。

1.

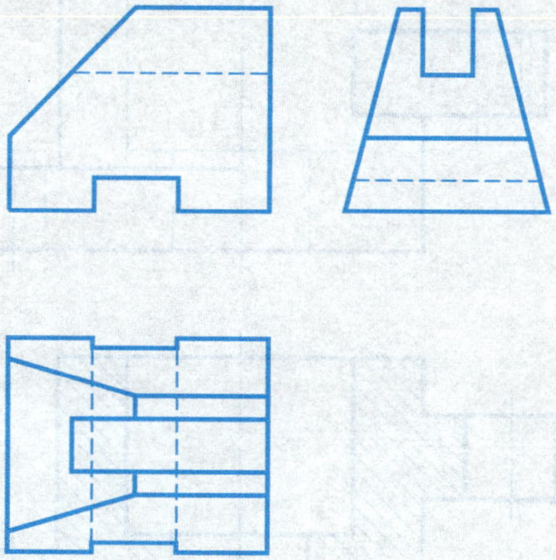

2.

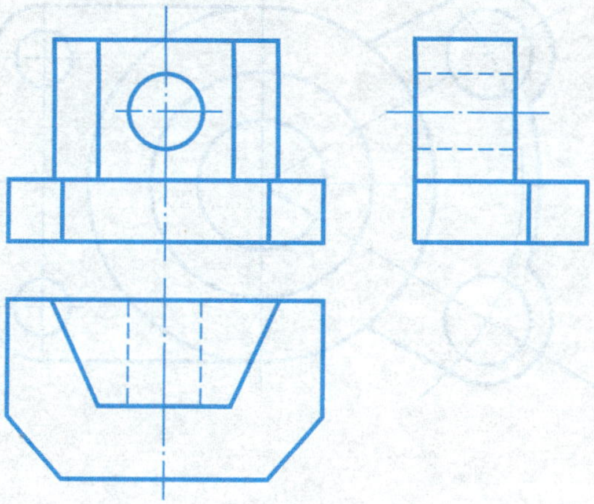

五、在指定位置将主视图画成全剖视图。

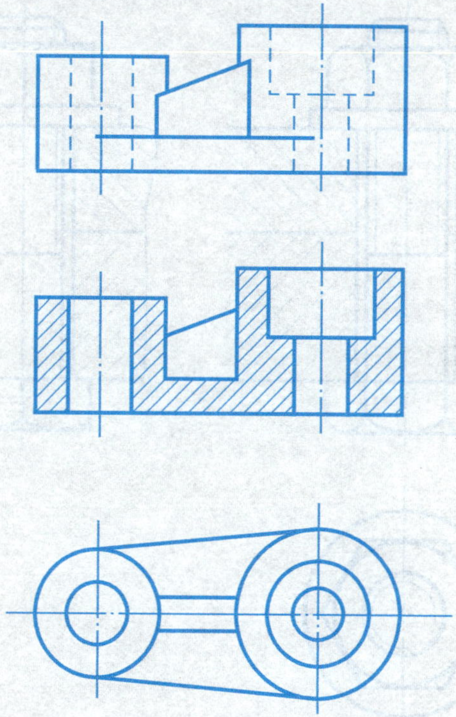

班级　　　　姓名　　　　学号　　　　审核

六、补全螺栓连接图中所缺的图线。

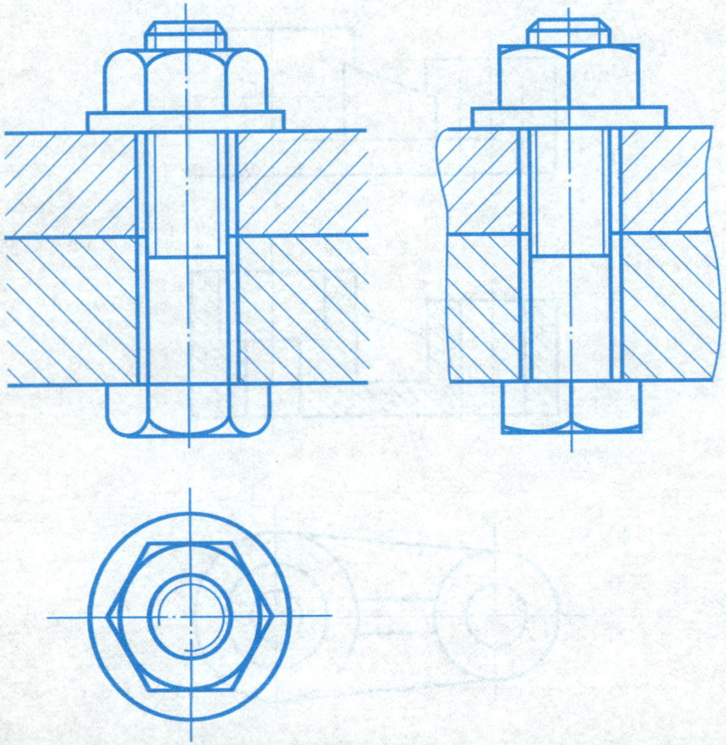

七、在指定位置将主视图画成剖视图。

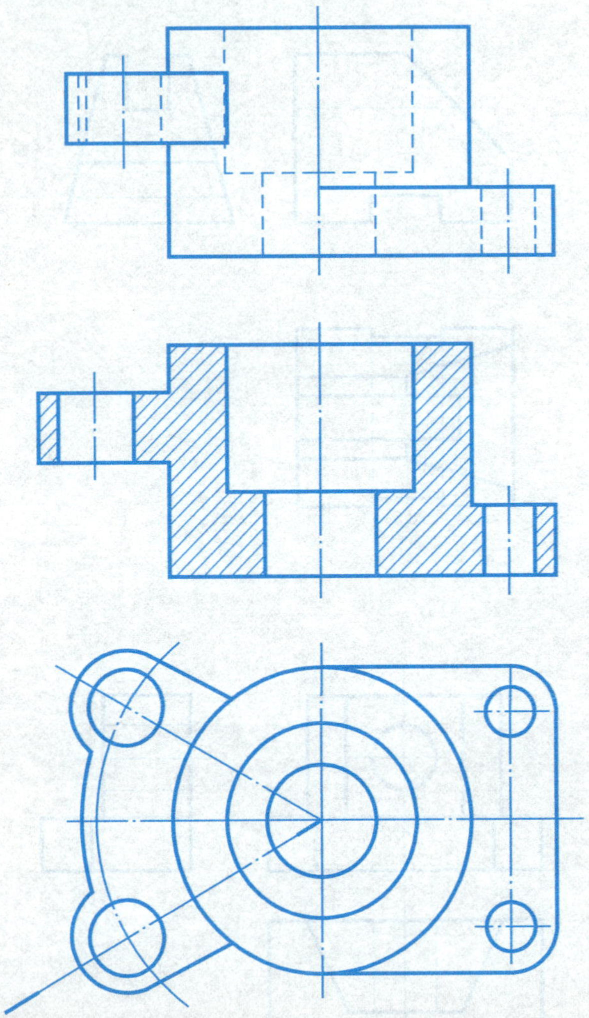

班级　　姓名　　学号　　审核

裁 剪 线

八、已知两平板齿轮啮合，$m_1 = m_2 = 4\text{mm}$，$z_1 = 20$，$z_2 = 35$，分别计算其齿顶圆、分度圆、齿根圆直径，并画出其啮合图（比例 1:2）。

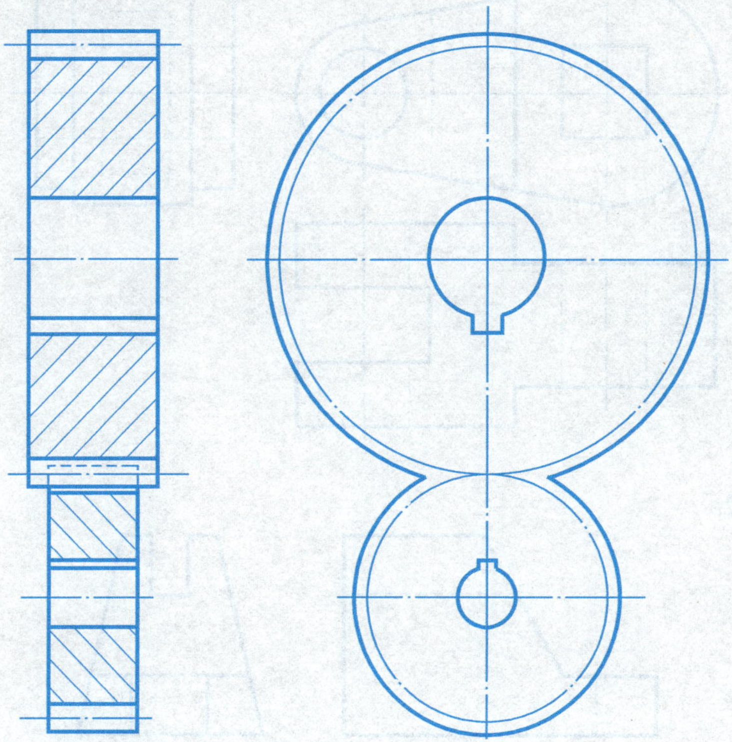

九、读零件图，并回答问题。

（1）基本尺寸，公差带代号。

（2）垂直度，公差，基准符号。

（3）2，$C2$ 和 $C1.5$，1，2×2。

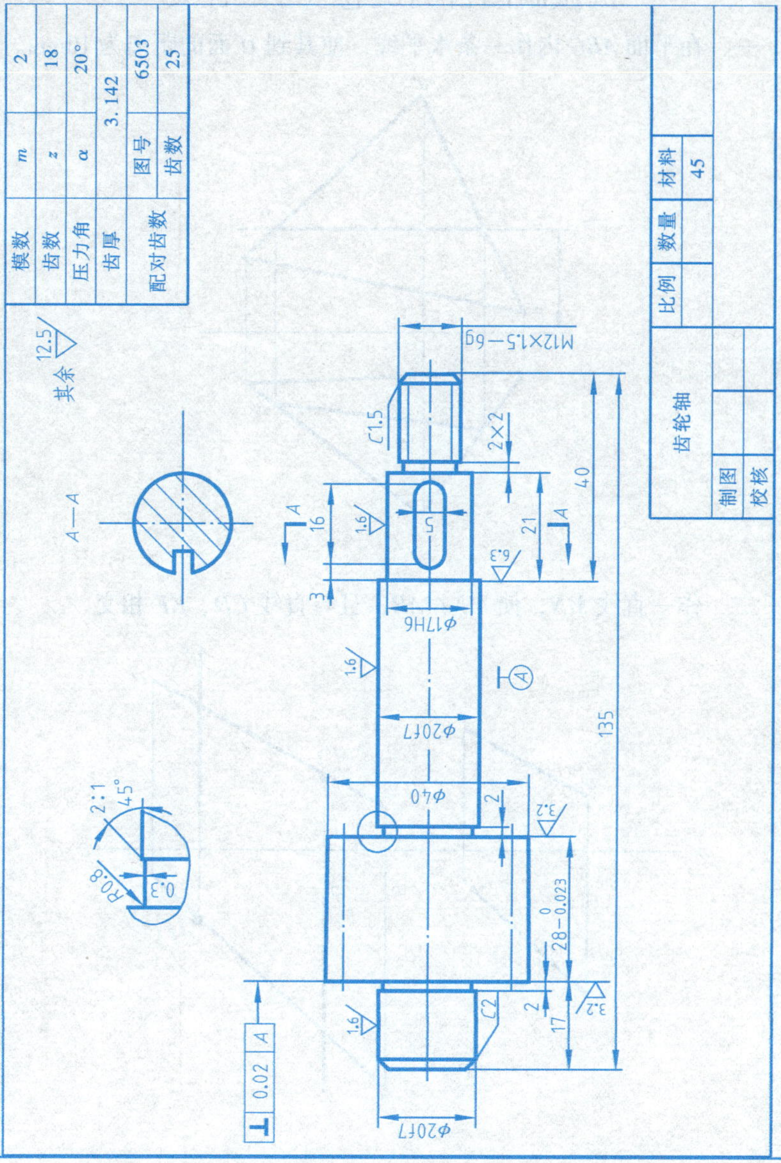

模数 m 2
齿数 z 18
压力角 α 20°
齿厚 3.142
配对齿数 图号 6503
齿数 25
其余 12.5
A—A
M12×1.5−6g
C1.5
2×2
40
21
16
3
5
1.6
6.3
φ17H6
φ20f7
φ40
135
3.2
2
$28^{\ 0}_{-0.023}$
17
C2
0.02 A
2:1
45°
R0.8
0.3
齿轮轴
比例
数量
材料
45
制图
校核

机械制图自测试卷（2）答案

一、在平面 *ABC* 内作一条水平线，使其到 *H* 面的距离为 10mm。

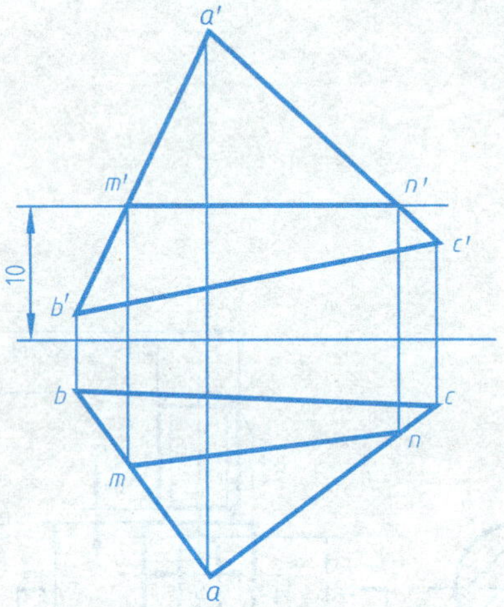

二、作一直线 *MN*，使 *MN*//*AB*，且与直线 *CD*、*EF* 相交。

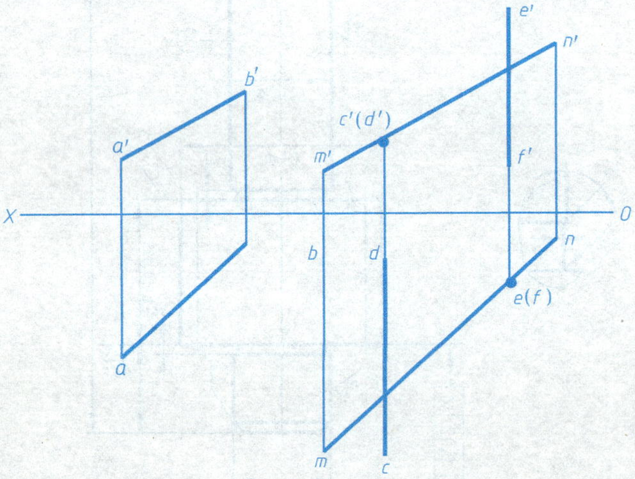

三、根据给出的视图，补画第三视图或视图中所缺的图线。

1.

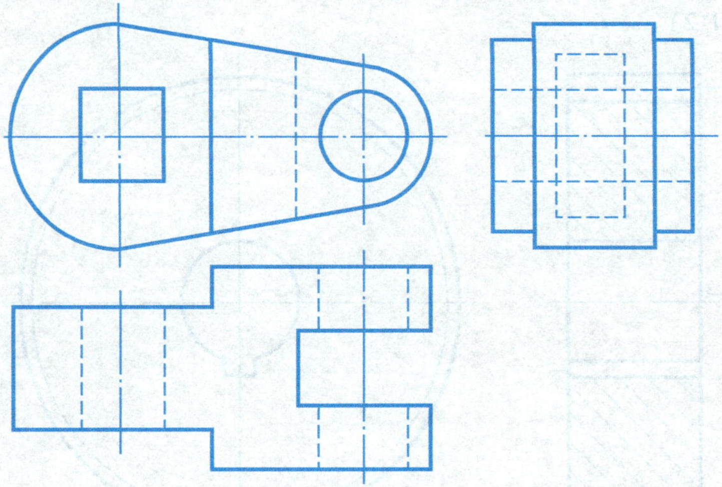

2.

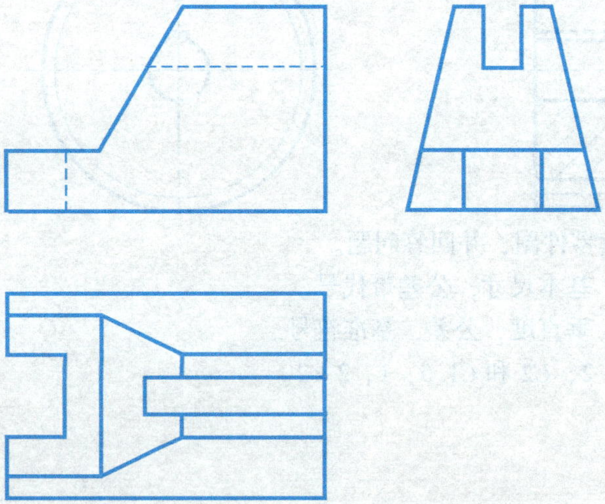

裁 剪 线

四、在指定位置将主视图画成剖视图。

五、补画视图中的缺线。

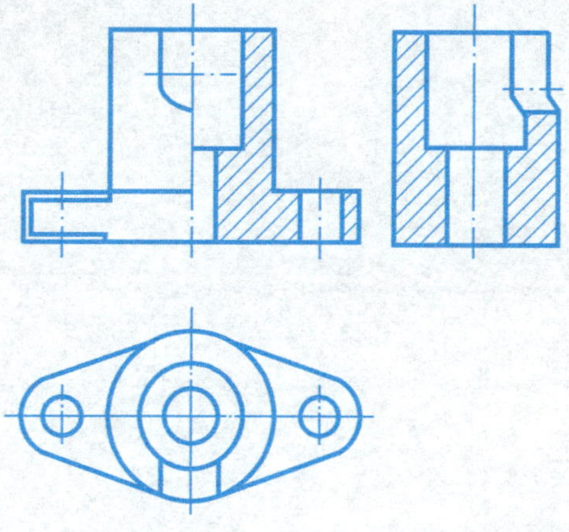

六、指出下列螺纹画法中的错误，并将正确的画在指定位置。

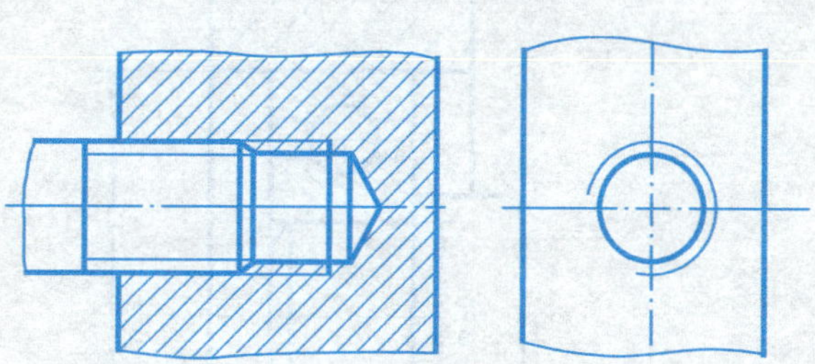

七、在指定位置画出移出断面图（键槽深为3mm）。

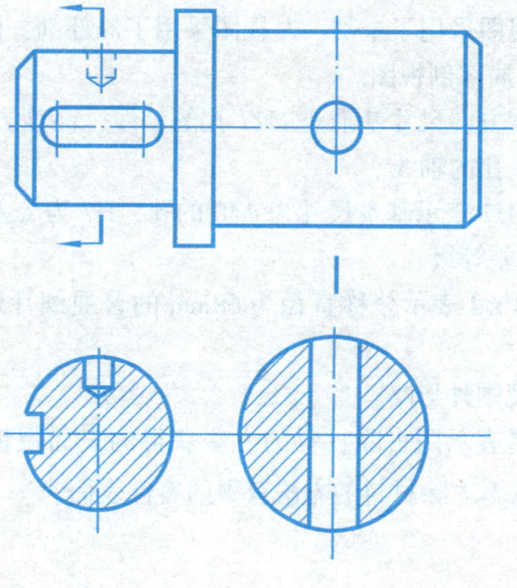

八、解释轴承 304 的含义，并在图中画出其与孔和轴的装配结构。

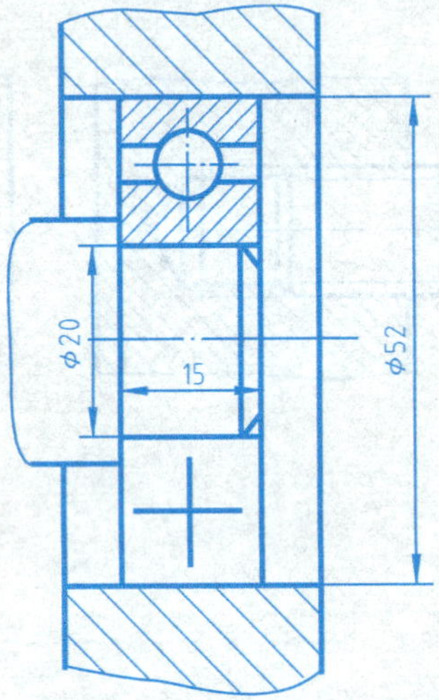

304：向心球轴承，04 表示滚动轴承内径为 20mm，3 表示尺寸系列。

九、读零件图，并回答问题。

（1）主视图采用了全剖，左视图采用了局部剖，俯视图，*B—B*、*C—C* 断面图及 *D—D* 局部剖视图。

（2）长度方向尺寸基准是 M27 孔的轴线，高度方向基准是底面，宽度方向基准是 ϕ45 孔的轴线。

（3）ϕ40H7 表示基本尺寸为 ϕ40 的孔，H7 为公差带代号，H 为基本偏差代号，7 为公差等级。

（4）M68 ×2 表示公称直径为 68mm 的普通细牙螺纹，M 为螺纹代号，2 为螺距。

（5）左视图外形略。

（6）前者表示用去除材料的方法获得的表面粗糙度，R_a 的值为 6.3μm；后者表示是由不去除材料的方法获得的零件表面。

裁

剪

线

机械制图自测试卷（3）答案

一、已知直线 *AB* 的两面投影，设直线 *AB* 上一点 *C* 将 *AB* 分成 2∶3，求 *C* 点的三面投影。

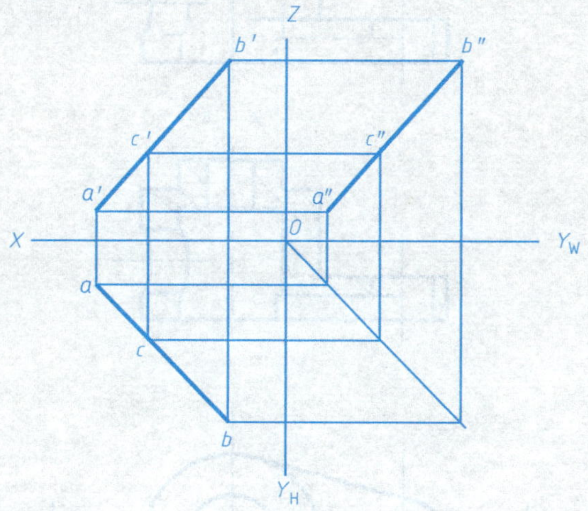

二、已知平面的两面投影，完成其第三面投影。

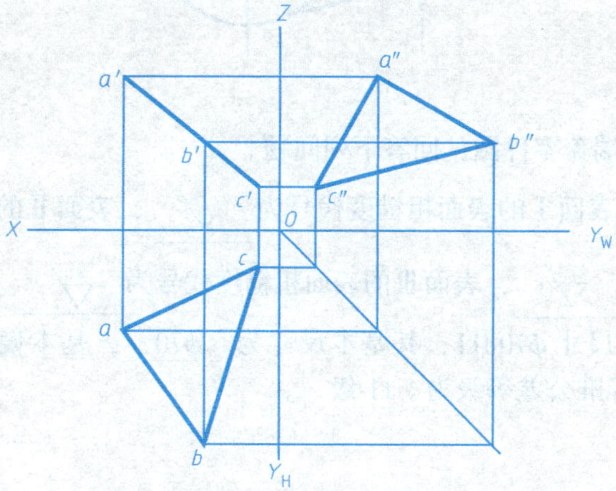

三、已知两视图，求作第三视图。

四、求作立体的相贯线。

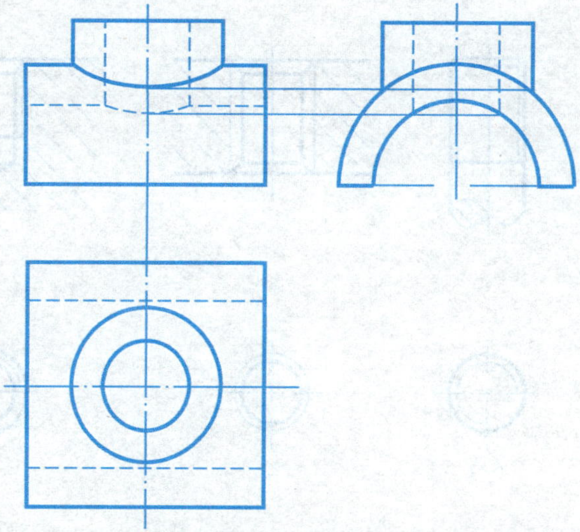

五、根据两视图补画第三视图。

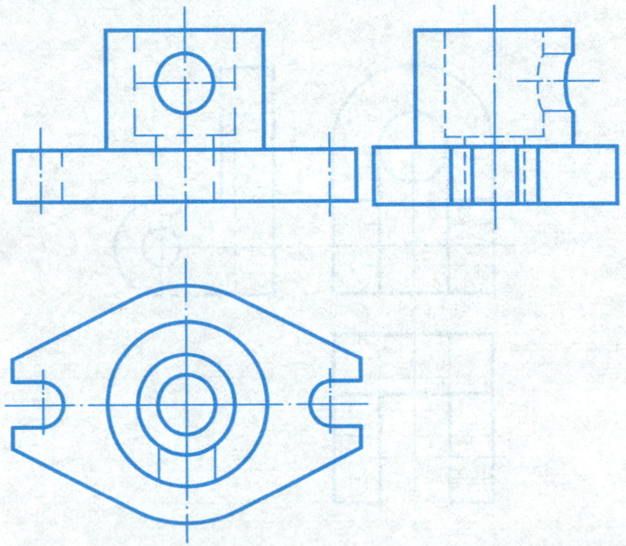

六、分析下列螺纹画法的错误，正确的打“√”，错误的打“×”。

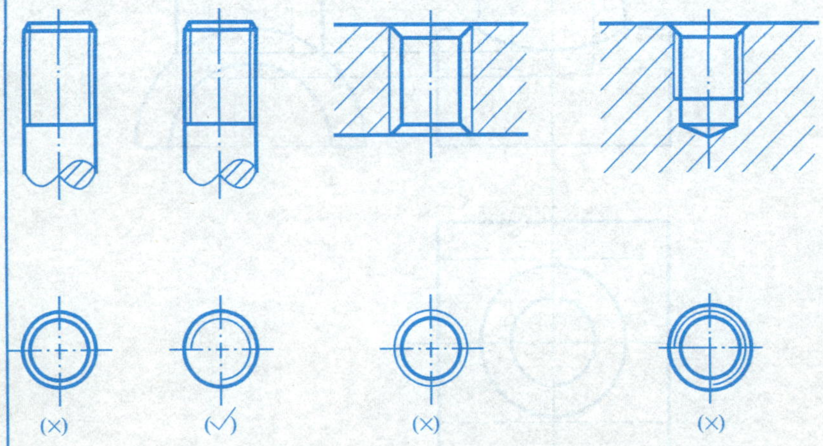

七、在指定位置将主视图画成全剖视图。

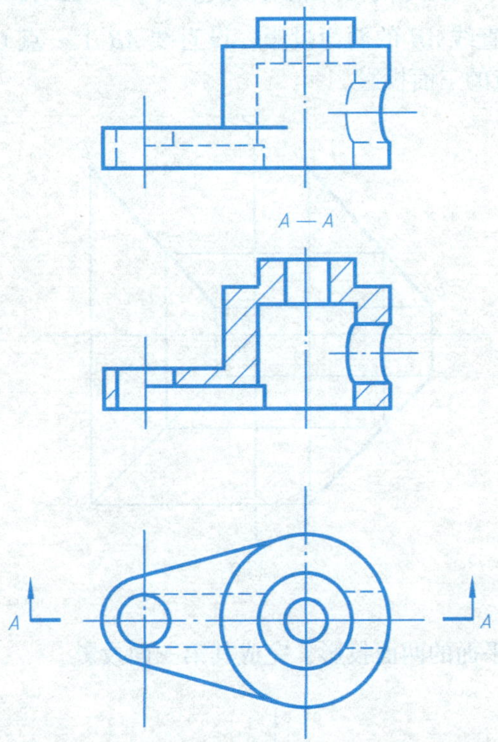

八、读端盖零件图，回答下列问题。

(1) 表面Ⅰ的表面粗糙度代号为 $\bigtriangledown\!\!\!\!\!\circ$ ，表面Ⅱ的表面粗糙度代号为 $\stackrel{6.3}{\bigtriangledown}$ ，表面Ⅲ的表面粗糙度代号为 $\stackrel{25}{\bigtriangledown}$ 。

(2) 尺寸 ϕ70d11，其基本尺寸为 ϕ70 ，基本偏差代号为 d ，标准公差等级为 11 级 。

裁 剪 线

裁
剪
线

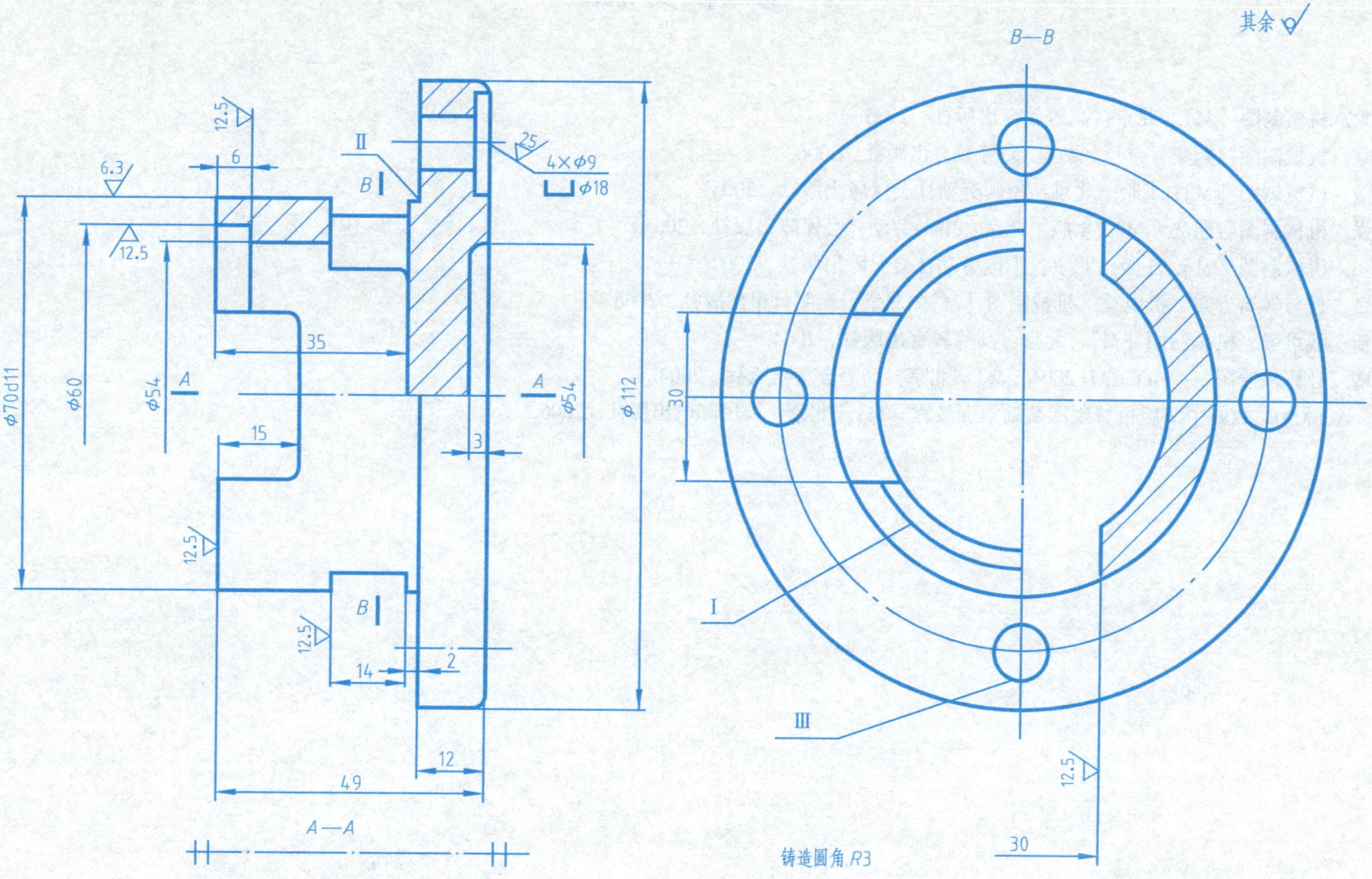

其余
B—B
12.5
6
6.3
12.5
II
B
25
4×ϕ9
ϕ18
ϕ70d11
ϕ60
ϕ54
A
35
15
A
ϕ54
3
ϕ112
30
12.5
B
12.5
14
2
12
49
A—A
I
III
12.5
30
铸造圆角R3

制图			端盖		图号	
校核						
	材料		数量	1	比例	1:2

参考文献

[1] 王幼龙．机械制图［M］．北京：高等教育出版社，2006.

[2] 王幼龙．机械制图习题集［M］．北京：高等教育出版社，2006.

[3] 钱可强．机械制图［M］．4版．北京：中国劳动社会保障出版社，2005.

[4] 钱可强．机械制图习题集［M］．4版．北京：中国劳动社会保障出版社，2005.

[5] 钱可强．机械制图［M］．5版．北京：中国劳动社会保障出版社，2007.

[6] 凌颂良．教与学新方案　机电篇　机械制图［M］．北京：光明日报出版社，2006.

[7] 何铭新，钱可强．机械制图［M］．北京：高等教育出版社，2004.

[8] 赵国增．计算机绘图——AutoCAD 2004［M］．北京：高等教育出版社，2004.

[9] 姜勇．AutoCAD 2006 中文版机械制图基础培训教程［M］．北京：人民邮电出版社，2006.

裁剪线